トップ5の認識結果の例　　　　　テストデータ（左列）と教師データの例

図2.42　AlexNetによるImageNetデータセットを対象とした画像認識例＜142ページ＞

　図の左は画像データの例とトップ5の認識結果（赤色が正解で、青色が誤認識）で、右図は教師データとテストデータの例（各行の右の6つが教師データで、左がテストデータ）です。

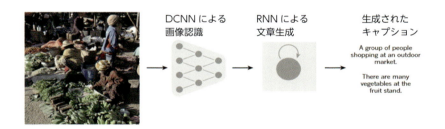

図2.43　写真からキャプションを自動生成した例とシステムの概念図＜148ページ＞

　左の写真が与えられて、畳み込みニューラルネットで画像が認識され、リカレントニューラルネットによって文章が生成され、キャプションが出力されています（訳：露店で人々がショッピングをしている。果物スタンドに多くの野菜が置かれている）。

i

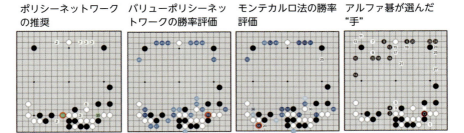

アルファ碁はポリシーネットワークが推奨した第2候補を選んだ。

図3.22 アルファ碁（黒）とファン・フイ二段（白）の対局で、アルファ碁が「次の一手」（赤丸）を決定した手順の様子＜215ページ＞

　ポリシーネットワークの推奨した候補、バリューネットワークが評価した勝率期待値、モンテカルロ法が評価した勝率期待値に基づいて、アルファ碁は「次の一手」を決定します。

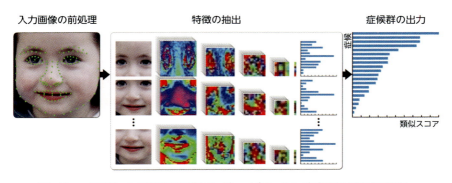

コンピュータビジョンが前処理に使われ、ディープラーニングが診断に使われている。

図4.7 DeepGestaltシステムによる遺伝子症候群の医学診断システムの全体イメージ ＜266ページ＞

　DeepGestaltでは、画像から顔の領域を切り出して位置調整と特徴点の認識を行い、畳み込みニューラルネットワークの手法を応用して特徴を抽出し、それをもとに、症候の分類（推定）を行います。

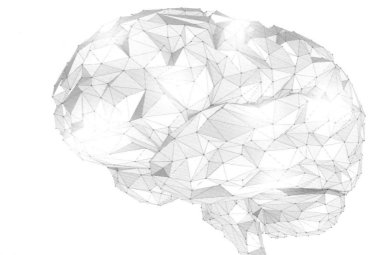

詳説 人工知能

上野 晴樹 著

アルファ碁を通して学ぶ
ディープラーニングの本質と
知識ベースシステム

本書に掲載されている会社名・製品名は、一般に各社の登録商標または商標です。

本書を発行するにあたって、内容に誤りのないようできる限りの注意を払いましたが、本書の内容を適用した結果生じたこと、また、適用できなかった結果について、著者、出版社とも一切の責任を負いませんのでご了承ください。

　本書は、「著作権法」によって、著作権等の権利が保護されている著作物です。本書の複製権・翻訳権・上映権・譲渡権・公衆送信権（送信可能化権を含む）は著作権者が保有しています．本書の全部または一部につき、無断で転載、複写複製、電子的装置への入力等をされると、著作権等の権利侵害となる場合があります。また、代行業者等の第三者によるスキャンやデジタル化は、たとえ個人や家庭内での利用であっても著作権法上認められておりませんので、ご注意ください。

　本書の無断複写は、著作権法上の制限事項を除き、禁じられています。本書の複写複製を希望される場合は、そのつど事前に下記へ連絡して許諾を得てください。

出版者著作権管理機構
（電話 03-5244-5088, FAX 03-5244-5089, e-mail：info@jcopy.or.jp）

JCOPY ＜出版者著作権管理機構　委託出版物＞

は じ め に

　アルファ碁が韓国のトップ棋士李セドル九段にインターネットの公開対局で3連勝し、その衝撃が新聞、ネット、テレビなどで紹介されましたが（2016年3月）、そこにディープラーニング（深層学習）が使われていたこともあり、にわかにディープラーニングに基づくAIブームが起こったことはご承知の通りです。1980－90年代にかけて起こったAIブームはエキスパートシステムという知識ベース型AIによるものでしたが、今回のAIブームは深層ニューラルネットワークによる異なった原理のAIであり、ビッグデータから統計学習を行って画像データなどの認識、つまり分類、を行うという技術であり、期待が高い反面、限界も指摘されています。AIは高度情報化社会の基盤技術であり、利便性が高く、豊かで安全な社会に不可欠のキーテクノロジーであることは間違いありません。その一方で、ディープラーニングの解説書は数式が多用されており、正しい理解は容易ではありません。また、多くの解説書が技術的解説に偏っており、また逆に、人の職を奪う汎用AIという話題に飛躍し、冷静で適切な判断や応用の障害となっています。さらに、知識ベース型AIは過去の失敗したAIとして切り捨てられている間違った解説も見られ、混乱を招いています。

　本書では、ブームの火付け役となったアルファ碁の概念と仕組みの説明を縦糸とし、ディープラーニングの発展の歴史に貢献した主な学術的成果を横糸として紹介しつつ、人の高次の知能のコンピュータ化を目指してきたAI研究の歴史の視点から、ディープラーニングの本質を解き明かし、お伝えするとともに、知識ベースとの統合化が不可欠であることと、そのための考え方を述べています。数式を使わずに本質を理解していただけるように工夫しました。耳学問で今一つ納得できないでおられる人材育成や普及を担う政策担当者、AI応用システムの開発責任者、ディープラーニングとAIの関係を正しく理解したいと思われる方、これからAI研究を目指す若い方、などの道しるべになることを期待しています。折に触れて相談に乗っていただいた白井良明氏、色々ご助力いただいたオーム社の皆様に感謝いたします。

　2019年4月

　　　　　　　　　　　　　　　　　　　　上 野 晴 樹

プロローグ

　ご存知のように、2016年に突然いわゆる「AIブーム」が起こりました。それは、アルファ碁と呼ばれるコンピュータ囲碁プログラムが韓国のトップ棋士である李セドル九段との公開対局で"まさか"の3連勝をして全国紙のトップ記事で報じられたことが切っ掛けでした。2016年3月13日（日曜）のことでした。この対局はアルファ碁の開発を行った英国のAIベンチャーであるディープマインド社の親会社であるグーグルが"ビジネス戦略"として五番勝負を申し出て、韓国棋院が受けたということでした。その年の1月にアルファ碁は学術論文誌としてあの有名な「ネイチャー」に掲載されており、中国人のプロ棋士でヨーロッパチャンピオンあるファン二段に5連勝したこととその全棋譜が論文に添付されていましたので、李九段は当然それを確認して"負けるはずはない"と確信して申し出を受け、インターネットの公開対局に応じたのでした。第1局で負けてショックを受け、第2局は真剣に対局して負け、そのショックは計り知れないものであったようです。続く第3局に負けたときは、"人類はアルファ碁に勝てないのではないか"と自他ともに思っても不思議はありませんでした。勝負はこれで決着がついたのですが、残りの2局を打つことになり、第4局で李九段が勝ったときには"人類にも未だ希望が持てる"とか"AIは未だ完全ではない"という、不思議な衝撃をもたらしました。第5局も李九段は破れましたが、アルファ碁が与えたインパクトは大変大きく、これに使われた技術であるディープラーニング（深層学習）をグーグルが「AI」と呼んだために、「AI＝ディープラーニング」という間違った概念を社会に与えました。私は日経（日本経済新聞）を取っていますが、この日以降ほぼ毎日"AI"という用語が記事や解説に載るようになり、"AI＝ディープラーニング"という補足説明も挿入されました。翌2017年には当時の世界トップ棋士である中国の柯潔九段に3連勝して完全にアルファ碁が囲碁という最も難解なゲームで人類を凌駕したことが認められ、ディープラーニング型AI（後述）が新しいAIとして広く受け入れられ、「第3次AIブーム」をもたらしました（なお、アルファ碁は"アマチュア高段者"の棋譜16万局を教師データとして学習させ、さらにアルファ碁同士の自己対局による"強化学習"を繰り返すことでプロ棋士を凌駕する棋力を得ました。それに続くアルファ碁ゼロは全くのゼロ状態から強化学習のみによってさらに高い棋力を実現しました）。

　私は、ディープラーニングをAIと呼ぶことは適切ではないと思っています。

実は、AI研究者の多くが私と同じ意見を持っているに違いないと確信しています。たとえば、「AIの父」と呼ばれるあのミンスキーは、一貫して「ニューラルネットモデルではAIを実現することはできない」と主張し続けました。彼は若い頃はニューラルネット型AIの基礎であるパーセプトロンの研究を行っており、その限界を理論的に証明しました。当時のニューラルネットは入力層と出力層からなる簡単なモデルでしたが、1986年に多層の中間層（隠れ層）からなる"深層"ニューラルネットワークに対するバックプロパゲーションと呼ぶ機械学習アルゴリズムがラメルハートとヒントンによって提案されてから、ニューラルネットによる画像認識（手書き文字認識など）の研究が活発になり、アルファ碁に結実したのです。ミンスキーは1969年に「パーセプトロン」という著書でニューラルネットの限界を指摘しましたが、1989年の改訂版では「この20年間で大きな進歩は見られない」という趣旨のコメントを述べています。彼から見るとバックプロパゲーションはニューラルネットによるAIに進歩をもたらしたとは見えないのでしょう。私はミンスキーの考え方にシンパシーを感じるAI研究者の端くれです。そこまで断定できるのかと驚きとともに"学問の厳しさ"を感じます。ミンスキーは2006年に「感情を持つコンピュータ（The Emotion Machine）」（「ミンスキー博士の脳の探検」竹林訳）を出版していますが、その本ではニューラルネットモデルの有用性を認めています。しかし、日常活動における人の"常識"的な知的行為のモデルとしての"知能の階層モデル"には、ニューラルネットは低次の知能を担うという位置づけになっています。ミンスキーは、終始3-4歳の幼児の「積み木遊び」を題材にした「ヒトの常識」と位置づけされる知能の解明とそのモデル化に取り組んで生涯を終えました。人の「高次の知能」をコンピュータ（プログラム）で実現することがAIの本質的課題であり、それには幼児の"積み木遊び"における「心の働きと仕組み」を解明することが基本になるという信念を持っていました。「心の働き」は「脳の働き」と読み替えることができます。画像認識は眼の機能に相当します。手書き文字を認識することは"低次の知能"であり、認識した文字の列を"単語－文節－文－文脈－物語"として理解し、この理解を使った"対話"は"高次の知能"と考えられています。文字の並びから物語り（ストーリー）を理解することは人が持つ基本的知能の一つですが、ある程度物語の"筋書き"が理解できると、次にはその筋書きに沿って文字列を読み取るということを行っています。これは、ボトムアップとトップダウンの働きといえます。バックプロパゲーションは低次の知能を"ある条件"のもとで実現した機械

学習アルゴリズムの一つです。当然、モデルと仕組みによる「限界」があります。バックプロパゲーションによる「深層学習」は深層ニューラルネットワークに対する"統計的学習"であることはほぼ理解されています。この"深層"と"学習"を結び付けて「深層学習（ディープラーニング）」と呼ばれるのですが、我々人間が物事を"深く学習する"という一般概念とは全く違い、単にニューラルネットワークの"ニューロン間結合"の「重み」パラメータのチューニングを「教師データ」と呼ばれる「データと正解」がセットになったビッグデータを使って行うにすぎません。簡単にいえば、教師データを使って「分類」をうまくできるようにパラメータのチューニングを行い、同じ性質を持つ"未知のデータ"がどの分類の属するかを判定させることです。これだけでは"AIブーム"は起こらなかったかもしれません。

　深層ニューラルネットワークのモデルや学習アルゴリズムを工夫して人の画像認識能力に迫る認識能力を実現しましたが、これでもその分野の研究者を除き、一般の人々は驚かなかったのです。人々がアッと驚いたのはアルファ碁の出現でした。囲碁のように、"高度な戦略と先読み"、"膨大な定石や手筋と呼ばれる専門知識の駆使"、"対局相手の着手の意図の推定"、および"形成判断能力"という高度な知能（高次知能）の典型であるボードゲームでトップ棋士を凌駕したことは、理屈抜きに"すごい"知能を持つといえるでしょう。この2つを結び付けると、"ディープラーニングはすごい！"と感じて当然でしょう。実はこのことがAIに誤解をもたらし、AIブームを"砂上の楼閣"にしているという混乱をもたらしていると思います。マスコミや行政にも責任があると思いますが、正しい知識を提供していない「AI研究者」にはより大きな責任があると思います。ディープラーニングは統計学に基づいていますので、技術や仕組みの説明には多くの難解な数式が使われています。数式に不慣れな人は「アルファ碁はすごい」→「ディープラーニングはすごいに違いない」→「ニューラルネットは脳のモデルであるから、AIは人の脳に置き換わるに違いない」という誤解に誘導されてしまうのは、当然といえば当然でしょう。「ニューラルネットは"人の脳のモデル"である」と誤解した報道もあり、解説本も見られます。深層ニューラルネットワークは、ヒューベルとウィーゼルという二人の生理学者によるサルや猫の視覚野と視覚の生理学実験に基づく「階層モデル」という「仮説」に基づいており、人の視覚が同じであるというのは生理学実験で確認されておりません。もし仮に正しいとしても、深層ニューラルネットワークは人の神経回路網を大幅に単純化したモデルであり、

viii

ディープラーニングという学習アルゴリズムに至っては人の学習とは全く別物であることが脳生理学者から指摘されています。したがって、ディープラーニングの先に「汎用AI」があるというのは、SFあるいは妄想といってよいでしょう。研究者は夢を追いかける人々ですので、妄想と現実の区別がつかない人は少なくありません。妄想と思われる目標から素晴らしい発見が生まれることもありますので、妄想や夢を否定しているわけではありません。

　AIの歴史は、夢と、妄想と、期待と、失望の歴史でもあるといえます。米国では、DARPA（Defense Advanced Research Project Agency、防衛高等研究計画局）がAI研究に期待して豊富な研究支援を行い、間もなく失望して支援を打ち切り、新しい提案が出ると再び期待して豊富な支援をし、失望して打ち切り、の繰り返しに見えます。米国のAI研究者はよく"約束"という表現を使います。「この提案でこれこれの約束をします」というような"成果の約束"です。大きな約束ができないような提案にはDARPAは関心を持たないようです。「世界一の科学技術大国の維持が（軍事力を含む）世界一の国力の維持に不可欠である」というのが、米国、すなわちDARPAの信念のようです。最近は巨大IT企業が豊富な資金力で独自の研究開発を行うようになりましたので状況が変化しているといえないこともありませんが、国家目標という視点から未来へ投資するという戦略として考えると、DARPAの役割は依然として大きいと思います。特に長期的展望に立った基礎研究においては。中国にはDARPAに相当する組織ができましたが、我が国には存在しませんので、市場規模も考慮に入れると、今後のAIは米中主導になることは必然だと思います。日本の学者はデュアルユースを否定的に考える傾向が強いですが、米中や欧米諸国は肯定的に考えています。基礎研究は各分野が国を挙げて協力し、その成果を各分野で実用技術に育て活用することが肝要だと思います。これも我が国が先端科学技術において後れを取る懸念材料です。

　さて、AIには2つのアプローチがあります。シンボリズム（記号主義）とコネクショニズム（回路主義）です。シンボリズムを提唱するAI研究者はシンボリストと呼ばれ、コネクショニズムを提唱するAI研究者はコネクショニストと呼ばれます。AIの歴史を通してシンボリズムが中核をなして来ましたので、"伝統的AI"と呼ばれることもあります。ディープラーニングはコネクショニズムを基盤にしたAIの一形態であり、機械学習の一分野でもあります。80年代から90年代にかけて一大ブームを起こしたAIはエキスパートシステム（専門家システム）と呼ばれ、医療、製造業、プラント、教育、軍事、ITなどの広い分野で期待され

ました。このブームはいきなり起こったのではなく、その萌芽は60年代後半に開始されたファイゲンバウムとレダバーグによるDENDRALと呼ばれる化学構造式の自動推定システムがルーツです。DENDRALは高度に専門的な問題の解決に専門知識（ドメイン知識）が極めて有用であることを実証し、70年代には色々な医学診断エキスパートシステムをはじめ、システムの診断、制御、設計などを対象としたエキスパートシステムが試作され、それぞれに成果が得られました。「知識工学」という学問がファイゲンバウムによって提唱されたのも70年代です。一方、ミンスキーなどの認知科学者は人の高次知能の解明に取り組みましたが、その中で「フレーム理論」が生まれました。

　私は70年代後半にミズーリ大学の医療情報学研究所に招聘されて医学診断エキスパートシステムであるリウマチ診断システムAI-REUMの研究開発に参加し、MIT、スタンフォード大、CMUやラトガース大のAI研究者と交流したのがAIに入る切っ掛けでした。70年代はAIの"冬の時代"に分類されていますが、私の肌感覚では、米国では極めて活発に研究開発が行われており、それらの成果がAIベンチャーを生み、AIシステム開発ツールの研究開発や利用が始まり、記号処理専用コンピュータであるLISPマシンがゼロックスなどから市販され始めました。70年代の盛り上がりが1980年の米国人工知能学会（AAAI）の設立という形となって結実し、80年代から90年代にかけての一大ブームをもたらしたのです。この間、コネクショニズムからは目ぼしい成果は出ていませんが、ラメルハートを中心とするコネクショニスト達は、彼らの"信念"に基づく研究を続けていました。日本の甘利氏（確率的勾配降下法）や福島氏（ネオコグニトロン）は、その後のバックプロパゲーションや畳み込みニューラルネットワークに先鞭を付ける先駆的成果を挙げておられます。ラメルハートのグループとの交流があれば我が国もディープラーニング型AIでリーダーシップを取れていたかもしれませんが、インターネットの時代はまだ来ていませんでしたので、日本はハンデを負っていたといえるでしょう。また、日本人は研究者を含めて"流行に乗る"傾向が強く、エキスパートシステムが有望だと知ると一斉に知識ベース型AIの研究に取り組み、ディープラーニングが"新しいAI"であるらしいと知ると一斉にこれに取り組むという"雪崩現象"が起こります。

　本来、シンボリズムとコネクショニズムは発想や思想が大幅に異なります。シンボリズムは「心の働き」を理解することがAIの原点であり、そこで得た知見を記号処理で実現できるのではないかと考えます。一方、コネクショニズムは「脳

の仕組み」を解明し理解することがAIの原点であり、そこで得た知見をニューラルネットワークつまりニューロンのコネクションで実現できるはずであると考えます。思想と信念が正反対といえますが、これは研究者個人の「感性」と「嗜好」に基づいていると思われます。したがって、コネクショニストがシンボリズムに鞍替えすれば一流になれないでしょう。その逆も真です。私はシンボリストです。これに加えて、私は工学者（エンジニアリング科学者）です。したがって、基礎研究と同じように応用研究にも関心があります。応用研究、つまりAI応用、においては、有用な技術を使うというのは当然のスタンスです。応用AIは単独では役に立ちません。ITはじめ統計学、機械工学、化学工学、医療科学、ロボット工学などと結び付いて初めて実用的な「AIシステム」が実現します。この観点から「ディープラーニング」と「エキスパートシステム」は統合化される必要があると考えます。それぞれ異なったAIモデルであり、役割も異なっていますので、私から見ると両者の統合化は当然の帰結です。人は、視覚や聴覚で認識した結果に"それまでに様々な学習で得た"知識を適用して"問題解決"をしていることは皆さん同意されるはずです。80年代にエキスパートシステムが開発ツールとともに提供されたとき大きな期待を持って受け入れたのは、各分野の専門家の感性と一致したからであることを思い出してください。状況は現在でも変わりません。しかしながら日本ではバブル崩壊によって思考がネガティブになってしまい、エキスパートシステムの実現をあきらめてしまう企業が増え、"AI冬の時代"に入りました。

　エキスパートシステムに見切りをつけたのは日本だけではなく欧米諸国も同様であると考えておられる方が多いことでしょう。この想定が正しくないことがアンケート調査で明らかとなっています。その調査はIPA（独立行政法人情報処理振興機構）が「AI白書2017」（p347）で行った主要4か国（日、米、英、独）のAIに取り組んでいる主要企業に対するアンケート調査の集計結果です。日本では5割以上の企業が深層学習、機械学習および画像認識の研究開発を行っていますが、エキスパートシステムに取り組んでいる企業は約4分の1です。一方、米、英、独では、5割以上の企業が取り組んでいる研究開発テーマはエキスパートシステムであり、深層学習は14-17%にすぎません。我が国の政府はディープラーニング型AIこそがこれからのAIであると位置づけ、その基礎である統計学の教育に重点を置く政策に取り組んでいるように見えます。日経をはじめ、大手新聞社もこれを後押ししていると感じられます。学術界でも"にわかコネクショニスト"

が増えているように感じられるのは私の判断の誤りでしょうか。幸いなことに、知識ベース型AIの研究開発を続けておられるAI研究者も少なくありません。知識ベース型AIとディープラーニング型AIは対照的な概念と理論がベースですので、接点が限られており、しかも国家レベルでディープラーニング型AIを推進していることもあって、"エキスパートシステムは昔の失敗したAI"と誤解されていると思います。ミンスキーのようなAI研究者が我が国に見られないのは残念ですが、グローバル化の時代ですのでミンスキーのようなAI研究者を大学がスカウトすればよいはずです。米国が強いのは世界中からトップ研究者をスカウトしているからであることを見逃してはなりません。日本の研究者は"自分の立場が危うくなる"ことを心配するほど了見が狭いのでしょうか。彼らから学んで、彼らを超える心意気が必要でしょう。

　本書では、現在のAIブームの切っ掛けとなったアルファ碁の概念、仕組み、特徴の説明に焦点を当て、これを理解するための基礎知識として深層ニューラルネットワークと深層学習（ディープラーニング）を説明します。アルファ碁の仕組みや特徴を分かってもらうことによって、AIへの誤解と過大な期待および不安を解消するためです。さらに、知識ベース型AIとディープラーニング型AIを、「AIの歴史」を踏まえて説明し、この両者が統合化されることの重要性を理解していただけるように試みます。人工的な知能（AI）のテスト法として「チューリングテスト」が広く知られていますが、現時点ではこのテストに合格するようなAIは実現されていませんし、実現の目処すら立っていません。ディープラーニングは原理的にこのテストをクリアできないでしょう。知識ベース型AIの方がクリアできる可能性を持っていますが、試験官の様々な質問に対応できるには少なくとも「常識」を持つAIシステムが必要ですが、ミンスキーが生涯をかけて取り組んでも回答は見いだせていません。

　本書では、"数式を使わないでディープラーニングの本質を正しく理解してもらう"というテーマに挑戦しています。数式による説明がAIを正しく理解するための障害になっていると思われるからです。その上で、ディープラーニング型AIと知識ベース型AI（エキスパートシステムなど）の統合化の必要性を理解していただけるように説明しています。ただ、ページ数を増やさないために知識ベース型AIについての詳細な説明は省略しました。

　AIの政策担当者や社会科学者にはぜひ本書を読んでいただきたいと思いますが、ビジネスマンや若手のAI研究者にも読んでいただけることを願っています。

報道関係者も念頭に置いて書いています。理論や技術の解説とともに、個人的な視点からの意見も織り交ぜています。ブームは一般に短命ですが、AIは基盤技術として一層活用されるようになるでしょう。省力化、自動化、自律化だけでなく、生活を便利で豊かにするためにAIの活用は不可欠です。そのためには、AIを正しく理解することが必要です。なお、私の意見に疑問を持たれる方もおられることでしょう。当然のことです。本書が議論と研究開発の活性化に多少とも役立つのでしたら、十分です。

CONTENTS

Chapter 1 　人工知能とは―人の様々な知能を コンピュータ化できるか？ 　1

1.1	はじめに	2
1.2	人工知能の定義	5
1.3	人工知能の2つの潮流：知識ベースとディープラーニング	11
1.4	シンボリズムとコネクショニズムの比較	20
1.5	黎明期のAI：50〜60年代	25
	1.5.1 コネクショニズム	26
	1.5.2 シンボリズム	29
	1.5.3 新しいAI研究の萌芽	33
1.6	知識ベース型AIの勃興期：70年代	37
	1.6.1 コネクショニズム	39
	1.6.2 シンボリズム	40

Chapter 2 　ディープラーニング―多層（深層）ニューラルネットワークによるデータ分類機 　53

2.1	ディープラーニングの周辺	55
	2.1.1 ディープラーニングの仕組み	55
	2.1.2 「AI＝ディープラーニング」ではない	57
	2.1.3 ディープラーニングの限界	59
	2.1.4 ディープラーニングを正しく理解するには	61
2.2	ニューロンとニューロンモデル	63
	2.2.1 ニューロンの仕組みと信号伝達のメカニズム	63
	2.2.2 ニューロンモデルの考え方と仕組み	67
2.3	PDPモデルと認知科学	71

2.3.1 制約の働きの例 73

2.3.2 単語認識における同時相互制約の例 74

2.3.3 多数の知資源の相互作用 75

2.3.4 表現と学習 77

2.3.5 PDPモデルの一般的枠組み 77

2.3.6 刺激の等価性の問題 79

2.3.7 PDP批判 82

2.4 ディープラーニングとは 84

2.4.1 深層ニューラルネットワークとは 84

2.4.2 ディープラーニングによる処理の仕組み 87

2.4.3 バックプロパゲーションの仕組み 91

2.4.4 まとめ 99

2.5 畳み込み深層ニューラルネットワーク 100

2.5.1 視覚と階層仮説 101

2.5.2 ネオコグニトロン 105

2.5.3 バックプロパゲーションによる手書き文字認識システム 115

2.5.4 畳み込み深層ニューラルネットワーク 128

2.5.5 畳み込み深層ニューラルネットワークによる画像認識 136

2.5.6 系列データとリカレントニューラルネットワーク 143

2.6 まとめ 160

Chapter 3 アルファ碁ーディープラーニング、モンテカルロ法と強化学習 163

3.1 囲碁とは 169

3.1.1 はじめに 169

3.1.2 ルールと打ち方 171

3.1.3 囲碁の対局について 176

3.2 モンテカルロ法とは 179

3.2.1 はじめに 179

3.2.2 乱数とその作り方 182

3.2.3 モンテカルロシミュレーションとは 184

3.2.4 モンテカルロ囲碁 185

3.2.5 モンテカルロ木探索法 189

3.3 アルファ碁の概要と仕組み－ディープラーニング、モンテカルロ木探索と強化学習 198

3.3.1 アルファ碁の構成要素 201
3.3.2 アルファ碁の学習と対局 203
3.3.3 アルファ碁のドメイン知識 205
3.3.4 アルファ碁のニューラルネットワーク 208
3.3.5 アルファ碁システム 212
3.3.6 アルファ碁のプロ棋士との対局と驚くべき棋力 215
3.3.7 アルファ碁の考察－アルファ碁はAIといえるか 218

3.4 アルファ碁ゼロー強化学習のみのコンピュータ囲碁 227

3.4.1 アルファ碁ゼロの特徴 228
3.4.2 アルファ碁ゼロの仕組み 234
3.4.3 アルファ碁ゼロの自学習の成果と特徴－驚くべき進化 238
3.4.4 まとめ 243

3.5 この章のまとめ 245

Chapter **4**

知識ベースシステムーディープラーニングとの統合を目指して
249

4.1 はじめに **250**

4.2 ミンスキーの問題意識 **256**

4.3 コンピュータビジョンとディープラーニングの違い **260**

4.4 知識の表現と推論 **268**

4.4.1 プロダクションシステム 271
4.4.2 意味ネットワーク 274
4.4.3 対象モデル 278

4.5 知識ベース型AIとディープラーニング型AIの統合について **287**

4.6 まとめ **289**

参考文献 **291**

索引 **300**

Chapter **1**

人工知能とは
―人の様々な知能を
コンピュータ化できるか？

1.1 はじめに

人工知能（AI、Artificial Intelligence）とは、"人のように"考え、問題を解き、学ぶ能力を持つ、つまり「知能（Intelligence）」を持つコンピュータプログラムの実現を目指した研究分野のことであるといえます。つまり、コンピュータを人のように"賢く"する試みを行う研究分野をいい、1950年代の中頃にジョン・マッカーシー（John McCarthy、1927-2011）によって命名されました。より一般的にいえば、AIは「人の高次の認知機能をまねる機械」を実現することを目指すコンピュータサイエンスの一分野であり、人と同じような心（mind、マインド）と深い関係のある学問分野であるといえます。この研究分野ではよくマインドという表現が使われますが、頭脳（brain、ブレイン）が脳の仕組みに重点が置かれるのに対して、脳の機能（働き）に関心があるということです。しかし、一般の人は人工知能のことを人工頭脳と呼ぶ傾向もありますので、あまりこだわる必要はないかもしれません。ただ、最近注目されるようになってきたディープラーニング（Deep Learning、深層学習）は脳の仕組み、特に神経細胞（neuron、ニューロン）の構造と機能、および神経回路（Neural Network、ニューラルネットワーク）を手掛かりにしています。実はAIには、後で説明しますが、大きく分けると2つのアプローチがあり、それぞれ別々のグループで研究されてきました。心の働きを記号処理による方法で実現することを目指したグループによる「シンボリズム（Symbolism）」と呼ばれるアプローチと、ニューロンの結合（connection）でヒトの知能の実現を目指した「コネクショニズム（Connectionism）」と呼ばれるアプローチを取るグループです。この2つのグループは、知能のとらえ方や研究スタイルが対照的であるといえます。

1980年代に一世を風靡したAIはシンボリズムに基づくAIであり、知識ベース型AIともいえます。一方、現在AIブームを起こしているAIはコネクショニズムに基づくAIといえます。この2つのAIのアプローチは、いずれも人の"高次認知機能"のコンピュータモデルの実現を目指したものですが、基本的な考え方や実現の仕組みが異なり、特徴や長所・短所が異なります。一部には、80年代のAIは失敗したが、ディープラーニングに基づくAI（今後「ディープラーニング型AI」と呼ぶこともあります）は成功する、と主張している、あるいは信じている、AI研究者がいるようです。信じることは自由ですが、ブーム現象下では正しい理解

を欠いた行きすぎがよく見られます。

80年代のAIブームは期待されたような成果を挙げられなかったという点では失敗といえるでしょうが、90年代以降の技術の中に様々な形で"知識ベース"技術は取り入れられ続けてきました。ワープロやカーナビは常に改良されて使いやすくて高性能化され、様々な電化製品は省電力化されるとともに使いやすくなっています。これらの技術進歩のことが"進化"と呼ばれるようになったのは、技術が質的に進歩したことを表現したいという気持ちが働いているからであるといえるでしょう。たとえば、最近の電気炊飯器は誰もが美味しいご飯を炊けますが、ご飯を炊く技術の中に専門知識が組み込まれているからです。しかし、ひとたびブームが去ると"AI"や"知識ベース"がネガティブな印象を与えるために、社会やビジネスでは使われなくなってしまいます。

数年前に起こったディープラーニング型AIにより、AIが再び新鮮味を帯びるようになり、ディープラーニングを使っていない"賢い"を感じられる技術や製品にAIという形容詞が使われています。新聞などでは連日AIに関する記事が掲載されていますが、何がAIなのかが説明されていないことが多いにもかかわらず、読者が関心を持つのは不思議なことです。AIという言葉が過大評価され、大きな期待とともに重苦しい重圧も与えています。本来、技術は人々の便益のために存在し、人々の生活を豊かにするために活用されるべきものです。AIも同じです。「まもなくAIが人の仕事を奪うであろう」といわれます。これはAIに限りません。自動化によって人々の仕事は変わり、生産性は向上してきました。既に様々な形でAIは使われています。そうではなく「劇的に変わる」という恐怖を抱く人々、それを掻き立てる人々や報道があることは否定しませんが、これは世の常です。ディープラーニングは決して魔法の杖ではありません。むしろ過大な期待の反動が心配です。

さて、私は1970年代の後半頃からAIの研究を始めました。米国のミズーリ大学医療情報学研究所長のリンドバーグに招聘されて留学し、分散データベースプロジェクトに参加する予定を変えて、医学診断エキスパートシステムプロジェクトに参加したのが切っ掛けでした。当時の米国は、AI黎明期を脱してAI産業が勃興し始める頃で、有名なAI研究者は競ってベンチャー企業を立ち上げていました。米国AI学会（AAAI）の設立準備が進められており、その熱気を肌で感じることができたことは、研究者として貴重な体験でした。米国がAI黎明期を脱したのはスタンフォード大学のファイゲンバウムのDENDRAL（デンドラル）とい

Chapter 1 人工知能とはー人の様々な知能をコンピュータ化できるか？

う化合物同定エキスパートシステムとショートリフのMYCIN（マイシン）という
感染症診断エキスパートシステムの成功に負うところが大きいと思います。ミ
ズーリ大学ではAI/REUMというリウマチ診断エキスパートシステムの研究開発
を進めていました。また、MIT、CMUをはじめ、多くの大学で様々なAIの研究
が進められていました。詳しくは後で説明しますが、これらの成果が80年代の
（私の見方では、第一次）AIブームを起こしました。インターネットの原型となっ
たARPAネットの普及とLSIの進歩によるLISP（リスプ）マシンの市販が基盤と
なったことは見逃せません。

　さて、上で述べた黎明期のAIとは、いわゆる知識ベース型AI、つまりシンボ
リズムに基づくAIでした。コネクショニズム型のAIが注目されるようになった
のは、90年頃に深層ニューラルネットワークとディープラーニングを組み合わ
せて「手書き郵便番号認識システム」がルカンによって開発され、ニューラルネッ
トの実用性が認識されるようになったからだと思います。ディープラーニング
型のAIが突然脚光を浴びたのは、グーグル・ディープマインド社のアルファ碁
（AlphaGo）が世界トップ棋士の一人であった韓国の李セドル九段に公開対局で3
連勝したことが切っ掛けです。これはグーグルのビジネス戦略であり、ディープ
ラーニングを"新しいAI"の旗手として一大デモンストレーションを行い、期待
通りの成功を収めたことが大きいといえます。囲碁はAIの歴史を通して、最も
困難でチャレンジングな課題であると認識されていましたから、この成功と周到
なビジネス戦略により、「AI＝ディープラーニング」という"間違った理解"が"AI
ブーム"を起こしました。

　さて、私は知識ベース型AI（つまりシンボリズムに基づくAI）を推進してきま
した。一方、80年代初めに当時のエキスパートシステムの限界を感じて"対象モ
デル（Object Model）"を提案し、定年の頃までこの研究をしていました。ディー
プラーニングにはあまり関心を持っていませんでしたが、趣味の囲碁（アマチュ
ア4段）を通して衝撃を受け、その後いわゆる"AI囲碁"に関心を持ち、ディープ
ラーニングも研究対象に加えました。

　ディープラーニングについては、1950年代のヒューベルーウィーゼルの論文
や、ミンスキーによる"パーセプトロン批判"にも目を通すことから始め、概要
を把握するのに約2年を要しました。ディープラーニングについては、「新しい
AI」であるという高い評価の一方で、「パターン認識機」にすぎないという低い評
価があります。私は後者に同意しますが、エンジニアリングという現実の問題

を解決するという立場からは、素晴らしい技術の一つであると評価しています。ディープラーニングの弱点を補い、長所を生かすには、「知識ベース型AIとの統合化」が極めて有効であるという結論に至りました。

この本では、ディープラーニングとアルファ碁に焦点を当てて、数式を使わないで原理を説明し、数式に不慣れな方や数式嫌いの方にも分かっていただけるように努めました。また、数式（主に統計学）に頼りすぎて本質から外れた説明や議論がかなり見受けられます。この本によって、AIの本質を踏まえつつディープラーニング型AIと知識ベース型AIを正しく理解していただけるように願っています。では、AIの定義から始めましょう。

1.2 人工知能の定義

人工知能（AI）の定義については研究者によって若干異なりますが、ここではAIの提唱者であるジョン・マッカーシーによる定義を紹介しましょう。説明は、質問に答える形で、ウェブサイト上でなされており、メールなどでの質問にまとめて回答するようにして書かれています。度々更新されてきたようですが、最後の更新は2007年12月ですので、現在でもほぼ妥当な定義と考えてよいと思います。ただ、ディープラーニングが注目されるような成果を挙げ始めたのは2010年代ですので、ある程度改定が必要だと思いますが、AIの研究者たちがどのような理念と目標を持って研究に取り組んできたかを知ることができます。なお、説明が長いですので重要な部分のみをここで紹介しますが、詳しく知りたい方はウェブサイトで確認してください[マッカーシー2007]。

では、説明しましょう。原文は英語ですが、分かりやすいように少し表現を変えています。

Q：AIとは何ですか？

A：AIとは、知的機械、特に知的コンピュータプログラムを作る科学技術です。これは、コンピュータを使って人の知能を理解する試みといえますが、AIは人と同じような仕組みである必要はありません。

Q：では、知能とは何ですか？

A：知能（intelligence）とは、世の中における色々な目的の達成のための能力を

意味し、AIではこのようなことをコンピュータで行う方法を指します。実際には、色々な種類やレベルの知能が必要となります。

Q：人の知能に直接依存しないような一般的な知能の定義はありませんか？

A：まだありません。我々が知的と呼びたくなるようなコンピュータの処理手順を一般的な意味で特徴づけることが難しいということが問題なのです。我々は、知的な仕組みとそうでないもののいくつかについては理解していますが全てではありません。

Q：知的（intelligent）とは、"これは機械知能であるのか、そうではないのか"という質問にはっきりと答えられるような明確なことですか？

A：いいえ。知能は色々な仕組みを含んでいます。そして、AI研究者は色々試みてそれらのいくつかにコンピュータが対応できる方法を発明しましたが、残されている問題も多くあります。もしあるタスク（作業）が既に分かっている仕組みだけでできるのであれば、コンピュータプログラムはそのようなタスクについてはかなり優れた能力を示すことができます。このようなプログラムは何らかの"知能を持つ"といえます。

Q：人の知能をシミュレートできるようなAIがありますか？

A：いくつかはありますが、全てではではありません。一方で、我々は、他の人々のやり方や自分自身のやり方を観察して、問題解決を行うための機械（コンピュータ）をどうやって作るかを学ぶことができますが、もう一方では、AIにおける多くの研究では、人や動物の研究からではなく、日常の生活の中で知的なタスクの必要な問題を研究することをやっています。AI研究者は、人の観察からだけでなく、人ができることよりも優れたコンピュータ処理技法を使うことなどが自由できます。つまり、AIの研究では、人の知能の仕組みに束縛されてはいないともいえます。

Q：人とコンピュータの知能の違いは何ですか？

A：ヒューマンインテリジェンス研究の第一人者であるアーサー・ジェンソンは次のように助言しています。「"一つの発見的仮説（heuristic hypothesis）"として、普通の人々は全て同じ知的な仕組みを持っているが、人による知能の違いは"量的な生化学的あるいは生理学的な状態"に関係しています。私には、それは速さ、短期記憶、および正確で探索能力を持つ長期記憶によると思われます」。ジェンソンの意見が正しいか否かは別として、今日のAIの状況はこれとは逆であると思います。コンピュータプログラムは十分な速度と

記憶容量を持ちますが、それらの知的仕組みはそのプログラムの設計者の知的仕組みに関する理解に依存しているといえます。たとえば、子供たちの知能が十歳代になるまでには成長できないような高い知的能力のいくつかはコンピュータに持たせられると思いますが、一方では、二歳までに持てるような能力のいくつかは持たせられないのも事実です。この問題は予想以上に複雑であり、認知科学の研究がまだ不十分なために、人間の能力について正確に分かるまでには解明されていないからです。つまり、AIのための知的な仕組みは、人のそれとは異なっているといえます。人があるタスクでコンピュータよりも優れている場合は、そのプログラムの設計者がそのタスクを効率的に行うために必要な知的な仕組みの理解が不足していることであるといえます。

Q：AIは人の心をコンピュータに持たせることを目指していますか？

A：そのような研究者もいますが、彼らは多分比喩的にそういっていると思います。人間の心には多くの特質がありますので、私にはそういっている研究者の誰もが人の心の全てを持たせたいと思っているのかどうかは分かりません。

Q：AIは人と同じレベルの知能を目指しているのですか？

A：イエス。究極的な目標は、世の中の問題や目標を人と同じように解決できるようなコンピュータプログラムを作ることです。しかしながら、多くの研究者はこのような志とは異なって、限定された特定の研究分野に取り組んでいるのが実情です。

Q：チューリングテストとは何ですか？

A：コンピュータの原理を提唱したアラン・チューリング（Alan Turing）が1950年に"計算機械と知能"（Computing Machinery and Intelligence）という著書の中で提案した方法で、機械が知的であることを判断する条件について述べています。彼は、「もしある機械が十分に知的な観察者（人間）に人間のように振る舞っていると思わせることができればその機械は知的であるといえる」と主張しています。このテストは、一部の哲学者を除き、ほとんどの人々を納得させるものでした。このテストでは、機械と人間はテレタイプを使って交信することにしています。音声などを使うと人間であることが分かってしまうことを避けるためです。ここで、人間は人間であると観察者を説得しようとし、機械は観察者を人間であるかのようにだまそうとします。このテ

Chapter 1　人工知能とは－人の様々な知能をコンピュータ化できるか？

ストは一方的であるといえます。このテストに合格した機械は知的であるとはいえますが、機械は人間が人間をまねることについて十分に知っているというわけではないからです。

Q：AIは人のレベルの知能からどれぐらい離れており、人のレベルにいつ頃達成できると思われますか？

A：現在の知識表現言語を使って膨大な知識ベース（Knowledge Base）を作ることによって、人間レベルの知能が達成できると考える研究者が少しはいます。しかしながら、ほとんどのAI研究者は、新しい原理のアイデアが必要であると考えており、したがっていつ頃達成できるかを予測することはできないと思います。

Q：コンピュータは知能を実現するための正しい種類の機械といえますか？

A：コンピュータはどのような機械でもシミュレートするようにプログラムできます。多くのAI研究者がコンピュータとは異なった仕組みで知能を実現するための機械をこれまでに発明しましたが、それらはコンピュータでシミュレートされました。その結果、そのような新しい機械はコンピュータと同等であることが分かりました。

Q：本を読み経験から学んで自ら成長するような"子供機械（チャイルドマシン）"を作ることについて、どう思いますか？

A：このようなアイデアはコンピュータが出現した1940年代から何回も提案されています。やがては実現されるであろうと。しかしながら、AIプログラムは、子供が多くを体験から学ぶことのようなことを可能とすることができるようなレベルすらまだ達成されていません。さらに、現在のプログラムは本を読んで学ぶという自然言語理解の能力さえ持ちません。

　さて、ジョン・マッカーシーの説明を通して、AI研究者の試みは知っていただけたと思いますが、AIの厳格な定義があるわけではないことも知っていただけたと思います。少し追記しますと、あるときまではAIの研究テーマであったことが、コンピュータで普通にできるようになった時点でAIとは呼べないと見なされるようになったテーマも色々あります。コンピュータビジョンや手書き文字読み取り装置などがその例です。ただし、コンピュータビジョンはさらなる性能向上を求め続けるという分野ですので、AIであり続けるのも事実です。つまり、人なら誰でもできるのに（その時点での）コンピュータプログラムでは実現が困

難な課題がAIの研究課題であると考えられていますので、たとえ人と同じ方法でなくてもコンピュータプログラムで実現できるようになれば、AIの研究課題ではなくなるということです。別のいい方をすれば、コンピュータプログラムで解決できるようになった課題は、AI研究者たちの研究意欲を削いでしまうといえます。手書き文字の読み取り（認識）はできるようになったと書きましたが、まだ数字やアルファベットの段階であり、漢字かな交じり文の手書き文字認識は当分（少なくとも10年間）実現できないでしょう。特に漢字は文字を切り出したとしても特定するのは困難な作業です。くずし書きされた漢字は人間でも読むことが困難ですし、前後関係（文脈）から推定することが多くなりますが、これは別の困難な知的作業です。

　一方では、コンピュータプログラムの方が人間より優れたものになっても、依然としてAIの研究テーマであるという例もあります。後の章で説明する囲碁のようなボードゲームがその例です。いわゆる"AI囲碁"はプロ棋士よりはるかに強くなりましたが、プロ棋士の認知科学的研究は興味深いAIの研究テーマであるといえます。AI囲碁とプロ棋士の知的振る舞いが全く異なるからです。たとえば、AI囲碁は、モンテカルロ木探索法（MCTS）、ディープラーニングと自己対局による強化学習でプロ棋士を凌駕しましたが、「次の一手」をなぜ選んだのかを説明する能力を持ちません。戦略すら立てることができません。一方、プロ棋士は、定石といわれる豊富な囲碁知識を駆使し、高度な戦略を立て、対戦相手の意図を読み、勝負に勝つための最良の「次の一手」を選びますが、その理由を分かりやすく説明することができます。"説明能力を持たない"ディープラーニングは一種のブラックボックスであり、"説明が必要な"問題には使えないという致命的な欠陥を持っています。

　最近、ディープラーニングのこの弱点を克服するために、説明機能を持たせようという研究が行われているようです。どのようにこれを実現しようとしているかには興味深いものがありますが、私は悲観的です。つまり、原理的に困難であろうと思います。後で詳しく説明しますが、ディープラーニングは"分散表現"という概念で実現されています。知識に相当するものが、ニューラルネットワーク上で、膨大な数のリンクに付加された"重み"パラメータの値によって、分散的に表現されているということです。人が持つ知識は、明示的なものと非明示的なものに分けられますが、明示的な知識のみがコンピュータ処理の対象となりますので、この知識を用いた"思考の過程"を説明できるのは当然といえます。

Chapter 1 人工知能とは－人の様々な知能をコンピュータ化できるか？

ディープラーニングでは、個々のリンクには特別な意味はなく、重みも単なる"数値"であり、どこにも明示的な知識は付加されておりませんので、人が納得できるような"説明"を作り出すことはできないと思います。

　この点で、知識ベースと推論機構によって構成された知識ベース型AIシステムは、結論に至った理由を説明する機能を持っています。前に、AIには2つのアプローチがあるといいましたが、知識ベース指向のアプローチとディープラーニング指向のアプローチに分類できるという意味です。私から見ると、この両者は相互補完的であるといえますが、根本的に対立した思想とアプローチでもあります。この点はAIの重要な問題ですので、後の章で詳しく考察することにします。なお、ジョン・マッカーシーの説明を読むと、彼は知識ベース指向のAI研究者であり、これこそがAIであると考えていたと思われます。2007年頃のニューラルネットの能力はまだ人々の注目を浴びるような成果を出せていなかったという背景もありますが、2つのアプローチがお互いに異なった研究者たちで進められてきたという点も重要な面だと思います。AIの基礎研究をしている研究者たちは、人の知能のメカニズムを究明し、それをコンピュータプログラムによって実現しようとしてきました。人の知能のメカニズムの究明は、認知科学（Cognitive Science）の研究テーマですが、現在注目を浴びているディープラーニングは認知科学からは遠く離れていると思います。伝統的なニューラルネットワークの研究者たちは、認知科学者であり、人の認知能力はニューラルネットワークでこそ実現できると信じている人々でした。現在のディープラーニングは、基盤とするニューラルネットワークが単純で限定的なモデルですので、認知科学よりは統計学の色合いが強いものになっています。

　私は知識ベース型AI研究者の一人ですが、ニューラルネットを否定するほどに強い信念を持っているわけではありませんので、信念に欠けているといわれるかもしれません。人の知能を解明しそれをコンピュータプログラムで実現するという基礎研究者ではなく、主にエキスパートシステムの研究に取り組んできましたので、有用な技術は適切に活用するという考え方です。ただし、専門家（エキスパート）の知的能力の源泉を理解し解明するという努力なしにはエキスパートシステムは実現できないと考えています。私の視点から見ると、AIの基礎研究者たちは、人が誰でも持っている基本的知能の仕組みに主たる関心を持っており、研究の題材が"子供の知能"や"日常生活でよく見られる知能"を題材にしています。ただし、最近のディープラーニングは、明らかに専門家レベルの知的問題解

決能力を、画像処理や言語処理に絞って、追及し、"実用性"を求めているように見えます。この点で、ディープラーニングは、ニューラルネットワークを用いたエキスパートシステムといえる側面があると思います。知識ベースが弱い問題を得意としていますが、知識ベースが得意としている問題をカバーしているわけではありません。両者は、仕組みが異なるために、異なる問題を得意としています。このことを分かっていただこうというのが本書を書く主たる目的です。

1.3 人工知能の2つの潮流：知識ベースとディープラーニング

　AIには、上で説明しましたように、2つの潮流があります。仮に、知識ベース型AIとディープラーニング型AIと呼ぶことにしましょう。仮にというのは、この分類がAIの学問分野で正式に定義されているわけではありませんが、AIの応用という視点からは、直感的に分かりやすいと思われるからです。また、知識ベース型AIには色々なタイプがありますが、現時点でのディープラーニング型AIにはあまり多様性はない、という違いもあります。後の節で説明しますように、得意な問題もそれぞれ異なっています。知識ベース型AIに多様性があるのは、次のような理由にあります。知識ベース型AIでは、知能を"知識と推論"によって実現しますので、AIシステムとしては、知識表現と推論機構の2つが基盤となるアプローチですが、知識は、いわゆる"常識"と呼ばれる日常生活で使われている知識に加えて、医学、工学、法学、経済学など、それぞれの問題分野（ドメイン）特有の"専門知識"があり、当然それらの専門知識を使った推論の仕組みや方法も問題分野ごとにある程度（あるいはかなり）異なったものになります。そのために、問題分野に合わせた知識の表現や推論の仕組みが必要になります。これは、利点でもあり弱点でもあります。

　一方、ディープラーニング型AIでは、ニューラルネットワークモデルとしては最も単純な、多段の層からなる人工深層ニューラルネットワーク（Artificial Deep Neural Network、ADNN、あるいは単にDNN）モデルを基盤としています。図1.1に、全結合型と呼ばれる基本的な多層（深層）ニューラルネットワークを示します。

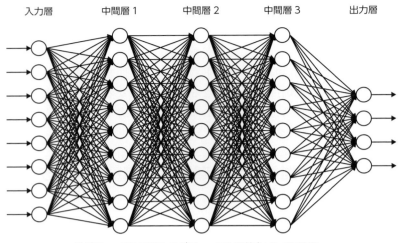

○がニューロンでリンクがニューロン間結合リンクであり、各リンクには重みが付加されている。

図1.1 深層ニューラルネットワークの例

　この深層ニューラルネットワークは、入力層と出力層の間に3つの中間層（隠れ層ともいう）を持つ4層ニューラルネットワークです。入力層は一般にカウントされません。このネットワークは、最も左側の入力層で外部からデータを受け取り、重み（Weight）の付加されたリンクで結合された次の層（第1層）の各ニューロンに、数値情報を送ります。このとき、入力層のニューロンの値とリンクの重みが掛け合わされ、各ニューロンに結合されたリンクの積和が次の層（中間層1）のニューロンの入力値となります。同じ積和計算が、中間層1の全てのニューロンに対して行われます。これによって、入力データは少しだけ抽象化された"表現"（Representation）になると考えられます。同じ計算を次々に行って出力層の各ニューロンの値が決まります。このとき、層を一つ上るごとに表現はより抽象化されると考えます。出力層の各ニューロンからの出力が、このニューラルネットワークの、入力データに対する出力であり、手書き数字認識の場合は、認識された数字（たとえば"6"）に対応するニューロンの値が大きく、他のニューロンの値は小さくなります。入力データは、手書き文字"6"を、たとえば、$10 \times 10 = 100$のピクセル（升目）の2値（白黒）データとして受け取ります（ニューロンの閾値の説明は後でします）。

　最初のニューラルネットワークの各リンクに適当に付加された"重み"（初期

値）では、正しく文字を認識（識別）することができませんので、ディープラーニングと呼ばれる"機械学習"（Machine Learning）によって、パラメータチューニングが行われます。詳しくは後の章で説明しますが、考え方は次の通りです。多くの"教師データ"（一組のデータと正解のセット）と呼ばれる訓練用のデータを使って、ネットワークの出力と正解との"誤差"を最小化するバックプロパゲーション（逆伝搬）学習法によって、ネットワークに付加された重みパラメータを調整して、ネットワークを"学習"させ、新しいデータに対して、学習された重みパラメータによる計算によって、正しい解（分類）を求めさせるというアプローチです。ディープラーニング技術によって学習された深層ニューラルネットワークは、データの"分散表現（Distributed Representation）"であると考えられています。知識ベース型AIにおける、各知識はそれぞれが意味を持つ表現であるという性質とは対照的です。このモデルは、"正しい分類が正解になる"というような問題に適していますが、人が行っているような多様で高度な認知能力を実現することは原理的にできません。ただし、文字や画像の認識（いわゆるパターン認識）からスタートしましたが、モデルを工夫して、データの前後関係が意味を持つ自然言語の処理もできるようには進化し、実用レベルに達しています。

　自然言語処理は、従来、知識ベース型AIの主な応用分野の一つでしたが、なかなか十分な性能を実現できないでいましたので、この点では自然言語処理にブレークスルーをもたらしたといえます。ただ、自然言語処理である機械翻訳や自然言語対話では、膨大な事例を使った"統計的学習"によって、そこそこの品質を実現できていますが、原理的に自然言語の意味を理解する機能を持ちませんので、豊富な事例が得られない分野や、専門的知識による理解が必要な分野では、当然ながら品質は低下します。人は文章の意味を理解し、文章の意図を理解して、自然言語処理を行っていますが、ディープラーニングでの自然言語処理は、人の自然言語処理のように感じられるとはいえ、人が行っているような"認知処理"ではありませんので、使い方を誤ると予想外の事態が起こることになりかねません。この弱点を理解して応用することが肝要です。なお、自然言語処理は現在でもAIの重要な基礎的研究課題です。

　知識ベース型AIでは、問題領域（ドメイン）の専門知識を用いて、専門家（エキスパート）を代行して、専門的な問題解決を行うことを目指した"エキスパートシステム"の有用性が社会と産業界に注目され、期待され、80年代に"AIブーム"が起こりました。当時の産業界では、"AI＝エキスパートシステム"と理解され

Chapter 1 人工知能とは—人の様々な知能をコンピュータ化できるか？

ていたと思います。ただ、専門家が持つ専門知識には当の専門家自身でも明示的に表現できない、いわゆる"暗黙知"が多く、これを明示的に表現して知識ベース化するという作業、すなわち"知識獲得"、にボトルネックがあることが明らかとなりましたが、それを克服するための様々な試みが行われました。残念なことに、90年代に入って、バブル経済の破綻とともに産業の活力が失われ、知識ベース型AIの開発という負担を伴う開発の意欲が衰退したのは、ある程度は自然な流れであったといえます。ただ、エキスパートシステムのアイデアや機能は、様々な装置や大型プラントの設計やモニタリング、災害の予測やシミュレーションなどに不可欠ですので、実用的ソフトウェアシステムの中に組み込まれて使われていますが、ブームに便乗して"何でもAI"という神通力を失ったことで、"AI冬の時代"といわれるようになってしまいました。

最近はまた、"AI＝ディープラーニング"という、別のAIブームが起こり、"何でもAI"がビジネスチャンスをもたらしているような状態です。このような状況では、"にわかAI専門家"が生まれ、混乱が生ずるのはある程度仕方ないことでしょう。知識ベースによるエキスパートシステムは失敗した過去のAIと簡単に切り捨てて、ディープラーニングこそ新しい可能性を秘めた"真のAI"である、と誤解されているような状況にありますが、今こそ正しい理解が必要なときだと思います。このような、AI冬の時代などの歴史的経緯は、かなり日本独特なものではないかと思われます。

さて、知識ベース型AIは認知科学（Cognitive Science）を基礎としているのに対して、ニューラルネットワーク型AIはニューロン（Neuron）のコンピュータモデルを基礎としている点に大きな違いがあります。ただし、ニューラルネットワーク型AIの研究も、認知科学者であるラメルハートやヒントンが推進していたPDP（Parallel Distributed Processing、並列分散処理）モデルの一形態から発展しています。PDPは、人の認知能力を、ユニット（ニューロンと同じ意味）のネットワークと、その上で行う情報処理メカニズムによってこそ実現できるという、強い信念に基づく研究者たちのアプローチです[ラメルハート 1986]。しかし、私には、たとえPDPが正しいアプローチであったとしても、ディープラーニングの基盤である人工深層ニューラルネットワークは、PDPグループが目指していた目標からはかなりずれているように思われます。なぜならば、ディープラーニングの対象である深層ニューラルネットワークは、同一層内のニューロン間のリンクも、出力層から入力層へ向けての逆向きリンクも許されませんので、人間

1.3 人工知能の２つの潮流：知識ベースとディープラーニング

の脳のニューラルネットワークとは全く別物です。したがって、このモデルでは高度な知能のメカニズムを表現することはできません。コンピュータ処理モデル向きにかなり単純化されたものであるからです。ディープラーニングに過大な期待を持っているAI研究者が、（特に）日本にいるように思いますが、このモデルの延長上に人の知能のモデリングがあるとは思えません。この点は重要な問題ですから、後の章で詳しく議論することにしましょう。数学が分からない人（いわゆる文系の人）にも、原理、仕組み、特徴、長所、短所、限界などを理解してもらえるように、工夫して説明しましょう。実は、私自身も数学は得意でありませんが、色々な専門書を読んでみますと、数学的手法に頼るあまり"原理が分かっているのかな"と、疑問に感じることが少なくありません。数学には強いが、AIや認知科学を理解していない専門家が多いように感じています。ディープラーニングを主導してきたラメルハートやヒントンは、認知科学と数学の双方の専門家であることを知ってください。日本では、認知科学は文系、数学は理系ですが、ニューラルネットワーク型AIは数学に強い認知科学者によって開拓されたAIの分野です。したがって、両方の学識が必要とされます。

　"認知科学（Cognitive Science）"とは、認知心理学（Cognitive Psychology）とほぼ同じ意味であり、簡単にいえば、人が物事をどのように認識し、理解し、学習し、考え、問題の解決を行っているかという「心の仕組みと働き」を解明することをテーマとする学問分野で、AIの基盤科学であるといえます。知識ベース型AIでは、これを"知識と推論"によるモデル化によってコンピュータプログラムで実現することを目指しており、人の頭脳の構造や仕組みではなく、その機能的な面のみに関心が持たれているといえます。知識ベース型AIの典型がエキスパートシステムであるわけです。一方、ミンスキーをはじめとする、基礎科学としてのAI研究者は、知識ベース的アプローチではなく、もっと原理的な研究を行っていました。彼は、幼児がおもちゃで遊ぶときの心の働きを観察し、分析し、モデル化しようとする試みを行っていました。実験システムを開発して検証も行っていますので、単なる考察とは異なります。この分野で"マインドモデル（mind model、心のモデル）"という表現がよく使われているのはこのためです。ミンスキーは、PDPグループのアプローチに批判的であり、ニューラルネットワークモデルでは、ローレベルの知能である"知覚"や"認識"はできても、ハイレベルの知能である"認知"の様々な機能を実現することは困難であろう、と指摘しています。

15

Chapter 1 人工知能とは－人の様々な知能をコンピュータ化できるか？

　また、ニューラルネットワークの学習や問題解決（主にパターン認識）は統計学という数学モデルですので、人のニューロンネットワークで行われている学習とは全く異なっていることや、生理学実験と観察によって少しずつ解明されてきた事実とはかなり異なっていることが、脳生理学研究者からも指摘されています（たとえば[脳科学2016]の第5章）。ニューラルネットワークはニューロンの構造と機能にヒントを得た、純粋なコンピュータモデルであると理解してください。さもなければ、"人の脳と同じモデル"であるという短絡的な説明から、人の脳が行っているのと同じ原理で動作し、少しずつ人の脳が行っているような知能に近づくという誤解や、我々の脳が行っているような自律学習と人が持つような汎用な知能を持つようになるであろうという"妄想"を引き起こすことになるでしょう。一部のAI研究者は人のような知能の実現を信じているようですが、多分彼らは新しいパラダイムを発見するのではないか、と期待することにしましょう。「汎用AI（Artificial General Intelligence、AGI）」と呼ばれる研究分野がありますが、この分野は"人のような汎用な知能"を持つAIの実現を約束した研究ではなく、AI研究の原点に戻って、人のような汎用性の高い知能を実現することを目指すという"スタンス"でAI研究に取り組もうという研究分野のことです。

　知識ベース型AIについて、少し補足しましょう。人は問題の解決を行うときに、その問題と関係の深い様々な知識（knowledge）を使って考え、判断し、結論を導くと考えられます。知識ベース型AIは、このやり方を、主に記号処理技法によって、コンピュータプログラム化したシステムであるといえます。"考える"ことをこの分野の専門用語では推論（reasoning）と呼びます。したがって、知識ベース型AIでは、知識とは何か、知識をどのように表現するか、推論はどのように行い、推論の過程でどのように適切な知識を選べばよいか、対象の知識を体系的に管理するための知識ベースの仕組みはどのようなものがよいか、推論の結果として得られた結論に関して納得できるような説明をどのように行えばよいか、知識はどのようにして獲得できるか、などの研究が行われてきました。コンピュータによって実現された知能のレベルをその分野の専門家と協力して評価し、それをフィードバックしてさらに高いレベルのAIを目指すというアプローチが取られてきました。この中で、最も重要な課題の一つが知識獲得（Knowledge Acquisition）であることが多くの研究者間で共有され、基礎研究として機械学習（Machine Learning）の研究も行われてきました。エキスパートシステムは、この延長線上のシステムで、特に実用を主眼に置いています。図1.2に、典型的なエキスパートシステムの構成例を示します。

16

1.3 人工知能の2つの潮流：知識ベースとディープラーニング

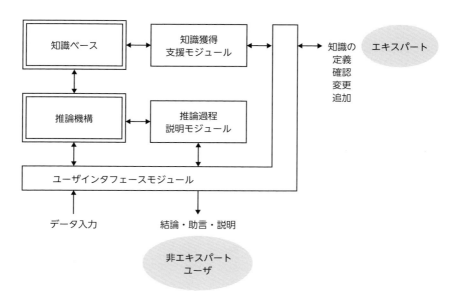

図1.2 典型的なエキスパートシステムの構成

　さて、上で述べた2つのアプローチの間には大きな特徴の差があります。既に説明しましたように、知識ベース型AIのアプローチでは、人の知能に関する機能に焦点が当てられ、ニューラルネットワーク型AIのアプローチでは人の知能をニューロンのコンピュータモデルによって実現しようとする点に焦点が当てられているといえます。方法の側面からは、知識ベース型AIは主として記号処理技術が使われ、ニューラルネットワーク型AIはニューロン間のコネクション（接続）と主に統計学に基づく数値計算が使われています。このゆえに、ニューラルネットワーク型AIのことがコネクショニズム（Connectionism）と呼ばれていますが、この呼称はPDPグループが自ら名乗ったものです。知識ベース型AIのことは、コンピューテイショナリズム（Computationalism、計算主義）とも呼ばれていますが、ここではその特徴であるシンボル（記号）を使うという点に視点を置いて、分かりやすいということもあり、シンボリズム（Symbolism）と呼ぶことにします。ミンスキーは著書の「パーセプトロン」の改訂版の中で、コネクショニスト（Connectionist）とシンボリスト（Symbolist）という名称でAI研究者を分類し、それぞれの特徴を論評していますので、シンボリズムという分類は不自然ではないと思います。

シンボリズムの分野で欠かせないアプローチの一つに論理型プログラミング（Logic-based Programming）があり、述語論理学をベースとしたPrologというAIプログラミング言語がフランスで開発され、三段論法のような論理的思考を表現する記号論理に基づくAIに関心のある研究者の間で、ヨーロッパを中心に、広く使われています。80年代に日本が取り組んだ「第5世代コンピュータ」プロジェクトはPrologをベースとした汎用AIコンピュータ（AGI）を、世界に先駆けて実現しようというプロジェクトでした。70年代の日本のコンピュータ産業は、巨人であるIBMを通産省の強力な指導の下に追いかけてきたという背景があり、何としても独自の路線を開拓したいという願望がありました。当時は、大規模LSIを使った第4世代コンピュータの時代であり、事務処理が主な対象でした。日本では、10年後の第5世代コンピュータでは知能処理が中心になると想定し、このプロジェクトを企画しました。あまりにも壮大な構想であったことと、その当時はまだ人の知能のメカニズムがほとんど分かっていなかったために、成功はしなかったものの、大学や研究所にAI関連の学科や学問分野を生んだ功績は高く評価されてよいと思います。特に、ヨーロッパに影響を与え、PrologによるAIプロジェクトが活性化したようです。Prologはヨーロッパで誕生したこともあり、ヨーロッパの研究者の文化との親和性が高かったものと思います。私には、ヨーロッパの情報科学系の研究者は数学的なアプローチを好む傾向が強い、と感じられます。文化は人の思考に影響を与えますので、文化との親和性が高いことは学術研究にとって重要なことだと思います。図1.3に第5世代コンピュータプロジェクトで示された概念図を紹介します。

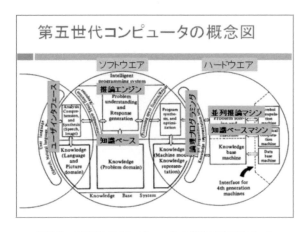

図1.3 第5世代コンピュータの概念図（古川康一）

さて、第5世代プロジェクトについてですが、80年代は日本が急速に発展を続けており、確たる成功の見込みよりも「挑戦こそ重要」と国家的に高揚していた時代背景があってのプロジェクトでした。当時は、「21世紀は日本の世紀」と本気で信じられていました。残念ながらバブル崩壊とともに挑戦意欲もしぼんでしまいましたが、同じ日本人ですので、同じように高揚する時代が再来することを、次の世代に期待しましょう。

分類型問題と合成型問題

AIが対象としている問題を「分類型問題」と「合成型問題」に分けて考えると、AIのイメージがよりつかみやすくなります。分類とは"分ける"ことであり、合成とは"組み合わせる"ことといい換えることができます。分析型問題と設計型問題とに分けるといい換えてもよいでしょう。分類型問題とは、与えられたデータ（の集まり）がどのグループに属するものであるかを判断するという類の問題であり、医学診断、文字認識、パターン認識、故障診断などがこれに該当します。合成型問題とは、与えられた条件を満たすようなパーツの組み合わせを作り出すという作業を行う問題であり、旅行計画、作業計画、機械やシステムの設計などがこれに該当します。これまでに開発された多くのAIシステムは、取り組みやすいこともあって、分類型問題を対象としています。合成型問題は、一般に難しい知的問題です。ミンスキーは著書「心の社会」で、幼児の"積み木遊び"を対象にして、かなり深い考察を行っていますが、これは合成型問題に対するAIの認知科学的研究といえます（ただし、企業の現場では、設計といってもゼロから設計するのではなく、既に設計され製造され性能や品質などが検証されたユニットなどの設計を、パラメータの更新という方法で実現されることが多く、これは合成型問題を分類型問題に置き換えて処理しているというように見ることができます）。

知識ベース型AIは両方の問題に応用できますが、ニューラルネットワーク型AIは原理的に分類型問題にしか応用できません。コールセンターの業務は、"質問−応答システム"の一種と考えてよいですが、ニューラルネットワーク型AIであるディープラーニングの応用が行われているようです。もし質問に対して前もって準備されている答えの一つを選んで示すという仕組みのものなら、分析型問題の一つですし、豊富な事例がデータベース化されているならディープラーニングを応用可能でしょう。これが、色々なパーツを組み合わせることによって回答文を作成して示すという仕組みのものなら、合成型問題といえますので、知識

ベース型AIが必要になると思います。機械やシステムの故障診断や異常診断でも、特定の故障という現象に対して故障歴データベースからもっともらしい事例を選んで示すのであれば、分析型問題といえますが、過去事例がなくて、設計図やシステムシミュレータで現象を確認し、それに基づいて故障個所とその原因を推定するという仕組みのシステムならば、合成型問題に分類できるといえます。レベルの低いエンジニアの場合は過去の事例で診断するでしょうが、設計の経験があるような優れたエンジニアなら、合成的に故障診断ができるでしょう。したがって、優れたエンジニアを代行できるようなエキスパートシステムは、現在も、今後も、重要な研究課題の一つといえます。私が80年代に提案した「対象モデル（Object Model）」は、優れたエンジニアの思考法を知識ベース型AIで実現しようとした試みですので、そのコンセプト、技術や事例について、第4章で紹介することにします。自動設計技術やシミュレーション技術の進歩やIT環境の進化によって、対象モデルの考え方は、より有用になると思います。

1.4 シンボリズムとコネクショニズムの比較

　シンボリズムとコネクショニズムはお互いに対照的なアプローチであり、米国では度々論争が繰り広げられていました。特に、同じ認知科学と数学をバックに持ち、1950年代にはパーセプトロンの研究を行っていた仲間でもあった、ミンスキーとラメルハートの間での論争が中心でした。ミンスキーは早々にパーセプトロンに見切りをつけてシンボリズムによる"心のモデル"に取り組み、70年代に「フレーム理論」を提案し、シンボリズムの研究者たちに大きな影響を与えました。一方の、ラメルハートを中心とするグループは、ニューラルネットワークこそ認知科学の基盤であると確信して、様々な事例を使ってその正当性を示していました。80年代になって、ニューラルネットワークのコンピュータ処理モデルの共通性は"並列分散処理"（Parallel Distributed Processing、PDP）である点を強調し、PDPグループを結成し、それまでの研究の集大成として、1986年に「PDPモデル」という著書にまとめました。実際、脳はニューラルネットワークで構成されており、一つ一つのニューロンの処理速度は遅いのに、全体としての脳の処理速度は極めて速いという事実から、並列分散処理は疑う余地がありません。ただし、ニューラルネットワークではローレベルの知能は実現できるかもしれないが、ハイレベルの知能は実現できないであろうという点が、PDPモデ

ルの欠点であるというのがミンスキーの指摘でした。これに対して、ラメルハートは、ローレベルのモデル化をベースにしてこそハイレベルの知能の実現が可能である、という信念を持ち、主張していました。ディープラーニングはこの中から生まれた知能のモデルなのです。

　図1.4に、AIにおけるシンボリズムとコネクショニズムの関係、および脳科学の位置づけを、かなり単純化していますが、示します。図に示しますように、コネクショニズムもシンボリズムも、認知科学をベースとしています。シンボリズムの研究から生まれた実用AIがエキスパートシステムであり、コネクショニズムの研究から生まれた実用AIがディープラーニングであると位置づけると、両者の性格や違いが分かりやすくなります。図で、脳科学（Brain Science）を左端に位置づけましたが、これは、理化学研究所の脳科学総合研究センターが2016年に一般向けに成果を分かりやすく紹介した「つながる脳科学」を読んで得た印象です。ただし、認知科学のことを脳科学と呼んでいる研究者たちもいますので、この点は念頭に置いてください。心を強調するか、脳を強調するかの、ニュアンスの違いから来ていると思います。

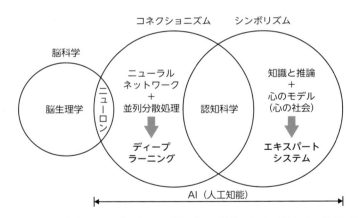

図1.4　AIにおけるコネクショニズムとシンボリズムの関係、および脳科学の位置づけ（脳科学は[脳科学2016]より）

　表1.1は、シンボリズムとコネクショニズムの特徴と機能を簡単に比較したものです。この表では、コネクショニズムとして、現在最も注目されているディープラーニングを取り上げています。したがって、知識ベース型AIとディープラー

Chapter 1　人工知能とは－人の様々な知能をコンピュータ化できるか？

ニング型AIの比較をしたものである、と理解してください。

表1.1　シンボリズムとコネクショニズムの比較表

	シンボリズム	コネクショニズム
基盤科学	認知科学	脳科学
基盤モデル	知識ベース	ニューラルネットワーク
基盤技術	記号処理	統計学
学習能力	×	○
説明機能	○	×
分析問題	○	○
合成問題	○	×
応用の多様性	○	×
ビッグデータ親和性	×	○
処理負担	小	大
他システムとの統合性	○	×

　比較表だけでは誤解を生む可能性がありますので、説明を少し追加しましょう。

● 基盤科学について

　シンボリズムの基盤である認知科学は既に説明しましたように人の知能に関する心の働き、あるいは振る舞い、に関する学問的な基盤です。心の働きは見えませんし計測も難しいので、色々な実験とその結果の考察によってモデル化を行うというアプローチが取られています。一方、コネクショリズムの基盤である脳科学については、人の脳を構成しているニューロン（神経細胞）と、そのネットワークであるニューラルネットワークをコンピュータ処理向きに単純化してモデル化した、人工ニューラルネットワークが研究対象となります。人のニューロンに関する直接的な計測は科学倫理の観点から許されないことですが、動物の脳内にセンシング用の針を刺してニューロンの発火状態を計測することは行われています。人の脳の仕組みや機能については、近年の計測技術の進歩によって色々計測されており、その成果が深層ニューラルネットワークの研究に生かされています。

● 学習能力について

　コネクショニズムでは深層学習（ディープラーニング）と呼ばれる学習法が開発されていますが、これはニューラルネットワークにおけるニューロン間の結合リンクのパラメータ（重み）の値を"教師データ"と呼ばれる大量のデータを使った統計処理によって自動調整する方法であり、この能力を持つゆえにインターネット時代のいわゆる"ビッグデータ"を活用して知的判断システムの構築と応用が可能と

なりました。判断能力を高めるには深層ニューラルネットワークと呼ばれる多層のニューロン層からなるネットワークの、全ての結合リンクの重みの最適な調整（チューニング）が必要であり、それには超高速のコンピュータが必要ですので20世紀のコンピュータ技術では不可能でしたが、画像処理の分野のニーズで開発されたGPU（Graphical Processing Unit）という高性能コンピュータユニットが安価に利用できるようになったために実現したのです。

ただし、ビッグデータと呼ばれる大量のデータがあれば学習が可能かといえばそうではなく、教師データが大量に必要なのです。たとえば、医学診断をディープラーニングで実現しようと思えば、医師が診断に使った診療データと医師の"正しい診断結果"のセットが大量に必要となりますが、この"正しい診断"が実は信頼できるとはいえないものであることが知られています。患者の医学的症状には個人差がありますし、医師の診断も正しいという保証はなく、色々な薬で治療を試みるうちに、人間が持つ治癒力によって回復することが少なくないことが知られており、治癒力を助けるのが医療であるという考え方があるほどです。私は、70年代に医療情報システムの研究を行い、その縁でミズーリ大学（米国）のリウマチ診断システムAI/REUMの研究開発に参加したことがあります。これは知識ベース型のAIでしたが、当時代表的な6つの病気に絞ってさえもなかなか満足できるようなレベルの診断システムが達成できなかったという経験があります。個人差、地域差、労働環境の違いなどで、普遍的な診断ルールを設定するのに苦労したという経験です。医学診断の難しさは、医学が進歩した現在でも本質的には変わらないと考えています。つまり、医学診断の分野で信頼性の高い教師データを集めることは、予想以上に困難であるのではないかということです。強い覚悟と信念を持って長期的に取り組むことが不可欠です。AI/REUMのプロジェクトは所長のリンドバーグ医学博士が米国医学図書館（NLM）館長としてワシントンに移ってからも続けられ、1998年の論文によると54の病名を診断し、治療の助言を行えるようになったようです[Kingsland1998]。

- 説明機能について

重要な問題において専門家が出した判断について、その判断の根拠や理由を説明してもらう状況はすごく一般的なものです。日常の活動においても、ある人がある決定をした場合には、その理由の説明ができなければ、その決定を受け入れることは難しく、関係者の賛同も得られないのは当然ですね。AIシステムが出した結論についても、当然その理由を求められることが一般的だと思われます。たとえば、自動走行車が間違って人身事故を起こしてしまったとき、その間違いの原因が特定できなければ自動運転システムの改良ができません。自動運転システムが知識ベース型AIで実現されていれば間違いの原因を確認することが可能ですが、ディープラーニングで実現されている場合にはこれができません。知識ベース型AIシステムでは、どの知識が使われて誤判断を起こしたのかを検証できますが、ディープラーニング型AIの場合には、学習結果の深層ニューラルネットワークが"パラメータの数値計算"で判断するという極めて単純な方法を使っていますので、原因の究明ができないわけです。運転者の目の働きを代行するコンピュー

Chapter 1　人工知能とは－人の様々な知能をコンピュータ化できるか？

タビジョン、瞬間的な情報を収集するセンサーシステム、危険を認識するディープラーニング型AI、総合判断を行う知識ベース型AIと、IoTおよびクラウドサーバシステムが統合化されることになるのではないかと予想します。また、情報の共有が不可欠でありますので、国際的規模での標準化が必要となるでしょう。それには10年単位の時間が必要となりますので、当面は一般走行では安全走行に焦点を当てたレベル2〜3の達成を目指すのではないかと思います。

少し「学習」について追加しましょう。まず、勉強（study）と学習（learning）は、学校教育では区別されていないように思われますが、情報科学の分野では、勉強は学習のための努力あるいは行為であり、学習は勉強で得た知識や能力を意味します。たとえば、算数の勉強をしてもテストの成績が悪ければ"学習は不十分である"と見なせます。自転車に乗る練習をして、うまく乗れるようになったら"よく学習できた"といえますが、なかなか乗れるようにならなければ"まだ学習は不十分である"といえます。つまり、"学習（ラーニング）"とは、知識を得ることや、あることができるようになる（スキルを得る）こと、という意味です。AIの分野で「深層学習（ディープラーニング）」という用語が使われますが、直感的には"物事を深く学んでいる"と感じられると思います。AIの世界では、深く学ぶという意味は全くなく、深層ニューラルネットワークと呼ばれる"多層のニューロンからなるニューラルネットワークの結合リンクの重みパラメータの調整（チューニング）を行って、入力データに対して適切な出力値の確率分布が得られるようにすること"を意味します。このとき、データと正しい出力値との組み合わせが「教師データ」として使われます。自動チューニングのことを機械学習と呼び、統計学と最適化法が使われます。最適化法によって学習が"十分に"進んだかどうかが、統計的学習処理と並行して行われます。教師データが十分であれば、十分に学習できますが、データ数が不十分であれば不十分な学習効果しか得られません。

学習がうまくいったかどうかは、「テストデータ」と呼ばれる別のデータ群を使って評価する必要があります。もしテストデータで期待より低い結果しか得られなければ、学習に使われた「教師データ」が悪かったか、データ数が不十分であったか、深層ニューラルネットワークの設計が悪かったか、そもそも深層学習に向いていない問題であった、という可能性があります。学習の効果を評価するには"テストデータ"を使うしかありませんが、これは、学習がパラメータチューニングですので、"学んだこと"を言葉で説明できないからです。

では、人はどのように学習しているのでしょうか。この課題こそAIの旧くて

新しい研究課題であり、未解決の課題です。人は、本を読み、授業を受け、実験をし、経験をし、マーケッティング調査の結果を分析・考察し、基礎から勉強しなおして基本知識を整理し、他人と議論しながら異なった思考法を学び、失敗からも学び、色々なことを試行錯誤しながら"問題解決能力"を高めていきます。また、"独創力"や"記憶力"には個人差があることが分かっており、お互いに"長所を生かし"、"弱点を補い"ながら、チームで問題解決に当たります。人の学習能力の"ほんの一部"しかAIでは実現できていないことが、容易にお分かりと思います。また、独創力に優れた研究者は、経験や努力の過程で何らかのヒントを知覚し、意味のあるゴール（目標）を仮説として発見し、そのゴールを目指して挑戦することを行います。このような挑戦が実らずに一生を終わることがむしろ多いかもしれませんが、この過程で他の研究者に何らかの刺激やヒントを与え、イノベーションをもたらす成果をもたらすというのが科学技術の歴史といえると思います。これは科学技術の世界に限らないと思いますが。

さて、知識ベース型AIを指向している研究者は、知識は人を通して獲得することを前提として、知識の表現、知識ベース（知識データベース）、知識を活用して問題解決を行う方法としての"推論（reasoning）"などに、視点を当てます。ディープラーニング型AIを指向している研究者は、機械学習の能力や効率、応用の可能性などに視点を当てているように見えます。

1.5 黎明期のAI：50〜60年代

コンピュータの原理はアラン・チューリングが提案した「チューリングマシン」であることは、コンピュータを勉強した人なら常識の一つです。これは一本のテープ上の升目に「記号」が記録されており、単純な動作をする「機械」がその位置にあるそのテープ上の記号を一つ読んで「内部状態を更新」しつつ「内部状態と記号との組み合わせによって」テープ上を左右に移動し、その位置の記号を読み取って「内部状態を更新して移動する」ことを繰り返して「ゴールの状態に至る」という、極めて単純なモデルです。この"機械"はコンピュータと読み換えてよく、その後も機械知能、機械翻訳、機械学習などと機械がコンピュータと同義で使われ続けています（日本人的感覚からは機械とコンピュータが同じ意味であるというのは戸惑いますが、「機械の一つがコンピュータである」と思えば納得できる

と思います）。彼の功績は極めて高く評価されており、60年代にチューリング賞が制定され、66年に第一回の受賞が行われましたが、毎年ACMという米国コンピュータ科学会によって1名が選ばれ、ミンスキー、マッカーシー、ニューエル、サイモン、ファイゲンバウムなどのAI研究者が受賞しています。

そのアラン・チューリングによって50年に提案された「チューリングテスト」が、機械が知能を持っているかどうかを判定する方法として知られていることは、ジョン・マッカーシーの説明と補足説明でお分かりいただいたと思います（一部の哲学者が同意していないという説明がありましたが、私も同意しない者の一人です。たとえば、幼い子供が大人のような受け答えをする場面を経験された読者は多いと思いますが、その幼児が大人のように理解しているとは誰も思わないでしょう。その証拠に、大抵笑いが起こります。いわゆる知能ロボットも「その応答がいかにも人のような知能を持っているように錯覚させる」ものの場合が少なくないのです。有名なプログラムにERIZAがありますが、簡単な仕組みで、心に悩みを持つユーザの入力文にほとんどオーム返しに応答しているだけなのに、「私の気持ちをよく分かってくれている」と勘違いしてはまり込んだ人が何人も出て、開発者が慌てたことがよく知られた"事件"です）。

1.5.1 コネクショニズム

まず、コネクショニズムの歴史について説明しましょう。

ニューロンのコンピュータモデルは40年代に既に提案されていますが、学習能力を持つニューラルネットワークモデルはローゼンブラット（Frank Rosenblatt）によって58年にパーセプトロン（Perceptron）という命名で発表され、コネクショニズムの研究が活発になったことが知られています[Rosenblatt1958]。最も基本的な"単純パーセプトロン"は、図1.5に示されるように、入力層と出力層から構成され、入力層の各ニューロンから出力層の各ニューロンに信号伝搬用のリンクが交差する形で張られ、そのリンクに信号の強さを調整するための重み（パラメータ）が付加されています。入力層の各ニューロンへの入力信号がリンクを通して出力層のニューロンへ伝搬されますが、出力層の同じニューロンに結合されたリンクに付加された重み（パラメータ）と掛け合わされ、足し合わされた値が、その出力層のニューロンの「入力値」となり、その値がそのニューロンに設定された「閾値」を超えていれば、そのニューロンが「発火」して一定の「出力信号」を出力する、という単純な構造のものです。ここでお分

かりいただけるように、重みの計算は「並列」に行えば処理効率が高くなります。

パーセプトロンは、入力層のニューロンへの入力データ（0、1値の組）に対して出力層のニューロンから期待通りの出力値が得られるように、リンクの重みをうまく調整するように働きます。これを学習（Learning）と呼び、多くのデータと正解値とを使って、できるだけ全てのデータに対して正しい出力値が得られるように、重みの調整を繰り返します。使われる「データと正解」の組のことを「教師データ」と呼びます。

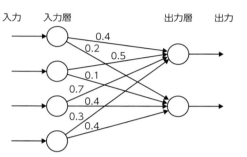

図1.5 単純パーセプトロンの例

パーセプトロンは文字や写真などを画像パターンとして入力し、文字の「3」や動物名の「猫」などを認識結果として出力するような機械です。このような機械のことを「パターン認識機械」と呼んでいます。たとえば、画像パターンが2種類に分類されると分かっているとき、入力データがその2種類のうちのどちらに分類されるものであるかを判別する処理を行う機械であるといえます。つまり、パーセプトロンは分類マシンであるわけです。

パーセプトロンはどんな分類も可能なのでしょうか。実はそうではありません。図1.6に2つの2次元データ分布の例をしまします。左は、直線をうまく引くことができればこれらのデータはきれいに分類されます。この直線を自動的に引くように試みるプロセスが「学習」プロセスであり、それは図1.5の各リンクの重みを自動調節することを意味します。直線Aは分類できていませんが、直線Bはきれいに分類できています。右は、直線ではうまく分類できません。このような場合はパーセプトロンが適用できないというわけです。

Chapter 1 人工知能とは－人の様々な知能をコンピュータ化できるか？

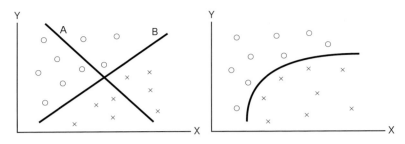

図1.6 左：2次元空間上の2種類のデータグループをうまく分類するための直線の例（Aは分類できていないが、Bは分類できている）／右：直線ではうまく分類できないデータ分布の例

　パーセプトロンは、画像パターンを教師データを使って学習機能によって自動的に分類することが課題でした。この問題を数学的に証明することに取り組んだミンスキーとパパートは、単純パーセプトロンは直線で分離できるような問題のみが学習可能であることを明らかにしました。このような問題のことを「線形分離可能」と呼んでいます。いい換えると、曲線を使わなければ分離できないようなデータ群には単純パーセプトロンが使えないということを明らかにしたのです。69年に出版された「パーセプトロン」[ミンスキー1993]でこのことが明らかにされたことにより、コネクショニズムの研究は急速にしぼんでしまったといわれています。ついでに、パーセプトロンは単純な計算の繰り返しが必要ですが、これらは並行して行うことができます。その仕組みをイメージ的に説明した図を、図1.7に示します。盤面R上に書かれた文字Xを細かい升目で分割して、光センサーで0と1のデータ群に変換して入力し、パーセプトロンで処理して入力画像がXであることを認識するという機構のイメージ図です。

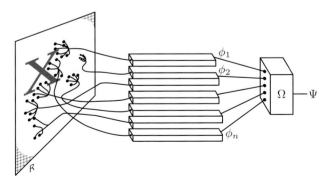

図1.7 パーセプトロンと並列計算の概念図[ミンスキー1969]

28

1.5 黎明期のAI：50～60年代

最後に、日本人である甘利利一氏の重要な学術的貢献を紹介しましょう。パーセプトロンの機械学習法として現在でも使われている確率的勾配降下法は、彼によって67年の論文[Amari1967]で提案されたものです。情報幾何学の提唱者としても知られています。第2章でその仕組みを説明しましょう。

❖ 1.5.2 シンボリズム

一方、シンボリズムの分野においては、認知科学的に人の知能の仕組みを研究することが行われました。この分野ではよく「心のモデル（mind model）」という用語が使われていますが、いわゆるシンボリストの心情がご理解いただけると思います。「心の働き」は観察できませんので、人の高度な知的機能を必要とする問題を取り上げてコンピュータモデル化し、プログラムで表現して試してみて理解するというアプローチが取られます。このアプローチは現在でも変わらないと考えていただいてよいでしょう。あまり単純でなく、あまり複雑でもない問題を選ぶことが重要であると考えられています。単純な問題を「トイプロブレム」（おもちゃのような問題）と呼びますが、このような問題が解けても知能の本質に迫れません。また、あまりにも複雑であれば、モデル化の手掛かりを得られず、正しく解けたかどうかも判断できません。モデル化とは「人が想定した知能の仕組み」といい換えてもよいでしょう。

まず試みられたのが、チェッカーやチェスなどのいわゆる「ボードゲーム」と呼ばれるものでした。ゲームに必要な明確なルールが決まっていること、勝敗がはっきり分かること、に加えて、プロのプレイヤーがいるほどに極めて高度な知能ゲームであること、などがその理由だったといわれています。なぜボードゲームが選ばれたかというと、「もしコンピュータプログラムによってプロプレイヤーと同等の能力を実現できれば、そこから得られた知見によって、実社会の色々な問題を解決できるようなAIを実現できるはずである」ということだったようです。ボードゲームは勝敗が明白ですので、その分プログラムの能力評価も客観性が高くなるわけです。5目並べのような簡単なゲームならもっとモデル化は簡単になりますが、そのような問題が解けたとしても人が持つ高度な知能、つまりAI、の理解には役立たないし、社会への応用も期待できないということです。確か、サイモンは「簡単な問題ならどんなやり方でも実現できる」という表現で、簡単すぎる問題への試みを批判していますが、私も同感です。

さて、ボードゲームは二人のプレイヤーが交互にプレイして、最後に勝敗が

決まるというゲームですが、AI入門書の「探索法」の説明の中でよく使われる例として用いられる「三目並べ」を使って説明しましょう。これは簡単すぎますが、ボードゲームのコンピュータモデルである「ゲーム木 (game tree)」と「探索 (search)」の関係が分かりやすく理解できます。この本の読者はAI技術の詳細を知りたいのではなく、AIを実践的に活用するための判断力を得たいとされていることを前提とすれば、三目並べとゲーム木の関係、および探索とは何かについての感覚的な基礎知識が分かれば十分であると思いますので、"流し読み"されて十分です。

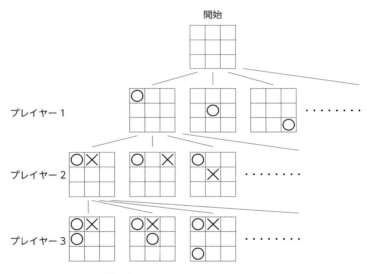

図 1.8 三目並べのゲーム木の一部

　図1.8に三目並べのゲーム木の一部を示します。これは、二人のプレイヤーが3×3＝9目の升目の中に○と×を交互に記入し、最初に3目並べた方が勝ちとなるゲームです。ここで、プレイヤーがコンピュータと人の場合、コンピュータは人に勝つように「次の一手」を慎重に選ぶ必要があり、人も同様にコンピュータに勝つように「次の一手」を選ぶことになります。ここで、最良の「次の一手」とは、相手がどんな手を打っても"最後には勝てる"という一手のことですので、可能ならば「全ての可能な次の一手」を頭の中（コンピュータはプログラム）でシミュレートしてみて勝てる手を確認してから選ぶという手です。実は、三目並

べは、双方がミスをしなければ「必ず引き分ける」ことが分かっています。ただ、組み合わせの数が多くなくコンピュータは着手前のシミュレーションで全ての可能性を確認できますので負けることはありませんが、人は記憶力が高くなく「2～3手先を読む」程度でシミュレーション（先読み）を打ち切って「次の一手」を選ぶことになるでしょう。また、「勘違い」や「見落とし」で負けることもあるはずです。特に、記憶力がまだ発達していない子供や、記憶力が衰えた老人にはこのことがいえます（追記：知力は記憶力だけではありませんので、総合的知力は年をとっても衰えないことが研究で実証されています）。

　一般に、ボードゲームでは全ての手の可能性を調べつくす空間（専門用語では「探索空間」といいます）の数が膨大で、最後まで網羅的にシミュレートすることは不可能です。たとえば、チェスは10の120乗、将棋は10の220乗、囲碁は10の360乗です。巨大な数の例として、1京は10の16乗ですので、1京の1京倍でも10の32乗にすぎません。チェスを網羅的に探索することはどんなスーパーコンピュータでも現実的に不可能であることがお分かりと思います。したがって、別のやり方で「最良の次の一手」を選ぶ方法が必要となります。この一つが"ミニマックス法（Minimax search）"と呼ばれる探索法です。

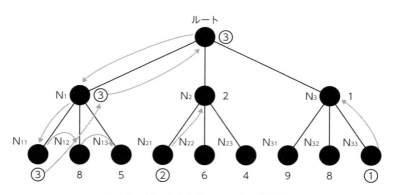

図1.9　ゲーム木とミニマックス探索法

　図1.9にゲーム木とミニマックス探索法の仕組みを図示します。まず、このゲーム木の意味を説明しましょう。ゲーム木は図1.8で説明した三目並べと考え方は同じですが、より一般的に表現したものです。この図で、ルート（根）はゲーム開始の状態を示し、可能な手が3手（N_1、N_2およびN_3）あるとします。この3つ

の手に、それぞれ可能な手が3つあるとします。ここまでで、ゲーム木は2段に展開されていることが分かります。ここで、第1段目の手はプレイヤー1（自分）の手であり、第2段目の手はプレイヤー2（相手）の手です。ここから先は「読まない」（木を展開しない）こととし、その代わりに各手に「評価関数（evaluation function）」で求められた値が付加されています。数値が高いほど相手にとって勝つ可能性の高い有利な状態であると考えてください。さて、自分にとって3手の中のどの手が最良の「次の一手」でしょうか。相手にとって最も不利（Minimum）な手を各候補手について選ぶと、N_1については評価値3、N_2については評価値2、N_3については評価値1を持つ手、つまりN_{11}、N_{21}、N_{33}が選択され、その中から評価値3となるN_1が自分にとって最も有利な手（Maximum）でありますから、N_1が最良の「次の一手」となります。

　さて、今度は、N_1を起点として2段階の候補手の展開が行われ、それぞれの端点（リーフノード）に評価関数が適用されてその局面の評価値が付加され、ミニマックス探索によって相手にとっての最良の「次の一手」が選ばれます。これを繰り返し実行すれば勝敗が決します。ここで、プレイヤー1がコンピュータで、プレイヤー2が人間ならば、プレイヤー1はミニマックス探索法で対局を進めるでしょうが、人間は直観力と先読み力を駆使してコンピュータに勝つように勝負するでしょう。チェスや将棋のようにコマによって強さが異なるようなゲームでは、評価関数が作りやすいことが知られています。たとえば、将棋では「歩」より「銀」、銀より「飛車」が強いので、これらがどのように配置されているかを評価できるような評価関数が作れるならば、コンピュータ将棋のプログラムが書けるというわけです。なるべくゲーム木の展開を先まで行い、評価関数をより優れたものにし、人との対局の成績に基づいてプログラムを改良すれば、より強い将棋プログラムが実現するということになります（プロ棋士の専門知識をうまく利用できればさらに優れた評価関数が作れるはずですね。これについては後で説明します）。人間との対局の代わりに、将棋プログラム同士の対局が行われ、より強い将棋プログラムが開発されてきました。木の探索において「無駄な探索」をできるだけ避けるように改良された探索法としてよく知られているものが「アルファベータ探索（$\alpha - \beta$ search）」と呼ばれる方法ですが、興味のある方は他の専門書で勉強してください。

　ボードゲームの研究によって、人の知能の一端が伺えたことはAIの研究成果としてある程度評価できますが、この研究を通して得られたAI技術は社会の実

問題へは応用できないことも明らかとなりました。たとえば、医師による医学診断は全く異なる知的な能力によって行われているであろうことが容易に推量できました。高度な医学の専門知識を活用する医学診断はボードゲームとは全く異なりますから。60年代のAIを「探索の時代」というように解説されたAIの本が少なくないようですが、それは、「まずボードゲームで研究してみよう」という試みから来ています。このような研究の成果は人の知能を解明するという視点からは成功したとはいえませんが、次のステップへ進むためのトレーニングとしては意味があったといえるでしょう。

　ついでですが、ボードゲームはその後もAIの研究対象であり続けています。つまり、AI研究者の中にボードゲームに強い関心を持って熱心に取り組む人々が少なからずいたということです。特に囲碁は最も困難な問題であることが知られ、国際的に研究がされてきましたが、2000年代になってモンテカルロ木探索法が発明され、さらに2010年代にディープラーニングと組み合わせ、かつ自己対局による強化学習法で強くなった「アルファ碁」が、前にも書きましたように、世の中に衝撃をもたらしました。ディープラーニングが囲碁のような複雑な問題にも応用できたという点に、高い関心と「AIが持つ可能性への期待」が急速に高まったといえるでしょう。ただし、ディープラーニングの応用分野は限定的であることは第1章で述べた通りです。このことをより納得していただけるように、いわゆる「AI囲碁」としてのアルファ碁の仕組みと強さの秘密、および応用可能性と限界についての説明と考察を、第3章で行います。いわゆる"AI囲碁"は、「コネクショニズムとシンボリズムの融合」で実現したAIシステムであることを理解してください。

1.5.3 新しいAI研究の萌芽

　60年代には次のAI研究のアプローチである「知識ベース型AI」の研究の萌芽がいくつか表れています。これらの中の重要な研究課題を2つ取り上げて、研究の歴史を通してAIを知るという視点から、簡単に紹介しましょう。

機械翻訳

　機械翻訳（Machine Translation）は、AIの主要な課題であり続けています。当時はコンピュータネットワークが未だ存在していませんでしたので、コンピュー

Chapter 1 人工知能とは－人の様々な知能をコンピュータ化できるか？

タ単体での翻訳プログラムの開発が行われました。また、米国で盛んに研究開発が行われたのは、冷戦時代という背景があって、露英翻訳の人的負担が大きかったからであるといわれています。したがって、国防省系の組織からの研究支援が主であったようです。しかし、期待した成果がなかなか得られなかったために研究評価委員会ALPAC (Automatic Language Processing Advisory Committee) が組織され、計算言語学 (Computing Linguistics) と呼ばれるコンピュータによる自然言語処理の学術研究、および特に機械翻訳が、評価および政府への助言の対象とされました。計算言語学については学術研究として重要であるという評価になったことは当然といえますが、機械翻訳については実用性の観点から悲観的な評価となりました。その結果、研究費は打ち切られ、この課題の研究開発は中止されてしまったということが知られています。ALPACレポートが機械翻訳に与えたダメージはかなり大きなものでした。当時、「米国では機械翻訳システムは実現不可能であるという判断が下された」というようなうわさが広く伝わりました。

　その後、コンピュータ環境が急速に改善されたことや、日本国内の英日機械翻訳のニーズが高かったこと、ヨーロッパでは多言語翻訳が求められました。今日では「グーグル翻訳」システムなどが多言語観翻訳をインターネットで無料サービスするなど、機械翻訳は身近なものになっています。しかし、意味理解機能の実現が原理的に極めて困難なために、翻訳品質がなかなか向上しないのが現実です。この問題はAIの本質的課題を含んでいるともいえますので、後の章で改めて議論しましょう。

意味ネットワーク

　意味ネットワーク (Semantic Network) は、自然言語における概念（あるいは言葉）の間の意味的な関係をネットワークで表現したものであり、人が物事を記憶しているとき、ばらばらに記憶しているのではなく何らかの関係を持たせた形で記憶していると考えることは至極普通のことと思えます。相手に文章（自然言語）で表現して考えを伝えたり、相手の話を聞いたり、文章を読んで意味を理解したりするときなどは、意味ネットワークが頭の中で作られたり使われたりしていると考えられます。意味ネットワークは50年代中頃に英国のケンブリッジ言語研究所で機械翻訳や自然言語処理のための技術として開発されましたが、広く知られるようになったのはキリアン (Ross Quillian) が60年代に発表した論文に

34

よることが知られています[Quillian1969]。

　図1.10に簡単な意味ネットワークの例を示します。この図は、生物を頂点とする人間と鳥がis-a（である）関係で階層的に意味構造を持つことを表しています。それぞれのノードには属性（attribute）が付加されており、上位の属性は下位のノードに"継承"されます。たとえば、「太郎」は男ですが、「話す」ことができ、さらに「呼吸をする」、「食べる」、「動く」という属性情報を上位概念から継承します。このような表現法を用いることによって、概念を体系的に、かつ効率よく表すことができます。この関係の他に、part-of（部分である）、has（を持つ）などを使うことによって、色々な物事を表現することができます。意味ネットワークは、機械翻訳、自然言語対話、機械の構造表現、地図上の駅の関係の表現など、AIにとっては欠かせない基盤技術の一つです。

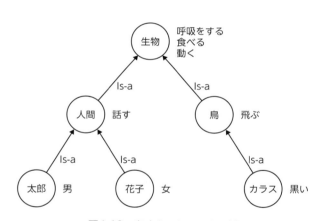

図1.10　意味ネットワークの例

自然言語の構造

　我々が日常的に使う言語のことを自然言語（natural language）と呼びますが、意味ネットワークは自然言語で使われる言葉を意味関係として表現したものです。一方、「私は太郎です」という文は、「私は」という主部（NP）と「太郎です」という述部（VP）で構成されているという構造的な関係を持っています。これを生成文法（Generative Grammar）として体系的に表現する方法が言語学者で哲学者のチョムスキー（Norm Chomsky）によって、60年代中頃に成し遂げられました[チョムスキー1963]。

簡単な英文の例で説明してみましょう。詳しい説明はこの本の主旨からは外れますので省略しますが、自然言語を取り扱うときは、基本中の基本であり、当然AIでも自然言語処理における基盤の一つです。

　　A girl likes a dog.
は、生成文法では次のように表現できます。

　　[s[NP[D **a**][N **girl**]][VP[V **likes**][NP[D **a**][N **dog**]]]]

また、この表現は木構造でも図1.11のように構文木（Syntax Tree）で表すことができます。この木の意味は次のようなものです。「文（Sentence）は主部の名詞句（NP）と述部の動詞句（VP）で構成され、名詞句は限定子（determiner）と代名詞（pronoun）で構成され、動詞句は動詞（verb）と名詞句で構成され、その名詞句は限定子と名詞（noun）で構成されている」と。チョムスキーは構文木で表された言語の表現を深層構造（Deep Structure）と呼んでいますが、文の表面的な表現（表層構造）が多少異なっても構文木で表現すれば同じになるからです。彼は、自然言語に関してもう一つ重要な発見をしています。それは、「自然言語が生得的である」ということです。色々な人種の自然言語を比較研究した結果、どの言語も表現形態（文法）は異なるが、要素としては同じであるということを発見したのです。これは極めて重要な発見であり、自然言語は多言語間の翻訳ができることを指摘していることになるのです。

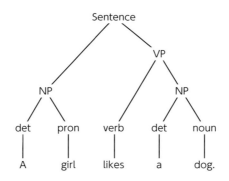

図1.11　自然言語の構文木の例

木構造では各言葉の"係り受け関係"が厳密に表現されますので、たとえば、日本語の文章を英語に翻訳するときは、日本語の文法で書かれた文を、一度木構造に変換してから各言葉を英語で置き換えて、英語の文法に従って表現するという

方法が取られます。しかしながら、日本語文には主語が欠けていることが多く、英文ではこれを補う必要が生じます。また、代名詞がどの名詞と対応しているかは、複数の文章間の解釈の整合性を取る必要が起こります。このような処理のことを"文脈処理"と呼びますが、意味理解はこれでも不十分です。たとえば、自動車のエンジンの構造や動作を説明した英文のドキュメントを日本語に翻訳するには、エンジンの工学的な知識が欠かせないことは容易にお分かりでしょう。このような翻訳文はエンジンの非専門家には自然に感じられても、専門家には正しい意味が伝わらない「誤訳」であるわけです。この問題はAIを知る上で極めて重要な意味を含んでいますので、第2章でも議論しましょう。

1.6 知識ベース型AIの勃興期：70年代

　前にも説明しましたが、AIは人のような知能をコンピュータプログラムで実現することを目指す研究分野です。しかし、人の知能についての理解が不十分ですので、何か人の知能が使われていると思われる典型的で手ごろな問題を選んで試してみることを通して人の知能の手掛かりを得ることが、AI研究者たちのアプローチでした。このようなやり方は基本的に現在でも変わらないといえます。そこでまず選ばれたのがチェッカーやチェスなどのボードゲームでしたが、ゲーム木、探索、および評価関数が有効な手段であることが分かっても、それは一般の問題へは応用できないことが分かり、人の知能を理解するためには別の問題に挑戦する必要があることが分かってきました。人は色々な「知識（Knowledge）」を持っており、それを使って問題解決をしているはずであると考えるようになったのは当然の帰結といえるでしょう。

　70年代は知識ベース型AI、すなわちシンボリズムに基づくAI、の勃興期であったといえます。一方、ニューラルネット型AI、つまりコネクショニズムに基づくAIは、一部の研究熱心な研究者たちによって、静かな学術指向の研究が行われた時期であったといえると思います。ここでは、シンボリズム型AIを中心に、私が思う重要な成果を選択して紹介しましょう。それぞれの技術的側面よりも、背景、概念、およびなぜそのようなモデルが提案され、それはどんな意味を持ち、何を目指し、AIにどのように貢献したか、に視点を当てたいと思います。なぜかといえば、技術は進歩しますので、"今更そんな古臭いことを！"と思われか

Chapter 1 人工知能とは―人の様々な知能をコンピュータ化できるか？

ねませんが、AIは未だ達成されていませんし、これからも達成されないかもしれませんので、先人の試みからは多くの学ぶべきものがあるし、それらは時を経ても新鮮さを失わないからです。あえていえば、技術は"表層的現象"にすぎないことを理解してください。最近になってディープラーニング型AIの急速な発展と応用に目が奪われて、さも近未来に人の多くの仕事を代行するようなAIが出現するような印象を与えていますが、人の知能はそんなに簡単には実現できないことを理解していただければ冷静になれると思います。

　コンピュータ環境についても、70年代は米国で大きく改善されていました。すなわち、現在のインターネットの前身であるARPAネットと呼ばれる、パケット通信型ネットワーク（長い情報を短く区切ってそれぞれにアドレスを付して相手先に送信する方法）が実用的に使われるようになるとともに、大型コンピュータを共同利用する技術であるTSS（タイムシェアリングシステム）が普及しました。AIの研究分野ではDEC社（当時）が開発した大型汎用コンピュータPDP-10が、MIT、CMU、スタンフォード大などに設置され、記号処理プログラミング言語LISPがこれらのコンピュータにインストールされ、ネット経由で共同研究ができるようになっていました。これによって、IT専門家集団による知識ベースシステムのプラットフォーム（アプリ）の研究開発と、これを使った応用分野の研究者集団による応用システムの研究開発がやりやすくなったわけです。このような環境が整った結果、AIの研究開発は米国で一気に加速したといえます。では、何がどう加速したのかを眺めることにしましょう。

　参考までに、1977年当時の米国のARPAネットの論理構造図を図1.12に示します。MIT、CMU、スタンフォード大にPDP-10が設置され接続されていることが分かります。当時はこの程度のものでした。私もミズーリ大学でユーザとして使いましたが、パスワードも不要で不正利用は全く想定されていませんでした。この図から、ARPAネットがロンドンにも接続されていたことが分かります。

1.6 知識ベース型AIの勃興期：70年代

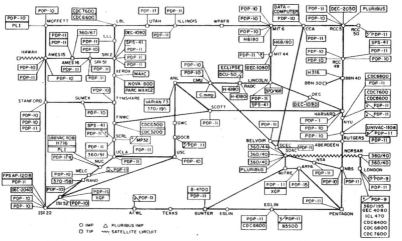

図1.12 1977年時点のARPAネットの論理構造図

1.6.1 コネクショニズム

　コネクショニズムの分野では、この時代に特段の進歩が見られなかったことは、ミンスキーが著書「パーセプトロン」の改訂版（1993年）で指摘していますので、関心のある方は図書館か（要点の説明を）ウェブサイトなどで確かめてください。ちなみに、初版は前節で説明しました通り1969年です。ただ、いわゆるコネクショニストはよりポジティブな意見を持たれていると思われますので、私の意見が必ずしも正しいとはいえないかもしれません。追記しますと、ミンスキーは学生時代には数学を専攻していたそうですが、その後、AI研究では認知科学に転向したようですので、コネクショニズムの数学モデルにも精通していたといわれています。多分、パーセプトロンの研究に疑問を感じていたので数学的に可能性と限界を確認してみようと思い立ったのではないでしょうか。

　日本では他人の研究分野を徹底的に批判することは避けますので、このような行動は理解しにくいですが、このことが日本の科学技術の進歩を阻害していると思います。日本では厳しい批判は非難されますが、欧米では逆に歓迎されます。"よく指摘してくれた。これで無駄な努力を止めて別の試みを行うことができる"

Chapter 1　人工知能とは－人の様々な知能をコンピュータ化できるか？

と。ただ、中にはへそ曲がりもいて、"そんなはずはない、私の直感が正しければ解決策があるはずである"と信じて、信念を貫く人たちがおり、しばらくたって衝撃をもたらす回答を示し、歴史を変えたという事例はいくつもあると思います。日本でもまれに見られ、青色発光ダイオードのノーベル賞受賞者のコメントを思い出してください。コネクショニズムもこの例であると思います。「アルファ碁」で衝撃をもたらしたいわゆるAI囲碁の基本技術である深層ニューラルネットワークと深層学習（ディープラーニング）は、コネクショニズムですから。

　ついでですが、深層ニューラルネットワークは「パターン認識機」といえますが、あの難しい囲碁でトッププロ棋士に勝てたことに、正直驚きました。私は囲碁を趣味にしていますので（アマ4段）、その秘密を解き明かそうと深層学習の勉強をする気になり、ある程度分かってきましたが、逆に「AI＝ディープラーニング」という短絡的な風潮が蔓延しかかっていることに危機感を感じて、この本を世に出そうと考えるに至ったことは、前にも述べた通りです。アルファ碁については、その仕組みと強さの秘密、および一般の問題へは応用できないという限界について、第3章で分かりやすく説明しましょう。"アルファ碁を通してディープラーニング型AIの可能性と限界が見えてくる"、ということがお分かりいただけるように説明してみます。

♟ 1.6.2 シンボリズム

　70年代はシンボリズム型AI、つまり知識ベース型AIの勃興期でした。ここでは、重要と思われるものを3つ取り上げて、なぜ重要であるといえるのかを説明しましょう。

♟ DENDRAL：知識ベース型AIの走り

　知識ベース型AIの萌芽は60年代末に起こっていましたが、成果が論文などで発表され、その能力に衝撃を受けたAI研究者は少なくなかったと思われます。それは、DENDRAL（デンドラル）と呼ばれる知識ベースシステムで、AIをゲームの世界から実際の問題の世界へと誘ったといえるイノベーティブなものでした。AI囲碁のアルファ碁が李セドル九段に公開対局で3連勝したときの衝撃に近いかもしれませんが、アルファ碁が産業界を含む「社会」に衝撃をもたらしたのに対して、DENDRALはAIの研究コミュニティという閉じた世界に衝撃をもた

40

らしたといえます。なぜなら、AIが産業界から関心を持たれるようになったのは70年代末期であったからです。それまでは、米国国防省のDARPAが最も関心を持ち、最大のスポンサーであったといえます。加えて、NIH（米国国立衛生研究所）が大きな関心を持ち、スポンサーでした。このことは、70年代の知識ベース型AI研究の多くのテーマが医学診断を対象としたものであったことから明らかです（少し補足しますと、一般に大学などの学術研究はいわゆる「外部資金」によって行われます。その中でも、基礎研究は「科研費」（科学研究費補助金：日本、米国ではSNF）によって行われていますが、これに加えて省庁からも特定分野の基礎研究に対して助成制度があります。外部資金がなければ、研究設備の購入、国際会議参加などの学会活動、博士課程学生や博士研究者の雇用が困難です）。

DENDRALは、ノーベル化学賞受賞者であるレダバーグ（B.G. Lederberg）が、化学式と物量分析計のデータから、何とかして自動的に化学構造式を導けないかと試みていてなかなか成功しなかったとき、コンピュータ科学者であるファイゲンバウム（Edward Feigenbaum）が、専門知識を使った推論法で可能ではないかと提案して始められたそうです。化学式は化学物質を構成している分子の種類と数の組み合わせであり、化学構造式はそれらがどのように結合しているかを表現した構造図です。ある化学式が分かっても色々な化学構造があり得ますので、それを特定する仕事が極めて重要なのです。たとえば、薬を人工的に作る場合を考えましょう。化学構造式が分かればそれをどのような反応を使って合成するかが分かります。製薬会社は膨大な化学物質に関するデータベースを所有しており、どんな物質にどんな反応を起こさせればどんな物質が生成されるかが分かるわけです。図1.13に有機化合物（炭素Cを含む化合物）の例を2つ示します。リンクの結合点に炭素がありますが、図では省略されています。薬を買うと説明書にその薬の化学構造式が書かれていることが多いので、目にされた方が多いでしょう。

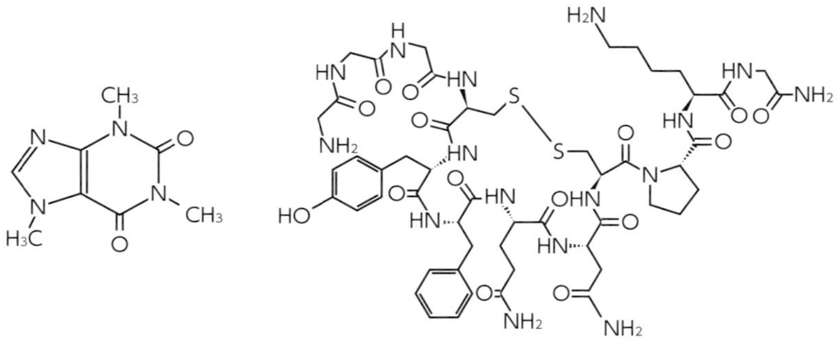

図1.13 化学構造式の例

さて、DENDRALの試みは見事に成功しました [Feigenbaum1968, 1978]。仕組みについて少し具体的に説明しましょう。図1.14の左に質量分析計のイメージ図を示します。たとえば、化学物質$C_8H_{16}O$（炭素8個、水素16個、酸素1個で構成された化合物で論文の中で事例として取り上げられたもので、質量はそれぞれCが12、Hが1、Oが16です）の粉を加熱すると、熱に弱い部分が分断されて複数の「部分構造」になり電荷を帯びます。荷電された粒子を電界に吹き込むと加速され、次に磁界を通すと曲げられますが、質量（重さ）によって曲がり方が変わるので、図のような位置に乾板を置くとそれぞれの場所に質量に応じて粒子の堆積が作られます。これをグラフにしたものが図1.14の右です。化学的に熱に弱い構造については「専門知識（ドメイン知識）」としてよく知られた事実です。つまり、熱で分断された粒子は「部分構造」に対応し、濃淡グラフが複数のピークの組み合わせとなり、この図のような形になります。専門家はこの図から部分構造の存在を読み取り、それらを手掛かりにして構造式を推定します。このタスクをコンピュータで自動化させようというわけです。自動化がうまくいけば、人の知能のモデル化もうまくいったと考えられます。つまりAIです。

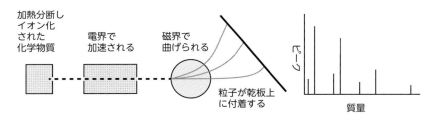

図1.14　左：質量分析計のイメージ図／右：質量分析計の出力グラフ

DENDRALの推論の仕組みを簡単に説明しましょう。化学者が構造式の推定に使っている専門知識を聞き出してIF-THENルールの集合で表現し、これをコンピュータ処理に適した形式で表現して「知識ベース」（知識のデータベース）に蓄えます。

質量分析計の分布データは図1.14のような複数のピーク（山）を持ったグラフになります。このグラフにルールを当てはめて、IF部の条件にマッチするピークの組み合わせが存在したら、THEN部の「部分構造」を持つ化学構造式を持つ化学物質に違いない、という推論のやり方であり、分布データは複数のピークを

持つので、複数の部分構造の候補リストが生成されます。IF-THENルールは2種類に分けられており、一つがポジティブリストを作るためで、もう一つがネガティブリストを作るためです。上の説明はポジティブリストの例ですが、IF部の条件がマッチしたら、この部分構造は「存在しない」と判断するルールがネガティブリストのためのルールです。

　DENDRALの推論は次のような4つのステップから構成されています。第1のステップでは、全てのルールを分布データに当てはめると、複数のポジティブ（持つべき）部分構造のリストが出力されます。同じようにして、複数のネガティブ（持つべきでない）部分構造のリストも出力されます。第2ステップは、化学式から「全ての可能な」構造式をプログラムで生成する作業です。これにも当然専門知識が使われますが、IF-THENルールとは異なります。第3ステップは、この各構造式を質量分析計にかけたとき生成されるはずの分布データを論理的に作り出す作業です。ここでも専門知識が必要となりますが、IF-THENルールとは異なります。そして、最後の第4ステップは、各質量分布グラフと入力データの分布グラフの一致度を評価して最も高い一致度を持つ化学構造式を結果として提示します。結果は"一つだけ"が望ましいですが、複数出されることもあるようで、その場合は別の方法でその中の一つが決定されます。図1.15にDENDRALの推論の仕組みと同定された化学構造式の例を示します。

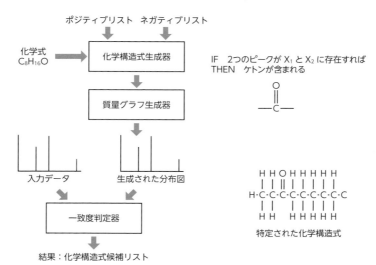

化学式と入力データから構造式を同定する
左が推論の仕組み／右上がIF-THENルールの例／
右下が特定された化学構造式の例

図1.15　DENDRALの仕組み

Chapter 1 人工知能とは—人の様々な知能をコンピュータ化できるか？

　DENDRALは専門化学者が持つその分野の専門知識（ドメイン知識）を使って、専門家がやるようなやり方で問題解決ができることをデモした最初の知識ベース型AIであり、エキスパートシステムでもあることで、AIの研究分野にイノベーションをもたらしました。論文によると、この化学式$C_8H_{16}O$からは1684個の化学構造式が成立可能であり、実際に化学構造式生成器ではその全てが生成されました。さらに注目すべき点は、その各化学構造式の化学物質を質量分析計にかけることなく、コンピュータプログラムで質量分布図が生成されていることです。この一つ一つと入力データの一致度が判定されています。一致度の判定には統計学が使われています。

　DENDRALは、専門知識として"IF-THEN"ルールが使われたことのみが注目されがちですが、上で説明しましたようにIF-THENルールはドメイン知識の一部にすぎません。このことをしっかり理解しておいてください。実は、DENDRALにヒントを得て、医学部出身の医師でもあるショートリフ（Edward H. Shortliffe）が、500のIF-THENルールだけを使った感染症の診断システムMYCINを研究開発して、医学診断にも知識ベース型AIのエキスパートシステムが応用できることを実証しました。この結果、IF-THENルールは知識表現の最も基本的な方法であると認識されるようになりました。しかし、IF-THENルールで様々な専門知識が表現できるという誤解も生み、エキスパートシステムの開発は簡単に成功するという幻想を抱かせました。

　DENDRALの仕組みを考えてみると明らかですが、化学構造式生成器はとても簡単に設計できそうにありません。また、論文ではかなり簡単な化学物質を例題にして成功しましたが、図1.13のような複雑な化学物質には応用できそうにありません。つまり、DENDRALはプロトタイプを示しただけで、とても実用システムへは結び付かないものであったことがお分かりだと思います（ただ、友人でもあるファイゲンバウムを弁護しますと、DENDRALは網羅的に構造式を生成しますので、それまで知られていなかった化学物質の発見をもたらし、化学ジャーナルに論文として採択された、そうです。なお、ファイゲンバウムはAIにイノベーションをもたらしたという貢献でチューリング賞を受賞しています）。

　70年代には様々な医学エキスパートシステムが開発されました。NIHが研究支援したことが大きいですが、医学診断は高度な専門知識を駆使した知的な仕事ですから、このような研究を通してAIつまり人の知能をモデル化する「手ごろな問題」と考えられたからのようです。つまり、診断の自動化にもつながる医学AI

システムは、社会的貢献も大きいものである上に、膨大な診療記録として診断に使われた情報・データとともに診断結果や治療記録が残っていますから、AIシステムの試作や能力評価に好都合であるわけです。ショートリフの研究は内科学に属しますが、臓器を対象とした研究も行われました。血液のポンプの働きを持つ心臓の医学診断や、眼の病気を対象とした医学診断などですが、臓器によって仕組みや働きは異なりますので、医師はこのような臓器の仕組みや働き、および病気がどのような原因で起こり、それが機能にどのような影響を与え、検査や所見にどのように表れるかを頭に描きながら診断を行うと考えられます。したがって、臓器によって異なったAIモデルが提案されました。

私は、ミズーリ大学の医療情報学研究所にいたときリウマチ診断AIシステム（エキスパートシステム）の研究開発に参加しましたが、ラトガース大学が開発したルールベースシステムを使ってリウマチ診断の知識を知識ベース化し、リウマチ専門医の診療記録にある症状や診断結果とできるだけ一致させるような試みが行われていました。実際には、それまでに作られた知識ベースに別のカルテの情報を使ってテストしてみて、もし診断結果が異なった場合には、カルテの記録が適切かどうかを判断し、もし適切と判断された場合は、診断ルールの方を改定するという作業です。

リウマチ熱などの、代表的な6つの病名に絞った診断システムの研究開発が行われていましたが、当初の予想よりも性能の高い診断システムの実現は難しいことが分かりました。主な理由は、患者の個人差、生活環境の違い、患者が就いている仕事の違い、患者が住んでいる地域の環境の違いなどによるものでした。やっているうちに実用化は困難であるという意見が強くなり、医学教育に使うような検討が行われましたが、途中でプロジェクトから離れましたので、その後の経過は分かりません。まもなく、プロジェクトリーダーで所長のリンドバーグ（Donald A. Lindberg）がNIHの主要機関であるNLB（国立医学図書館）所長となり、ミズーリからワシントンへ移り、ファンディング側にまわりましたが、その後もこのプロジェクトは続いたようです。代表的な6つの病気でも苦労しましたので、数十もあるリウマチ病を網羅することは容易なことではないという共通理解が生まれた次第です。

このように、DENDRALの成果は問題解決指向のAIの研究に波及していきました。ただ、私の印象では「認知科学」の観点からのAI研究とは異なっているという感想を持っていました。実問題に結果を求めるという点ではエンジニアリン

Chapter 1　人工知能とはー人の様々な知能をコンピュータ化できるか？

グ（工学）に近いという印象でした。私の専門が工学ですので、腑に落ちる点を高く感じました。この点で、次に説明するフレーム理論は全く異なった概念とアプローチであるといえます。

ミンスキーのフレーム理論

「AIの父」とも称されるマービン・ミンスキー（Marvin Minsky、1927－2016）は、ファイゲンバウムとは対極的なアプローチのAIのリーダーであったといえます。彼は「認知科学（Cognitive Science）」の第一人者であり、人の「心の働き」のモデル化に取り組んでいたといえます。その最も重要な成果が「フレーム理論（Frame Theory）」と呼ばれるものです。この理論は、MITのAIグループのリーダーの一人であるウィンストン（P.H. Winston）が編集した著書である「コンピュータビジョンの心理」の中の一章である「知識を表現するためのフレームワーク」[ミンスキー1975]で発表されたものです。フレーム理論は、その後代表的な知識表現モデルと位置づけられるようになりました。ここではコンセプトの一例に焦点を当てて説明しましょう。

60年代から70年代にかけて、自然言語理解や"物語の理解"、および"風景の理解"（シーンの理解）などの研究が行われていました。物語の理解とは、童話や小説のような自然言語で書かれた"物語"を、人が理解するようにしてコンピュータが理解するというAIの研究テーマの一つです。たとえば、情景を説明した文章を読むと、心の中にその情景が浮かびますよね。複数の文章を使って情景を描写することは、小説の世界では不可欠のことですね。児童文庫では、情景描写は簡単にしてありますが、その年齢による理解力に合わせた情景と文章が使われることは、誰でもよく知っていることです。

しかし、これをコンピュータプログラムで実現しようとなると、たとえ児童文庫の世界でも、かなり難しいことになります。"心に描かれる情景"をどのようにコンピュータプログラムで表現するかが、まず必要な課題です。情景をコンピュータで表現するには、概念（要素）間の意味的関係を明確に表現する仕組みが必要となります。これは、専門用語では"データ構造（Data Structure）"と呼ばれ、プログラム技術の基本の一つです。次に必要なことは、児童といえどもある程度の知識を既に持っており、それを使って文章を理解して、"心の中に情景を描く"ことを行っているに違いありません。この"知識"が何であって、どのようにデータ構造で表現するかも必要になります。これは、自然言語理解や意味理

解とも密接に関係しているテーマです。意味ネットワークのアイデアが必要になると思われた読者もおられると思いますが、その通りです。

　一方、絵本や風景（シーン）の写真を見ても、"心の中に情景"が描かれるはずですね。つまり、同じ風景を、写真、スケッチ、文章のいずれでも表現できるわけです。小説には写真やスケッチが一切使われていませんが、小説家の文章力によって"写真を超える"風景描写が行われていることは、読者の皆さんがご存じの通りです。時代を超えて、経験を超えて、どんな世界にも誘ってもらえますよね。ただし、読み手によって"異なった"情景が心の中に描かれると思われます。

　ミンスキーは、文章を読んでも、写真を見ても、"同じような"描写が心の中に作られることやそれらが"瞬時"に行われることに関心を持ち、これを「知識の枠組み（フレームワーク）」として、どのように説明できるかという課題に取り組みました。このような素朴な疑問をうまく説明できるような、知的機能を実現するためのフレームワーク（枠組み）を提案しました。これが"フレーム理論（Frame Theory）"と呼ばれるものです。上に挙げた論文では、"考察"を行っているだけであり、具体的な技術の提案までは行っていません。図1.16に、サイコロの理解のイメージ図を描いてみましたので参考にしてください。サイコロは6面で構成されていますが、見る角度によってそれらの一部が視界に入り、残りは見えませんが"心の中の記憶"とはうまく照合されているはずです。この図では、左側の視点では側面としてはAとBが見え、視点を右に移動すると中図のようにBだけが見え、さらに右に移動すると右図のようにBとCが見えます。我々人間は違和感なしにこのような部分的な見え方から全体イメージを心の中で補っているはずであり、その説明図が下に示された意味ネットワークです。実線は見える面を、点線は隠されている面を表し、視点の移動との関係をうまく説明しています。このような記憶の仕組みを持っていれば、サイコロを見ても、サイコロの説明文を読んでも、違和感なく理解できるというわけです。

　さらに重要なことは、人は瞬間的、あるいは極めて短い時間で、たとえば初めて入る部屋の場合でも、その部屋を詳しく観察することなしに"理解"できますが、これをコンピュータで行うには、人が持っている部屋に関する知識がどのような構造をしており、視覚で見た情報とどのような"マッチング"処理をすればこのようなことが可能となるかについて、認知科学的考察をし、問題提起と提案をしたのです。

Chapter 1 人工知能とは—人の様々な知能をコンピュータ化できるか？

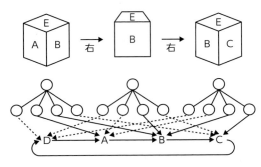

図1.16 フレーム理論による物語理解のイメージ([ミンスキー1975]より)

　フレーム理論は、70年代後半にAI研究者に大きなインパクトを与えました。あまりにも漠然とした考察であり、認知科学に基づくAIに関する"随想"ともいえるようなものですが、この論文に触発されて多くのAI研究者がこの理論の具体化に取り組みました。フレーム型知識表現言語(Frame-Based Knowledge Representation Language)はその代表的成果物といえます。これは、フレーム理論をカバーしているわけではありませんが、その概念をAIシステムとして実験するときに有用なものです。私の研究グループでも80年代にZEROという名称のフレーム型知識表現言語を、LISPマシンを使って実現し、"対象モデル(Object Model)"[上野1985]という知識表現モデルを提案するとともに、プログラム理解システムや知能ロボットの研究開発に使うとともに、商品化もしました。2000年代には汎用言語であるCでSPAKというフレーム型言語を開発し、これを使ってサービスロボットの研究開発を行いました。対象モデルについては後の章で少し詳しく説明したいと思います。

　DENDRALは、エンジニアである私にとっては、最初は驚きましたが、理解してみると分かりやすいものであるとともに、その限界も容易に分かるものでした。一方、ミンスキーのフレーム理論は"雲をつかむ"ような抽象的で随想的な考察でありましたが、心に響く論文でした。その後数年たってから、エンジニアリングの視点からは"物足りなさ"を感ずるようになりました。それは、ミンスキーが認知科学者であり、「子供の知能は理解できてもエンジニアの知能は理解できない」のではないかということに気づいたからです。AI一般にいえることですが、研究者の理解を超えたAIは実現できない、と確信を持って思います（"アルファ碁"はプロ棋士を超えたではないか、という意見を持たれる読者がおられ

48

ると思いますが、原理や仕組みが簡単でもコンピュータパワーは人のその面の能力をはるかに超えています。ただし、"物語"を読んで情景を心の中に描くといった能力は児童にも劣ります。これは、コンピュータパワーで解決できる能力とは本質的に異なるからです)。

🎬 コンピュータビジョン

コンピュータビジョン (Computer Vision) は、人の視覚と物体や風景を理解することが目的で、学術的基礎からロボットなどへの応用までを含んだ、AIの重要なテーマの一つです。60年代から70年代にかけては、認知科学と強い関係を持っていましたが、現在のコンピュータビジョンは急速な画像処理技術の進歩とコンピュータ技術の発展によって、AIからは独立した分野になっている面もあると思います。たとえば、無人コンビニが普及しつつありますが、これには"顔認証"の技術が使われています。カメラの前で1枚の顔写真を写しただけで、その特定の人の認証ができるというようなシステムです。これは、入力顔画像から複数の (20カ所位) の特徴点を自動抽出して、それらの位置と関係をネットワークで表現してデータベース化し、次に人がカメラの前を通ったとき顔を画像として"切り出して"、特徴点とその関係を計算し、データベースのデータと照合して認証するという仕組みです。

顔認証技術は独立のパッケージ技術ですから、開発者はAIとは考えていないはずです。ただ、AIブームに乗った方がビジネス的に有利であるという状況下では、AIであるというでしょう。顔認証システムとしてはAIの技術も使われているかもしれませんし、より高機能なシステムにするためにAI（知識ベース、ディープラーニングなど）と組み合わせるかもしれません。

ウィンストン編集の著書「コンピュータビジョンの心理」[ミンスキー1975]にあるように、人が物体や風景を観て理解しようとするときは、入力画像に対して「心の働き」が適用されて知的処理が行われると考えられていました。現在はより技術的な側面に焦点が当てられていますが、ビジョンを認知科学的に研究するという学問は続けられています。

ここでは、コンピュータビジョンがなぜAIのテーマであったのかについて、簡単に要点を説明しましょう。最初に取り組まれたのが「積み木の世界」と呼ばれるもので、形の異なる積み木を複数個置いて、その写真を撮り、（白黒）写真から"各積み木の形状を線図形として復元し、かつ重なりを認識して位置関係を

表現する"というコンピュータプログラムの実現です。これには、前もって形の異なる複数の積み木が重なり合うように置かれていることが分かっているということを前提としています。人がこれを見たとき、心の中で次のような思考を行うであろうと考えられました。濃淡が急に変化する部分が積み木の外側の線であるに違いない（凹型積み木は内側の線もある）、外側の線は積み木の角と角を結んでいるに違いない、積み木の角からは複数の線が出ているに違いない、向こう側の積み木の線は手前の積み木で遮られているに違いない、などです。

　入力の写真は濃淡画像ですので、これから線を認識することがまず必要となります。"微分"という数学的処理を行えば変化の大きいところが「点」の列として残ります。これを「線」に変換することが次の処理です。きれいな線にはなりませんので、きれいな「直線」に変換することが次の処理です。複数の直線は積み木の「端」が起点や終点になりますので、できるだけ復元します。次に、積み木の形状によって端の形が違いますので、その特徴を使って「積み木の形状」を復元します。このとき、「重なり」も認識され、復元されます。

　図1.17、18に、積み木の世界を対象としたコンピュータビジョンの仕組みを示します[ミンスキー1975]。当時の「積み木の世界」を対象としたコンピュータビジョンが、AIの「手ごろな問題」であったことがお分かりでしょう。その後、このような成果をベースとしてより一般的な風景の理解へと進みました。

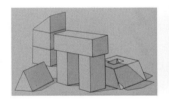

(a) 物体の画像　(b) 特徴点　(c) 直線の当てはめ　(d) 線画

図1.17　積み木の世界の例（左）と物体画像から線画を作る過程（右）（[白井1974]より）
　　　　　ロバート（L. Roberts）による

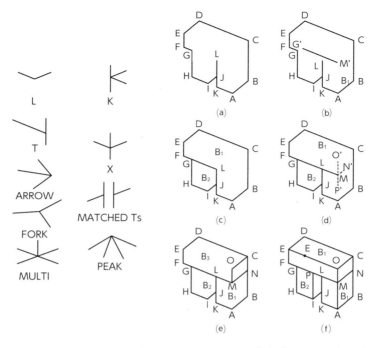

図1.18 積み木線図の特徴（左）とアーチの完成過程（右）（[白井1974]より）
左はグズマン（A. Guzuman）、右は白井良明による

なお、80年代にはAIの産業化が起こり、後に"AIブーム"と呼ばれるようになりました。ページ数が多くなりますので省略しますが、80年代には多くの著書が出版されましたので、図書館などで閲覧できると思います。インターネットで中古本を探せば色々入手可能でしょう。80年代には日本の第五世代コンピュータプロジェクトが世界から注目されましたが、基礎研究成果がほとんどない状況での実用的汎用AIマシンの開発は成功しませんでした。

一方、人工知能学会が設立され、多くの大学に人工知能系の学科や専攻が設置されましたので、研究者の数は急増しました。企業でもAI技術の研究開発やサービスが活発になりましたが、90年代に入ってバブル崩壊が起こったのを機に、先行投資的な色彩の強いAIは"冬の時代"に入りました。ただし、知識ベース型AIの技術は色々な形で色々な技術の中に取り込まれていき、高機能システムや使いやすいシステム、あるいは安全なシステム実現のための要素技術として発展し続けたと思います。最近のAIブームによって、このような要素技術を組み込

Chapter 1 人工知能とは－人の様々な知能をコンピュータ化できるか？

んだ機器が"AI機器"として表に出るようになったのは、歓迎すべきことだと思います。最近"顔認証 (Face Authentication)"が広く使われるようになりましたが、これもAIと呼ばれるようになるでしょう。何がAIであり、何がAIでないかという"線引き"は困難になりつつあります。

Chapter **2**

ディープラーニング
ー多層（深層）ニューラルネットワーク
によるデータ分類機

Chapter 2　ディープラーニング─多層（深層）ニューラルネットワークによるデータ分類機

　この章では、アルファ碁（AlphaGo）で使われ、その驚くべき性能が注目されAIブームを起こした"ディープラーニング（Deep Learning、深層学習）"に焦点を当てて、その基本的な考え方、仕組み、特徴および限界について考えます。"限界"という表現には強すぎる感じを持たれる方もおられると思いますが、どんな技術にも原理的な限界があり、それを知ることによって特徴を生かした適切な使い方ができるということです。また、アルファ碁を説明するための準備の章でもありますので、アルファ碁に使われているモデルを中心に説明します。さらに、ディープラーニングについて深く理解していただくために、コネクショニズムの源流から現在までの、歴史的に重要な研究成果を紹介しながら、ディープラーニングおよびディープラーニング型AIに関する正しい理解と判断力を得ていただけるように配慮しています。したがいまして、機械翻訳などに使われているリカレントニューラルネットワーク（RNN）についても、仕組み、特徴と限界を簡単に説明することにしました。以下、本論に入りましょう。

　ディープラーニングは人工深層ニューラルネットワーク（Artificial Deep Neural Network、ADNN）をベースとした"コネクショニズム"型のAIであり、PDP（Parallel Distributed Processing、並列分散処理）グループが牽引してきた研究ですが、人（や動物）のニューロン（神経細胞）とニューラルネットワーク（神経回路網）の構造や機能にヒントを得ています。したがいまして、ニューロンとそのコンピュータモデルである"ニューロンモデル（neural model）"についても、その基礎を説明しましょう。さらに、PDPグループが目指したものについても、少し触れたいと思います。PDPグループは、ニューラルネットワークモデルで認知科学的に高次レベルの"人の知能（intelligence）"の実現を目指した研究グループですが、ディープラーニングは画像認識や自然言語処理を対象として低次レベルの知能に視点を当てています。この点からディープラーニングはAIとはいえないという意見があるのは当然でしょう。現在のAIブームは人の認知機能というAIの本質を忘れている感じがしますが、IBMの"ワトソン"は認知機能（cognitive functions）に視点を当てていますので、こちらの方が"AIシステム"と呼ぶにふさわしいと思います。ただし、ワトソンは高次レベルの認知機能の一部しか実現していませんのでAIシステムとしては不十分ですが。

　本章ではディープラーニングの概念、仕組み、特徴、応用および限界について一般の人向けにできるだけ数学を使わないで説明しますので、厳密さには欠けますが、できるだけ本質をお伝えできるようにするつもりです。ディープラーニン

54

グについて数学的にも詳しく勉強したい方は、専門書および原著論文を読んでください。原著論文は研究者を対象にして新規性と有用性を主張した研究レポートですので、その分野の専門家でないと理解困難ですが、論文の要点を分かりやすく解説したブログなどは参考になります。実際にデータを使って体験するためのインターネットサイトもあり、その使い方を解説した教科書も色々出ています。ただ、私から見ると本質からずれているような説明が多く見られます。最も典型的な例は、"ディープラーニング＝AI"を前提とし、AIの本質が認知科学であること、つまり"人の知能をコンピュータで実現する研究である"ことを忘れているかのような議論です。

2.1 ディープラーニングの周辺

まず、ディープラーニングとその周辺を概観しましょう。

2.1.1 ディープラーニングの仕組み

ディープラーニングは、第1章でも簡単に触れましたが、隠れ層（Hidden Layers、中間層）を複数持つ人工深層ニューラルネットワーク（ADNN、単に深層ニューラルネットワーク、DNNと呼ばれることが多い。多層パーセプトロンも同じ意味）を使った機械学習法であり、基本的には、データのセットと正解が一組となった大量の"教師データ"による"教師あり学習（Supervised Learning）"によって、ネットワークのリンクの"重み（weights）"（パラメータとも呼ばれる）を自動チューニングする方法です。仕組みは後で説明しますが、計算結果（推定結果）と正解との"誤差"を算出し、その誤差が小さくなるように、出力側から入力側に向かって重みを"少しだけ"繰り返し調整（チューニング）します。教師データを替えながら"パラメータチューニング"を繰り返し、誤差が最小になったと判断されたとき学習を終了させます。この間同じ教師データセットが繰り返し使用されます。この処理法が"バックプロパゲーション（Backpropagation、誤差逆伝搬法）"と呼ばれる機械学習法の考え方です。つまり、"誤差から学ぶ"という特徴があります。次に、教師データによる学習が十分に行われたかどうかを、"テストデータ"を使ってテストし、"誤認識率"が所定の範囲内であれば"合格"したものと見なして、学習を終了します。もし合格しなければモデルが適切でないと

Chapter 2 ディープラーニング—多層（深層）ニューラルネットワークによるデータ分類機

考えて、モデルを一部変更して学習を再度行い、合格すれば学習のプロセスを終了させます。何度試しても合格しなければ、その問題がディープラーニングに適していないか、学習データの品質が悪いと判断され、初めから再検討するということになります。実は、学習は必ずしも成功しないという話や、モデルの設計に熟練したノウハウが必要であるといった報告が少なくありません。品質の悪い教師データ、つまりうまく分類できないような教師データを使っては、当然十分な認識率は得られません。

　さて、この“学習済み”の深層ニューラルネットワーク（DNN）に実際のデータを入力して、隠れ層の第1層から計算を進め、出力層の各ニューロンからの出力の“確率分布”を求めることが、推論に相当します。確率値の最も大きな出力を持つニューロンに相当する“分類”が“結論（推定）”となります。つまり、その入力データがどの分類に属するかが推定されたことになります。分類分けのことを“ラベル付け（labeling）”と呼び、教師データの各正解のことを“ラベル”とも呼びます。ラベルとは、画像処理ではその写真に写っている認識対象の“犬”や“猫”などの動物の識別名であり、手書き数字の認識であれば「3」や「6」などの識別名です。あらかじめ分類する動物や文字の種類を決めてラベル付けしておく必要があり、学習済みのDNNの出力層のニューロンは、それらのラベルのいずれかの種類に該当する動物ラベルや文字ラベルでなければなりません。

　明瞭に判断できる写真もあれば、不明瞭で判断しにくい写真もあり、色々な品質の写真に対しても期待される性能（“誤認識率の低さ”）を出すには、できるだけ多くの色々な写真を集めて“教師データ”として学習させることが肝要です。また、与えられた写真が“猫”らしいということが判断できても、多くの猫の中から“タマという名の特定の猫である”と判断することは、ディープラーニングでは原理的に不可能です。名前を持った猫の数だけの膨大な数のラベル（分類）が必要となり、ネットワークもとてつもなく巨大なものが必要となり、しかも全ての猫についての十分な教師データと学習が必要となるからです。当然、学習に必要なコンピューティングも大がかりとなり、莫大なコストがかかります。同じような理由で、人の“顔認証（Face Authentication）”は既に画像処理技術で実用化された有用な技術ですが、ディープラーニングでは不可能といえます。画像処理（Computer Vision）は伝統的にAIの一分野ですから、顔認証システムのことをAIシステムと呼んでも間違いとはいえません（ディープラーニングによる顔認証技術の研究もされていますが、自然の背景の写真の中から、眼鏡をかけたり、

マスクやスカーフをつけているなどの紛らわしい顔を特定するのが目的の研究例では、テストデータセットによるテストで現在の正答率は未だ約80%程度という論文があります[Singh2017]。未だ性能は低いし実用テストは行われていませんが、将来は犯罪者やテロリストの捜索には有効だと思います）。

2.1.2 「AI＝ディープラーニング」ではない

　ディープラーニングは統計学と最適化理論に基づいた機械学習ですので、ある程度仕方ないことですが、数学的議論が中心となり、AIの伝統的考え方である「人の認知機能をコンピュータでまねる（mimic）」という認知科学的視点を忘れがちになる傾向が見られます。さらには、学習能力を持つことがAIの本質であるという単純化した理解から、繰り返しますが、"AI＝ディープラーニング"と短絡的に理解され、日経などの大手新聞やマスコミなどでも間違った報道や解説が目につきます。さらには、ディープラーニングの先にあるのは人の知能と同レベルのAIシステムとしての"汎用AI（Artificial General Intelligence、AGI）"であるという飛躍や、近い将来にこれが実現すれば"人の仕事が奪われる"とか、より極端に、"人の知能を超えるAIが実現する"というようなことがいわれたりしています。これは、一種の脅しであり、何か別の意図があるのではないかと感じさせられます。AIにおける学習能力の研究とは、人の学習の仕組みをコンピュータソフトウェアで実現することを目指すことであり、この研究を通して人の知能を解明するという重要な意味があります。"AIの父"といわれるミンスキーの著書「心の社会」（1985）や「ミンスキー博士の脳の探検」（2006）を読めば分かると思いますが、人の高次知能のメカニズムは、未だほとんど解明されていないといえるでしょう。解明されていない知能をコンピュータプログラムで表現できないことは明らかです。

　汎用AI（AGI）も、実はかなり誤解されており、提唱者であるワング（P. Wang）は「現在のAI研究はあまりにも狭い個別の課題に取り組んでいる傾向が強い。AIの当初の研究目標であった広義の"人の知能のコンピュータモデリング"の研究に立ち戻ろうではないか。そのためには常に汎用なAIの実現を"念頭に置いて"研究しよう」というような主旨の提案をし、研究活動に取り組んでいます[Wang2007]。彼の提案のもう一つの主旨は、AGIという名称での研究申請が理解され採択されやすくしたい、ということのようです。提案のどこにも人のレベルの汎用AIを実現する、あるいは可能である、という約束めいた表現はありま

Chapter 2 ディープラーニング―多層（深層）ニューラルネットワークによるデータ分類機

せん。ブームが起こっているときはこのようにインパクトのある"言葉"が独り歩きする傾向が見られます。これが過大な期待をもたらし、やがて失望を招き、着実に取り組むべき長期的課題の研究に水を差し、80年代から90年代にかけてのAIブームであった"エキスパートシステム（Expert System、ES）"の研究開発に見切りをつけさせたような歴史の繰り返しを招くでしょう。当時、エキスパートシステムやAIは大変魅力的で夢のあるテーマでしたが、90年代に入ると"カビの生えた言葉"のように感じられるようになり、いわゆる"AIの冬の時代"を迎えました。ただ、"冬と春の繰り返し"は、どの技術分野でも起こっていることが科学技術の歴史です。

　実は、エキスパートシステムやAIは形を変えて様々な機器やシステムの中で活用され、進歩し続けて来ています。日常使っている機器の性能がいつの間にか向上し、しかも使いやすくなっていることはその例ですが、企業の生産性にも格段の進歩が見られます。特に軍事システムの進歩は目覚ましく、極めて高速に複雑な判断をして作戦行動を行うという自律性が向上しており、技術は秘密のベールで被われていますが、"AIの塊"であるはずです。ミサイル戦に代表される近代戦では、もはや人が介入できるような時間的ゆとりはないというのが軍事専門家の意見です。このAIはエキスパートシステムであるはずであり、ディープラーニングでないことは明らかでしょう。ディープラーニングはAIを変えたのではなく、"AIに新しい可能性をもたらした"と考えるのが正しいと思います。米国や中国は国を挙げてAI技術の研究開発に取り組んでいますが、大型プロジェクトと大規模な予算が可能なのは、軍事研究と民事研究の融合があるからであることを理解すべきであると思います。特に、米国のAI研究はDARPA（Defense Advanced Project Agency、米国国防高等研究計画局）によって支えられてきました。AIの歴史や"AIの冬（AI Winter）"に関する解説はウィキペディアの英語サイトで色々論じられていますが、それらを読んでみると、"DARPAがAIの冬と春を決めてきた"といっても過言ではないでしょう。AIは、国力と国防力に関わる重要なデュアルユース技術の典型ですから、色々な可能性と応用を視野に入れて、学官産軍が連携して研究開発を進める必要があるのではないかと思いますが、日本では軍事研究に学が加わることに心情的拒絶感がありますので、AIで日本が後れを取るのは仕方ないでしょう。日本にはDARPAがありませんから、現在の状況下では"科学技術創造立国"というスローガンはAIに関する限り維持困難のように思われます。

58

2.1.3 ディープラーニングの限界

　さて、ディープラーニングは学習機能によって自ら"データの抽象的な表現（representation）[Hinton2015]"を獲得する枠組みですが、その表現は我々人間が持つ知能と比較すると極めて低レベルの知能に相当するものです。単純化していえば、「ディープラーニングとは、深層ニューラルネットワークを使って、大量の教師データから分類のための重みパラメータを統計的に自動チューニングし、それを使って新しいデータがどの分類に属するかを推定する技術およびシステムである」と定義できます。主な対象は2次元の画像認識（パターン認識）ですが、モデルやアルゴリズムを色々工夫することによって、静止画像だけでなく動画像も多少扱えるようになり、さらには自然言語処理（Natural Language Processing）という文字の"系列（sequence）"が意味を持つ"系列データ"も取り扱えるようになってきました。"グーグル翻訳"システムはこの技術を使っていますので、その性能を試すことは簡単にできます。対訳コーパス（copus）と呼ばれる事例データの豊富な日常的文章には高い翻訳性能を発揮しますが、専門的な知識と理解を必要とするような学術文献や技術資料の翻訳は不得意です。意味処理を行っていませんし、できませんから当然です。DARPAが膨大な予算を使って推進した機械翻訳の研究に見切りをつけたのは60年代ですが、その理由は、機械翻訳に不可欠な"意味理解"が実現できないという判断であったそうです。文章の意味理解は現在でも実現できていませんし、実現の見通しもまだ立っていません。

　さて、この系列データの発生プロセスのことを"マルコフ過程（Markov Process）"と呼びますが、これは、"次の事象の発生確率がその事象によって決まる"という性質を持つような現象のことで、統計的予測が可能な現象です。発生確率を普通の表現でいえば、"起こる可能性"です。たとえば、"明日の天気は今日の天気である程度予測できる"現象や、文章の中の"私"という文字の次には"は"が現れる可能性が高い、などです。複数の事象の連続によって次の事象の発生確率が決まるようなプロセスを"隠れマルコフ過程（Hidden Markov Process）"と呼びます。たとえば、"晴れが3日続いたから明日も多分晴れるであろう"という気象現象や、"私の名前は"の次の単語は固有名詞であろう、というような自然言語文です（ついでに、なぜ"自然"という形容詞を付けるかといえば、プログラミング言語も言語ですが、人工的に厳格な文法によって表現された文で

あり、人工言語と呼ばれるからです。自然言語は人々によって日常生活やビジネスで使われますが、文法が厳密ではなく、表現にも多様性があり、一つの文章が複数の解釈を持つ"多義性"と呼ばれる"曖昧さ"を持つ性質があることが知られています。また、自然言語の理解には高度な認知機能が必要であることが分かっています。幼児の言葉は文法がでたらめですが、母親は正しく理解できます。この能力は高次レベルの認知機能の例です。それゆえにAIの重要なテーマであるわけです)。

画像認識などの"パターン認識 (Pattern Recognition)"とは、2次元に分布した、いわゆる、パターンデータを分類すること、もしくはどの分類 (ラベル) に属するかを判定することです。たとえば、"この写真に写っている対象物は猫です"とか、"この手書き文字は「3」です"などです。このような結論は"断定"ではなく"推定"です。我々人間は一瞬のうちに、かつ無意識に、このような処理 (認識) を行いますが、これは前もって経験 (学習) した知識を持っているからできることであると思われます。当然、このような処理は脳で行われています。コネクショニズムの研究者たちは、これを脳の神経細胞 (ニューロン) レベルから究明しようとし、ニューロンのネットワークである"ニューラルネット"の仕組みと働きで説明することを試みてきました。1950年代にローゼンブラットによって提唱されたパーセプトロン (Perceptron) がその起源といえますが、70年代から80年代前半に研究が盛んになり、並列分散処理 (Parallel Distributed Processing、PDP) がこのようなアプローチを取る研究者たちの共通認識となり、PDPグループがラメルハートやヒントンが中心となって結成され、当時の研究成果の集大成として「PDPモデル」が1986年にラメルハート、マクレランド、PDPグループの共著として出版されました [ラメルハート 1986]。ディープラーニングの学習手法であるバックプロパゲーション (誤差逆伝搬法) には、その本で一章を当ててあります。

現在のディープラーニングは、この本とは別に、科学論文誌である「ネイチャー」で発表されたラメルハートとヒントンのバックプロパゲーションアルゴリズムの共著論文が原点として知られています [Rumelhart1986]。PDPモデルは、"ニューラルネットに基づくコネクショニズムこそがヒトの認知機能を実現できる"という強い信念に基づく研究者たちの主張であり、様々な具体的事例を挙げてその主張を展開しています。この主張を厳しく批判している代表がミンスキーですが、私は彼の意見に賛同する一人です。私には、シンボリズムの実用モデルがエキス

パートシステムであるのに対して、コネクショニズムの実用モデルがディープラーニングであるように思われます。違う点は、エキスパートシステムは専門家の認知科学モデルを意識していますが、ディープラーニングは人が不得意とする"大量データからの統計的機械学習システム"であるという点です。これをAIの本流と認めるかどうかは読者の皆さんに任せることにしますが、私には違ったものに見えます。忘れないでほしいのは、AIの研究者たちは"人は得意としているがコンピュータが不得意としている課題"を対象として、"人のように処理し解決することはできないか"というスタンスであったことで、未だ少ししか解決されていないということです。アルファ碁はAIブームに火を付けましたが、このテーマを考察するのに格好な題材でもあると考え、この本の柱の一つにしました。ブームとは、一般に短期的な現象を指しますが、現在のAIブームもそうであろうという冷めた見方をするAI研究者が私の周りにいます。たとえブームが短期的であっても、AI研究者たちはAIの本来の研究を続けることでしょう。そして、気がつけばコンピュータの性能が革新的に向上し、生活やビジネスがより便利に豊かになっているでしょう。軍事技術に先端AIが使われていますが、近い将来あまりにもAI技術が進歩すると、核兵器が戦争の抑止効果を持っているのと同じように、AIが戦争の抑止効果を持つようになるという可能性があるかもしれません。以上、ディープラーニングの周辺（の一部）を私の視点から論じてみました。

2.1.4 ディープラーニングを正しく理解するには

　以下の節では、まず簡単に、ニューロンとそのコンピューティングモデルである（人工）ニューロンモデル（ニューラルモデルと同義）について説明し、脳の仕組みについても現在の研究成果の一端を簡単に紹介しましょう。繰り返しますが、この議論の主な目的は、（人工）深層ニューラルネットワークとこれに基づくディープラーニングは、脳やニューロンからヒントを得ているといっても、全く別ものであることを理解してもらうことにあります。次に、ディープラーニングの源流といえる"並列分散処理（Parallel Distributed Processing、PDP）の基本的考え方を、「PDPモデル」の本の中からいくつかのトピックを拾って紹介しましょう。この主な目的は、並列分散処理モデルがニューロンモデルをベースにして構築されていることと、本来の研究目的が人間の高次レベルの認知機能を実現することであるということを知ってもらい、ディープラーニングは低次レベルの認知機能のモデルにすぎないことを理解してもらうことにあります。これによっ

て、ディープラーニングに過大な期待を持つという誤解を避けていただけるはずです。

これらの準備をした上で、ディープラーニングの基礎的な仕組みを、数学嫌いの方にも分かっていただけるように説明しましょう。さらに、これらの準備をした上で、アルファ碁で使われているディープラーニングのモデルである"畳み込み深層ニューラルネットワーク（Convolutional Deep Neural Network、CDNN）"を中心に、その仕組みと機能を説明します。また、自然言語処理など系列データの処理に使われている、もう一つの代表的なモデルである"リカレント深層ニューラルネットワーク（Recurrent Deep Neural Network、RDNN）"についても簡単に紹介しましょう。CDNNは実用的性能が高く、多くのDNN応用モデルのベースになっています。つまり、CDNNを拡張した様々なニューラルネットワークモデルが研究開発され、実用化されています。CDNNの性能を正しく理解するという点からも、アルファ碁の仕組みを理解することは、ディープラーニングを応用するための参考になると思います。

最後に本章のまとめとして、ディープラーニングの特徴、限界と、応用の可能性について、私の考えを紹介することにしましょう。私は、知識ベース型AIの可能性に期待して研究してきた、いわゆるシンボリストの一人ですが、AIが社会やビジネスで応用されるようになった80年代初頭の1983年に、既に当時の"IF-THENルール"に代表される知識ベース型AIの限界を感じて、複雑な人工システムである機械システムやソフトウェアへのAIの応用のための、「対象モデル（Object Model）」の概念と方法論の提案を行い[上野1985]、その後約20年間この研究を行っていました。これは、70年代後半にミズーリ大学医療情報学研究所に招聘されてリウマチ診断エキスパートシステムAI/REUMの研究開発に参加した経験と、シンボリズムAIのリーダーであるミンスキーの「フレーム理論（Frame Theory）」に強い共感を持ち、帰国後にエンジニアリングの視点から着想して取り組んだ研究でした。この研究は現在の汎用AI（AGI）の思想にも通じるものであると思いますので、第4章で研究事例とともに、着想の経緯、概念と基本的な技術などを、紹介することにします。

2.2 ニューロンとニューロンモデル

まず、ニューロン（Neuron、神経細胞）とその機能の仕組みについて簡単に説明し、次にニューロン間の信号の伝達のメカニズムを説明し、これらをベースとして、コンピュータモデルとして使われている人工ニューロンモデル（Artificial Neural Model）の考え方と仕組みを説明しましょう。

2.2.1 ニューロンの仕組みと信号伝達のメカニズム

図2.1は、ニューロンの簡単化したイメージを示します。図に示されたように、一つのニューロンは、細胞体を中核として、樹状突起、軸索、およびシナプスから構成されています。ニューロンは、後で説明しますように、お互いにつながり合って"ニューラルネットワーク（Neural Network、神経細胞網）"と呼ばれるネットワークを構成しています。ニューロンは、次のような仕組みで、シナプスを通して活動電位の変化をパルス状の電気信号として受け取り、軸索を通して枝分かれした各シナプスへ送り、そこを通して次のニューロンの樹状突起にその電気信号を送ります。このように、シナプスを経由して電気信号が次々に送られていくことによって、ニューラルネットワークは様々な知的機能を実現していると考えられています。実は、電気信号は直接伝達されるのではなく、シナプスの仕組みの中で神経伝達物質と呼ばれる化学物質を通して、間接的に行われます。その仕組みを、次の図を使って説明しましょう。

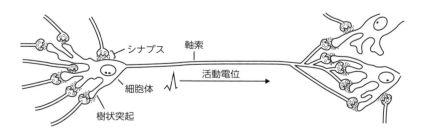

ニューロンはシナプスから樹状突起を通して電気信号を受け取り、軸索を通し、その先に付いているシナプスを通して次のニューロンの樹状突起にその信号を送る。

図2.1 ニューロンの簡単化したイメージ（「PDPモデル」より [ラメルハート1986]）

図2.2は、シナプスを通して電気信号を相手のニューロンに伝達する仕組みを示しています。

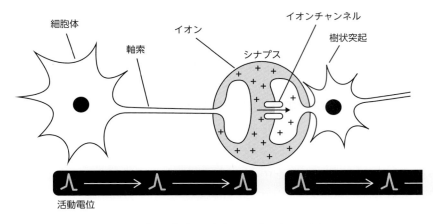

図2.2 シナプスの構造と電気信号の受け渡しの仕組み
(「つながる脳科学」より[理化学研究所 2016])

シナプスは、神経伝達物質と呼ばれる化学物質で満たされており、活動電位によってイオン化され、イオンチャンネルと呼ばれる機構を通して活動電位を引き起こすという形で、電気信号が引き渡されます。一つのニューロンは数千から一万以上の樹状突起を持つといわれ、シナプスを通して受け取った活動電位が足し合わされ、"閾値"を超えると"発火"（興奮）し、そのニューロンで活動電位が生成されて、軸索を通して次のニューロンへ送られます。閾値を超えなければ発火現象は起こりません。また、ニューロンには、興奮性のニューロンと抑制性のニューロンがあることが知られており、活動性のニューロンからの活動電位が足し合わされ、抑制性のニューロンからの活動電位は引かれることになり、合計された活動電位が閾値を超えていれば発火が起こります。また、シナプスは"伝導効率"を変えるという性質を持ち、活動電位の受け渡しの回数が増えるとともに伝導効率は向上し、回数が減少すれば低下します。したがって、一種の記憶機能を持つと考えられています。

次に、より大きな視点から脳の仕組みの一端を説明しましょう。図2.3は、脳のイメージと脳神経網の例を示しています。海馬は脳の深部に位置し、タツノオトシゴの形状をした左右一対の構造を持っています。記憶は、"短期記憶"と"長

期記憶"に分けられることが知られています。短期記憶は、人に名前を聞いてメモに書きとるまでのような短時間だけ必要な記憶であり、長期記憶は、一度学習したことを何年間も記憶し続けているというような類の記憶です。短期記憶に蓄えられた情報が長期記憶に移されると考えられますが、長期記憶は大脳皮質の働きであると考えられており、海馬から大脳皮質に記憶が移されるメカニズムを持っています[甘利2016]。以上は生理学的な視点からのものですが、これに加えて、認知科学的視点からは"作業記憶（working memory）"といわれている記憶もあると考えられています。作業記憶は、一つの作業を行っている間記憶し続けているのに必要な記憶であり、短期記憶よりも多くのことを、数時間から数日記憶し続ける必要のある作業を対象とします。その作業が終われば自然と忘れてしまうという記憶です。

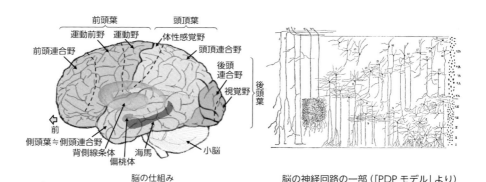

図2.3　脳の仕組みと神経回路網

これとは性質の異なる記憶があることが最近の動物を使った脳科学研究で発見されたそうです。それは、"エピソード記憶"と"手続き記憶"だそうです。エピソード記憶とは、たとえば昨日の経験を言葉でエピソード（物語）として順序だてて説明できるような記憶のことであり、手続き記憶とは、自転車の乗り方を一度会得すると乗れるようになるというように、言葉では説明できませんが"体が覚えている"という類の記憶だそうです。海馬はエピソード記憶を長期記憶に移す機能を司っているという知見が共有されるようになったそうです[理化学研究所2016]。海馬から大脳皮質の各機能部位に記憶が移されるようですが、複雑な知的機能を持つ人間の脳の研究は未だこれからのようです。脳の仕組みや機能の

研究は、生理学的には動物を使って、ニューロンに直接針型の測定器具を差し込んでニューロンの活動の観察を行うという方法で研究が行われていますが、人の場合はマルチ脳波計やfMRI (functional magnetic resonance imaging、磁気共鳴機能画像法) など、外部から計測して内部活動を推量するという間接的な観察や計測しかできませんので、生理学的研究には大きな制約があるようです。図2.4はfMRIの計測画像の例です。図のように脳の活動部位が分かります。

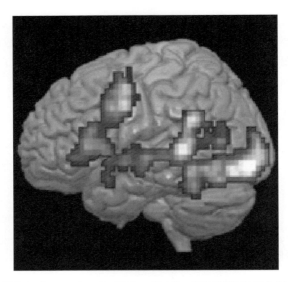

図2.4 fMRIによる文理解中の脳活動の例([岩淵2016]より)

　最新の脳科学の研究成果については、理化学研究所脳科学総合研究センターが2016年に出版した「つながる脳科学」が分かりやすいので一読されることをお勧めします。ただ、AI研究者の立場から見ると、このセンターの研究は生理学的研究に重点が置かれ、認知科学的研究はあまりなされていないことが、多少残念に思います。認知科学研究部門の大幅な強化を期待しましょう。
　実は生理学的な脳の研究は50年代から70年代にかけて主に米国で活発な研究が行われており、その成果がコネクショニズムの研究者たちに活用されています。脳生理学研究者の代表がヒューベル (D.H. Hubel) とウィーゼル (T.N. Wiesel) であり、猫とサルを使った大脳皮質の視覚野のメカニズムの研究成果でノーベル賞を受賞しています。計測にはマイクロエレクトロード (micro-electrode)

が使われましたが、実験動物を麻酔にかけ頭蓋骨を外して直接脳神経細胞の電気信号を計測するという方法が取られました。約20年にわたって様々な計測が行われ、その研究成果が生理学 (Physiology) 分野の学術誌で発表されました [Hubel1959、1962、1965、1968など]。その論文を読んでヒントを得てネオコグニトロンが福島邦彦氏によって発明され [福島1979]、現在の畳み込みニューラルネットワーク (Convolutional Deep Neural Network) とディープラーニング (Deep Learning) へと発展してきています。これについては後の節で説明しましょう。2人の脳生理学研究は古典的研究 (原理的研究) に位置づけられていますが、最近の脳科学の研究ではさらに色々興味深い成果が発表されていますので、学術的な関心を持たれる方は学術的研究論文などを読まれるとよいでしょう。インターネットでも成果が公開されています。"脳科学 (Brain Science)" や "ニューロサイエンス (Neural Science)" というキーワードで画像検索すれば、興味深い画像やイラストが色々表示されますので、それを手掛かりに学術論文や解説記事が見つけやすいでしょう。研究者たちは短期的成果を挙げなければならないというプレッシャーの下で研究活動を行っていますが、それ以外の人々にとっては "学ぶことは人生を豊かにする" ことでもありますので、インターネットを活用しない手はありません。最近、情報検索は "学びの手段" として、その概念、方法や効果が、学術研究の対象にもなってきています。

2.2.2 ニューロンモデルの考え方と仕組み

では次に、(人工) ニューロンモデルについて説明しましょう。図2.2で説明しましたような "人のニューロン" の仕組みをできるだけ素直にモデル化すると、図2.5のようになります。中央の円の部分がニューロンの (数学的) モデルで、シナプスの "伝導効率" は "重み (weight)" でモデル化されています。このモデルの機能は以下の通りです。前のニューロン (人工ニューロン) からの入力、x_1、x_2、および x_3 を、それぞれシナプスを通して受け取った入力値の合計は入力値と重みの積和の値となり、その値が "閾値" に達しなければそのニューロンの出力は "0"、閾値を超えれば "1" (発火に相当) となります。この出力は次のニューロンの入力となります。ただし、このモデルではバックプロパゲーションのアルゴリズムとの整合性が悪いので、深層ニューラルネットワーク (DNN) のモデルでは使われていません。

Chapter 2 ディープラーニング―多層(深層)ニューラルネットワークによるデータ分類機

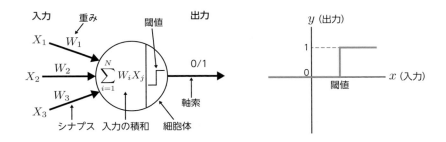

シナプスを通して入力された値(積和)が閾値を超えると発火し、値"1"が出力される。閾値に達しなければ出力は"0"。

図2.5 ニューロンの機能に基づくニューロンモデル

　図2.6は、深層ニューラルネットワークで使われている(人工)ニューロンモデルとその働きを示したものです。図2.5との違いは、閾値と興奮(発火)という概念に代わって"活性化関数(Activation Function)"と呼ばれる数学関数が使われていることです。バックプロパゲーションアルゴリズムは数学的アルゴリズムですので、数学的な"関数"という用語が使われます。関数とは、入力値を与えると出力値が得られるという数学的関係を表します。複雑な数式が使われることもありますが、"スイッチをOFFにすれば扇風機が止まる"というような簡単な"ON－OFF(1－0)"関係(関数)もあります。色々な活性化関数が提案されていますが、この研究の初めの頃はニューロンの機能をヒントにして"シグモイド関数(Sigmoid Function)"(後述)と呼ばれる関数が使われていました。その後、性能を高めるために複雑で大規模な深層ニューラルネットワークを使う必要が起こり、計算効率の高い(最適解への収束の速い、つまり計算回数が少なくて済む)活性化関数が提案され、使われています。図2.6右のReLU(ランプ関数)と呼ばれる活性化関数は、最も広く使われています。シグモイド関数は多層からなる深層ニューラルネットワークのバックプロパゲーションアルゴリズムに適さないことが明らかとなり、現在ではほとんど使われていないようです。

　数学用語が出てきただけで読む気が消えうせる方もおられるでしょう。数学嫌いの方にも分かってもらえるように説明に工夫しますので、"関数"のような数学用語は気にしないで読み進めてください。ただし、バックプロパゲーション型のAIを活用するためには、数学的にも正しく理解しておく必要がありますので、

開発担当者は専門書や学術論文で補ってください。この理解が不十分であると、期待した成果が得られないとき、失敗の原因が分からないという状況に陥るはずです。ディープラーニングの特徴や限界を数学的に正しく理解することも、実務担当者にとっては不可欠です。ただし、繰り返しますが、数学的に理解しただけでは不十分です。AIは本来、"認知科学"がベースですから。多少荒っぽいですが、ディープラーニングは"データ分類機"であると理解しておいた方がよいでしょう。

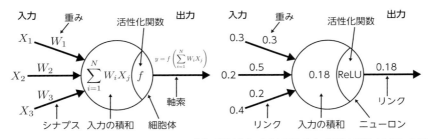

図 2.5 のモデルとの違いは、閾値の概念の代わりに、活性化関数という数学関数で出力値が決定されることである。右図は、具体的な値を使ってニューロンモデルの働きを示している。

図2.6 深層ニューラルネットワークで使われているニューロンモデル

シグモイド関数、ReLU、ソフトマックス関数

ここで簡単に、代表的な活性化関数を3つ紹介しましょう。図2.7に、シグモイド関数 (Sigmoid Function) と ReLU (Rectified Linier Unit、ランプ関数) を示します。ReLUは色々な画像認識を対象とするディープラーニングの畳み込み深層ニューラルネットワーク (CDNN) で使われています。畳み込み深層ニューラルネットワークは、アルファ碁、アルファ碁ゼロ、およびアルファゼロでも使われていますが、そこで使われている活性化関数もReLUです。ReLUは、ニューロンの機能から見たモデルとしては不自然ですが、ディープラーニングアルゴリズムを純粋な機械学習アルゴリズムとして見ると、計算モデルとしては非常に優れているということで、広く使われています。どこが優れているかは、"勾配消失問題"というバックプロパゲーション特有の問題を解決する技術として提案さ

れた方法ですが、詳しくはディープラーニングアルゴリズムの中で説明しましょう。この2つに加えて、出力層からの出力である確率分布(どの分類に属するかを推定する確率的指標で合計値が1.0または100%)を求めるための、"ソフトマックス関数(Softmax Function)"があります。ちなみに、この関数は次の式で表現されます(この式を気にする必要はありませんが、よく工夫された式だと思います)。

$$y_i = \frac{e^{x_i}}{\sum_{j=1}^{k} e^{x_j}}$$

k：出力層のニューロン数

"シグモイド関数"と"ReLU"は深層ニューラルネットワークの中間層で使われますが、"ソフトマックス関数"は結論を出すために出力層のみに使われます。出力層の全てのニューロンの値から確率分布を算出する機能を持つということを理解していただければ、とりあえず十分です。この関数は、アルファ碁でも「次の一手」として囲碁の盤面上の複数の位置(交点)の各"勝率期待値"(「次の一手」の各候補手の"勝つ可能性"の推定値、あるいは上段者やプロが打つであろうと思われる手の推定確率)を求めるために使われています。

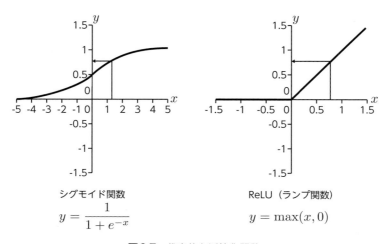

図2.7 代表的な活性化関数

2.3 PDPモデルと認知科学

　ディープラーニングの源流は"PDPモデル"にあるといえます。70年代から80年代前半に、ニューラルネットワークモデルで人の高次レベルの認知機能、つまりコネクショニズム型AI、を実現できるという信念を持った研究者たちが連携を強めて、ニューラルネットワークの処理技法の特徴である"並列分散処理(Parallel Distributed Processing、PDP)"の研究をより活発に行うために、ラメルハートとヒントン(およびマクレランド)を中心とした"PDPグループ"を結成し、その時点での研究成果を集大成した学術書として1986年に出版されたのが2巻からなる「Parallel Distributed Processing」(和訳:並列分散処理モデル)です。それを甘利俊一氏が監修して翻訳し、1989年に出版されたのが「PDPモデル－認知科学とニューロン回路網の探索－」です。残念ながら認知科学に関する研究成果の解説のいくつかは外したということが監修者によって追記されています。原著で確認することは可能ですが、関心のある方は一部の章がウェブ上で公開されている原著者による要約版(pdf)を読まれることをお勧めします[Rumelhart1986a]。現在のディープラーニングは、あまりにも実用性に視点が置かれており、AIの本来の研究基盤である認知科学(Cognitive Science)もしくは認知心理学(Cognitive Psychology)がなおざりにされていると思います。PDPの理念はその後進歩していないという指摘もあります。ミンスキーはPDPを全く無視しています。このような背景から、ディープラーニングだけが生き残ったといえるのではないでしょうか。たとえそうであったとしても、PDPを知ることは基礎知識として必要だと思います。

　では、PDPモデルの考え方が述べられている「PDPモデル」の第1章「並列分散処理の魅力」の頭の部分を紹介(引用)しましょう。「なぜ人間は機械よりも融通がきくのだろうか。もちろん、人間の方が早いわけでもないし正確なわけでもない。しかし、自然の光景を見てその中のものとものとの関係を記述したり、言語を理解して文脈に適した情報を記憶から検索したり、計画を立てて状況に適した行動を実行したり、その他の幅広い自然に認知的タスクを行ったりすることなどは、人間の方がかなり優れている。人間は経験を積んで、こうしたことを一層正確で流暢に行うように学習することもできる。このような違いは何に基づいているのだろうか。一つの答えは、人工知能から期待されるように、「ソフトウェア」

Chapter 2 ディープラーニング─多層(深層)ニューラルネットワークによるデータ分類機

にある。正しいコンピュータプログラムさえあれば、人間の情報処理の可能性と適応性をとらえることができるであろうというのである。確かにこの答えは部分的に正しい。表現力のあるコンピュータの高級言語と強力なアルゴリズムが発達した結果、認知に関する理解が飛躍的に進んだ。将来もこのようにしてもっと進歩することは間違いない。しかし、ソフトウェアだけが全てであるとは思えない。

　我々の考えでは、人間が今日のコンピュータよりも融通がきくのは、脳の基本的な計算アーキテクチャによるのであり、脳の計算アーキテクチャの方が、人間が大変うまくこなせる自然な情報処理タスクを扱うのに適している。(中略)、一般にこうしたタスクでは多くの情報や制約が同時に考慮されなければならないことを例を挙げて示してゆく。そのそれぞれの制約は完全に明確でなく曖昧であろうが、処理結果を決めるに当たりそれでも重要な役割を果たすことができる。こうしたことを吟味してから、認知過程をモデル化するための計算の枠組みを導入しよう。その枠組みは、(中略)、他の枠組みよりも脳でなされている計算方法に近いと思われる。(中略)。このクラスのモデル化によって、処理活動の副次効果として学習がどのようにして自動的に行われるかを理解するための基礎が与えられる」(「PDP モデル」より引用)。

　この説明は PDP グループの研究のスタンスを明確に述べているものといえます。文章がかなり固いと思いますので、この説明で強調されていることを分かりやすくまとめると次のようなことです。人間が機械よりも融通がきくことの素朴な疑問を明らかにすることがこの研究の問題意識であること、その上で、人間の方が速くて正確なわけでもないのに色々な認知的タスクを自然に行う能力が機械よりも優れていること、ソフトウェアで色々なことができるがそれが全てではないこと、脳の計算機アーキテクチャ(仕組み)の方が人間が行うような情報処理タスクを扱うのに向いていること、人間の認知行動には"制約"が働いているらしいこと、人間の認知過程のモデル化を試みること、この研究の副次効果として"学習"がどのように自動的に行われるかの基礎を明らかにしたいこと、などでしょう。

　この説明の中で使われている"制約(Constraints)"とは、手を伸ばして指で物をつかむときの、体、腕、指の連係動作や、食事をするときの、腕、手、指や口が一定の"制約"の下で連携して動く必要があること、というような意味で、それぞれのパーツが勝手に動くと全体としての認知行動ができないという意味で、認知機能のモデル化における重要な概念の一つです。PDP グループは、ニュー

ラルネットワークモデルで、人間の低次レベルから高次レベルまでの様々な認知機能のモデル化を目指しているといえます。しかも、このアプローチが他のアプローチよりも優れているという信念を持っていることが断定的に述べられています。

　この視点からディープラーニングを見ると、PDPグループの研究スタンスからは外れているように思いますが、この疑問は一時棚上げして、「PDPモデル」からいくつかの分かりやすい例を紹介しましょう。理解の参考になるように、適宜私のコメントや解釈を挿入してあります。私はシンボリストの一人ですので批判的なコメントになるのは避けられませんが、なるべくPDPの思想が伝わるように配慮しました。

　上に述べましたように、人の認知機能の基本的仕組みの一つに"制約(constraints)"と呼ばれる概念があります。人の一連の動作の例は上で紹介しましたが、文の理解にもこの仕組みは働きます。たとえば、我々は、それぞれが複数の意味を持つ単語の並びである文の意味を理解するとき、文法規則だけでなく実世界の意味的合理性から特定の意味と結び付けるということを行っています。落語には、まさにこの特徴を使ってどちらにも解釈できるように話を進め、最後に聞き手の笑いを誘うような解釈に結び付けるという話法があります。この"制約"（拘束も同義）をPDPでどう説明しているかを、「PDPモデル」の中から2、3の例を紹介しましょう。

2.3.1 制約の働きの例

　文の理解には、主語、述語、目的語や、名詞、動詞、形容詞などの位置関係を制約する構文規則が必要ですが、文の構成要素がお互いに生み出す"現実的な意味的関係"という"制約"が働くことを理解することも必要です。このことを次の例で説明しています。

　　I saw the grand canyon flying to New York.
　　（私はニューヨークまで飛行機で行ったときグランドキャニオンを見た）

　この文を正しく理解するには、グランドキャニオンという有名な渓谷があるという知識と、それが飛行機から見えるという知識が必要です。これらは意味的制約です。試しにこの英文をグーグル翻訳システムで翻訳してみましたところ、次の翻訳文が出力されました。

　　"私はグランドキャニオンがニューヨークへ飛ぶのを見た。"

意味理解機能を持たないディープラーニングベースの機械翻訳システム（ニューラル翻訳システム）では当然の弱点です。日常生活の中で使われている膨大な例文（対訳コーパス）を"教師データ"として学習させれば、このような誤訳は少ないでしょうが、データをいくら集めてもカバーしきれないことを理解しておく必要があります。ただ、グーグル翻訳システムが制約という概念を取り入れているかどうか確かめていませんが、何らかの形で取り入れているかもしれません。また、グーグル翻訳システムには学習機能が組み込まれているはずですから、誤訳は少しずつ改善されていくはずです。

別の例文でも"制約"が強く働いていることを説明しています。

I like the joke.（私は冗談が好きだ）
I like the drive.（私は運転が好きだ）
I like to joke.（私は冗談をいうことが好きだ）
I like to drive.（私は運転することが好きだ）

この場合、the と to という単語が、次の単語が名詞か動詞かを、強く制約しています。このような制約を使うことによって、単語が名詞と動詞の両方の意味を持つとき、どちらであるかを特定します。たとえば、

I like to mud.（私は泥で汚すことが好きだ）

がこの例です。つまり、mud が動詞として働いています。まとめると、それぞれの単語によって、その他の各単語の構文的な役割とその識別さえもが、"制約"されうることが分かります。我々の高次レベルの認知機能はこの能力を持っています。

✣ 2.3.2 単語認識における同時相互制約の例

紛らわしい文字が含まれている英単語を読むとき、ある文字を識別するのに他の文字の影響を受けるということがよく見られます。図2.8がその例です。一行目の例は、一つの曖昧な文字が前後の文字によって読み方の制約を受けていることを示しており、他の3つの例は、インクの染みで文字の一部が隠されているにもかかわらず、前後の文字の制約を受けて意味のある単語として読めることを示しています。これには"単語の知識"が働いているのは当然です。この例を使って、PDPグループは、視覚システム（画像認識システム）では全ての制約が考慮されるまで一つの候補に絞らずに、あらゆる可能性を調べる必要があることを提案しています。

2つに読める文字（1行目）とインクの染みで一部が隠された文字

図2.8 曖昧な表示の例（「PDPモデル」より[ラメルハート1986]）

　以上の2つの例は認知機能における"制約"の概念を述べており、PDPの概念でこのような制約をどのように取り扱っているかはラメルハートやヒントンの原著論文を読んでもらわなければならないほど、簡単に説明できる仕組みではありません。PDPグループの問題意識の一端を知ってもらうために紹介しました。次に、PDPの仕組みについてそのいくつかを紹介しましょう。

2.3.3 多数の知資源の相互作用

　我々は、多くの様々な標準的（典型的）な状況について、色々たくさんのことを"知識（knowledge）"として知っています。認知科学的AIの理論家によって、70年代中頃に、このような知識が、フレーム（ミンスキー）、スクリプト（シャンク）、スキーマ（ラメルハート）などと呼ばれるデータ構造（Data Structure）で記憶されているはずであるという提案が行われました。このような知識構造（Knowledge Structure）あるいは知識表現（Knowledge Representation）がものごとを効率よく理解するための基礎であると仮定することによって、この分野が急速に発展しました。しかし、詳細は省略しますが、日常のほとんどの状況はこのようなフレームワーク（枠組み）だけでは処理できないはずであるということが、PDPグループによって指摘されています。想定外のことがよく起こり、そ

の都度対応しなければなりませんが、この例がこのようなフレームワークが適切でないということの指摘です。つまり、既に記憶しているどの“フレーム”でも理解できないということです。70年代中頃の提案が、80年代中頃に見直されるというのは、その間の10年でAIの認知科学的理論が進歩したことを意味します。

「PDP」は1986年に出版されていますが、ミンスキーの「心の社会」も1985年に出版されています。「PDP」ではニューラルネットワークが基盤となった認知機能のモデリングが提案されていますが、「心の社会」では“エージェント（agent）”と呼ばれる単機能の自律モジュールが協調して高次レベルの認知機能を実現しているという概念が考察という形で提案されています。「PDP」はグループで様々な理論や実験システムが作られているのに対して、「心の社会」はミンスキーの単独の研究成果といえる点も対照的です。ミンスキーはその後も思索を続け、2007年に「The Emotion Machine（「脳の探索」）」を出版しています [Minsky2007]。“心は如何に働くか”というテーマに関心のある方はぜひ読んでいただくか、輪講の教材として勉強していただければ幸いです。ミンスキーの絶筆ともいえる著作です。「心の社会」では幼児がおもちゃで遊ぶ事例を使って心の中の仕組みを述べていますが、「脳の探索」では大人が無意識に行っているような常識や感情に関する心の仕組みを述べています。いずれも、“人の高次レベルの認知機能はまだよく分からない”という点は共通しています。なお、90年代に研究が活発になった“マルチエージェントシステム”は、ソフトウェアのフレームワークとしてAIのメインテーマの一つになりましたが、ミンスキーの「心の社会」のエージェントの概念にヒントを得ているのかもしれません。

私はミンスキーの「フレーム理論」（1975）を読んで大きな影響を受けました。その理由は、具体的な知識表現の提案というよりも、“フレーム（frame）”と呼ばれる知識のデータ構造の概念と、この概念によって人の認知的な機能がどのように働くのかを、随筆的に考察しており、明確な提案ではなく問題提起であったからです。その後、フレーム理論をヒントにして、フレーム型知識表現モデルと、このモデルに基づく推論法の提案が行われ、汎用知識ベース開発ツールが開発され、80年代に大学や企業で使われるようになりました。シンボリズムのリーダーであるミンスキーとコネクショニズムのリーダーであるラメルハートが、同時期に似たような概念とモデルを提案していることは面白いと思いませんか。両者とも認知科学者であることと、70年代に知識構造と推論法がAIの重要な関心事であったことが、背景にあると思います。しかも両者は全く異なった方向へ向かいました。

2.3.4 表現と学習

PDPモデルでは、知識はネットワークシステム内の"ユニット"（ニューロンに相当）に広がる活性化パターンであると考えられるとしています。これは、PDPモデルが他の多くの認知過程のモデルと大きく異なる点であると主張しています。他のモデルでは知識はパターンの静的なコピーであるとPDPモデルの研究者たちには見えるようです。つまり、PDPモデルでは、パターンそのものは蓄積（記憶）されず、蓄積されるものはユニット間の"結合強度（connection strength)"であり、この結合強度によって必要なときにパターンは作り出されると考えます。ディープラーニングにこの考えを当てはめると次のようになると思います。ディープラーニングにおける学習はニューラルネットワークの結合リンクの重み（weights）の自動チューニングのことですが、一方PDPモデルにおける学習とは正しい環境の下で正しい活性化パターンを作るような結合強度を自動的に獲得することですので、これをネットワーク全体で知識が分散的に表現されると解釈すれば、ディープラーニングの原理になっているように思えます。ただし、ディープラーニングで使われている深層ニューラルネットワークはあまりにも単純化されたモデルですので、PDPモデルとして見ると制限が強く、応用可能性は限定的であることは明らかです。

2.3.5 PDPモデルの一般的枠組み

PDPモデルではニューラルネットワークをベースとしていますが、ユニット（unit）とユニット間結合（connection）という呼び方をしています。このモデルに基づく主要な要素が8つあり、それらは、処理ユニットの集合、活性化の状態、各ユニットの出力関数、ユニット間の結合度のパターン、活動パターンの伝搬規則、ユニットの入力と現在の状態から出力を決める伝搬規則、同じくユニットの次の状態を決める活性化規則、結合度のパターンを更新するための学習規則、動作環境、などです。これらの概念を表現するために図2.9に示されるような構成要素が提案され、使われています。

Chapter 2 ディープラーニング―多層（深層）ニューラルネットワークによるデータ分類機

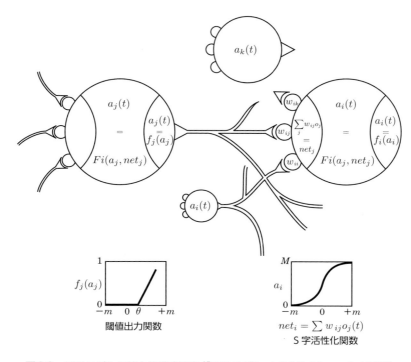

図2.9 PDPモデルの基本的構成要素（「PDPモデル」より[ラメルハート1986]）

　PDPモデルは、基本単位の処理ユニットとユニット間結合で構成されており、各ユニットは活性化されると"活性値"という値を取り、活性化関数によって出力値が決まります。活性化関数としては前の節で紹介しましたシグモイド関数が提案されています（図の右下）。詳しい説明は省略しますが、PDPモデルは人（や動物の）ニューロン（脳神経細胞）とニューラルネットワーク（脳神経細胞網）をヒントとしてモデル化されていることがお分かりでしょう。また、脳の中での情報処理は1,000億のニューロンと、各ニューロンの1万にも及ぶシナプス結合で構成された巨大なニューラルネットワークの並列分散処理ですので、PDPモデルでは"並列分散処理"を処理原理としています。この図の中で使われている数学的記号から分かるように、数学モデルであることがお分かりでしょう。PDPモデルを推進してきた研究者たちは、認知科学と数学の両方を専攻した人々であるという特徴があります。ミンスキーに代表されるシンボリストが記号処理という枠組みで人の認知機能を究明していることと対照的です。

2.3 PDPモデルと認知科学

ただ、前にも説明しましたように、ミンスキー自身は若い頃パーセプトロンの研究を行った時期があり、このアプローチに見切りをつけてシンボリストになったこともあり、PDPには終始強い批判者でした。「フレーム理論」、「心の社会」、「ミンスキー博士の脳の探検」のどこにも数式はありません。振り返って、我が国のAIコミュニティではミンスキー対ラメルハートのような概念の対立や論争がほとんど見られません。このような対立と論争によって発展してきたAIの歴史を考えると、我が国のAIはそのレベルに達していないといえるというのはいいすぎでしょうか。あるいは、独自の理念で研究を進めると短期間での成果が出ないというリスクがあり、相当の覚悟と独創性が求められます。そのような研究者は我が国だけでなく世界的にも少ないといえるでしょう。コネクショニストとして独創的で独自の信念に基づいて研究を進めておられる甘利俊一氏と福島邦彦氏は、貴重な例外だと思います。また、両者ともご自身の研究をAIと呼んでおられないらしいことも傾聴に値します。

2.3.6 刺激の等価性の問題

視覚の認知科学的モデルに関するヒントンのPDP的アプローチの例を一つ紹介しましょう。かなり簡略化して説明しますので、詳細に関心のある方は原著論文[Hinton1981]を読んでください。人の視覚は極めて巧妙で優れています。たとえば街中の雑踏で友人の顔を偶然見つけたときの情景を思い出してみましょう。遠くから見ると小さく見え近くから見ると大きく見えます。しかし大きさの違いが視覚に影響することはほとんどありません。正面から見ても斜めから見ても特に苦労することなく認識できます。しかも網膜上のどこで認識できても同じです。これは刺激の"等価性 (equivalence)"と呼ばれる基本的な問題の一つです。このような認識処理をコンピュータプログラムで実現することが顔認証 (Face Authentication) ですが、かなり高度な技術が必要となります。またシーケンシャル処理だとアルゴリズムが複雑で時間もかかりますが、人間のシナプスの処理速度は遅いはずなのに一瞬のうちに行われます。これは並行で分散的に処理されているからであることは明らかです。このような処理をPDPではどのようにモデル化するかが研究のポイントですが、ヒントンは簡単な文字認識における視覚の仕組みを例に挙げてPDPモデルで説明しています。

我々人間は、文字が網膜上のどこに現れようと、どんな大きさであろうと、また、どちらに傾いていようと、TはTであり、常にそうでなければなりません。

これをPDPモデルで次のように説明しています。その仕組みを図2.10に示します。この図では文字TとHの視覚処理について、その仕組みを説明したものです。ユニット（unit）はPDPグループで使われている用語ですのでニューロン（脳神経細胞）と読み替えてください。TとHは横線と縦線だけで構成された文字ですから、それに関連するユニットがネットワークを構成していますが、図に示されるように、3段のユニットのグループの他に傾きを修正するユニットのグループで構成されています。文字Hが認識されるための結合と認識の仕組みに焦点を当ててありますが、文字Hを認識するとHの文字ユニット（ニューロン）が発火します。そのユニットは"標準特徴ユニット"3つと双方向に結合していますが、右の縦線を認識するユニットには"網膜上の特徴ユニット"と文字の傾きを修正するための"写像ユニット"からの結合があります。文字Hが網膜で知覚されるとこれらのユニットが発火して文字ユニットHが発火すれば、文字Hが認識されるというメカニズムです。

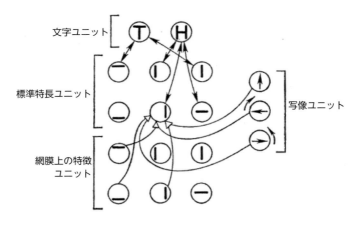

図2.10 文字の認識と写像の仕組み（「PDPモデル」より[ラメルハート1986]）

網膜には多くの文字や文字以外のものも映りますが、並列分散処理システムによって一瞬のうちに認識されるのはこのようなメカニズムであるに違いないというアイデアです。私には納得できない点があります。それは、日本語文は、かな、カタカナ、漢字や数字、さらに英文字などが含まれた複雑なものですが、それでも我々日本人はかなり高速に読み取っています。この仕組みを図で示されたよう

なメカニズムで説明するとすれば、かなり複雑で大規模なニューラルネットワークと並列分散処理のメカニズムが必要になります。しかも、意味理解や意図理解のような高次レベルの認知処理も同時に行われます。はたしてこのモデルは適切なのでしょうか。後で述べますように、この疑問はPDP、つまりコネクショニズム、への批判にもつながります。

少し追記しましょう。PDPモデルはニューラルネットワークを基盤とした認知機能のモデル化とアルゴリズムの研究といえますが、研究対象は視覚によるパターン認識が中心でした。この研究は、PDPの源流ともいえる50年代のパーセプトロンの研究にさかのぼります。パーセプトロンの研究では、簡単なパターン認識を例にして、並列分散処理と学習を、隠れ層（中間層）のない単純なニューラルネットワークモデルで行われました（図1.5）。このような単純なモデルでは"線形分離"（平面上にばらついた2種類の記号を直線で2つのグループに分ける方法）と呼ばれる単純な能力しか発揮できないことがミンスキーの指摘で明らかとなり、この分野の研究が一時停滞しましたが、その後隠れ層（中間層）を複数個持ついわゆる深層ニューラルネットワークモデルとそれに対する学習法が研究されるようになったのは、自然の流れといえます。その中で逆伝搬学習法（バックプロパゲーション）と呼ばれる学習アルゴリズムが提案され、その後のニューラルネットの研究を活性化させ、現在のディープラーニングブームに至っています。

実用的な能力を持つモデルは"畳み込み深層ニューラルネットワーク（Convolutional Deep Neural Network、CDNN）"であり、このモデルと学習アルゴリズムがコネクショニズムの歴史にイノベーションをもたらしたといえるでしょう。"畳み込み（convolution）"という馴染みのない用語が使われていますが、これは数学の分野では"畳み込み積分"などという確立した概念があり、これをアルゴリズムの中で使っているからです。ニューラルネットワークでの畳み込み処理とは、2次元のニューロンの層を5×5のような小さい升目（フィルタ）に区切ってその中のニューロンの出力値とリンクの重みの積和を取る処理をいいます。この処理によって画像の部分的な特徴を抽出できることが分かりました。つまり、"特徴抽出フィルタ"の発明です。

実は、畳み込み処理は福島邦彦氏によって始めてニューラルネットワークに応用されてネオコグニトロン（Neocognitron）と命名されましたが、これは2人の脳生理学者による研究論文がヒントになったと論文の中で述べられています[福島1979]。上に挙げた2人の脳生理学者であるヒューベルとウィーゼルによ

Chapter 2 ディープラーニング―多層（深層）ニューラルネットワークによるデータ分類機

る動物（猫やサル）の大脳皮質の視覚細胞の生理学的実験と分析から視覚細胞の存在が突き止められましたが、これがいわゆる単純細胞（simple cell）と複雑細胞（complex cell）の階層構造による視覚認識モデルである"階層仮説（hierarchy hypothesis）"といわれ、生理学の論文として60年頃から70年代にかけて次々に発表されました[Hubel1962、1965]。この階層仮説を取り入れた工学的なパターン認識モデルが福島氏によるネオコグニトロンです。ヒューベルらの実験研究は基本的な視覚のメカニズムに関するものですが、ネオコグニトロンでは手書き数字認識機として実現しています。階層仮説とネオコグニトロンについては後の節で紹介しましょう。

　これらの研究成果がPDPモデルに取り入れられていることは著書「PDPモデル」の中でも言及されていることから明らかです。ただ、ネオコグニトロンは広くは普及しませんでしたが、1989年にルカン（Y. LeCun）などによって発表された畳み込み（convolution）とバックプロパゲーションを組み合わせた深層ニューラルネットワークによるLeNetモデルは、バックプロパゲーションの実問題への応用の先駆けであり、手書き郵便番号の自動認識に応用され高い性能を実証し、"畳み込み深層ニューラルネットワーク"としてこの分野にイノベーションをもたらしたといえます[LeCun1989a、LeCun1989b]。今日の深層ニューラルネットワークは畳み込み深層ニューラルネットワークモデルの発展形といえるものであるからです。

❖ 2.3.7 PDP批判

　PDP批判とは簡単にいえば、ニューラルネットのような脳のハードウェアの仕組みで低次レベルの認知機能を実現することはできても、とても高次レベルの認知機能を実現できるはずがないことと、高次レベルの認知機能の実現には"心の働き"のような高次レベルの認知科学的アプローチが必要であるはずである、ということです。AIの目標は、人のような高次レベルの認知機能を持つプログラムの実現を目指していることを再確認してください。

　興味深いことは、PDPグループが受けた主な批判を「PDPモデル」という学術書の中で紹介し、一つ一つに反論あるいは解決するための今後の構想を述べているということです。しかも、厳しい批判に感謝を表明しています。欧米の国際会議でもこのような場面にはよく出会います。ついでながら、日本がもし欧米にAIで追いつきたいと本気で思うのであれば、欧米のトップクラスの研究者を大

2.3 PDPモデルと認知科学

学などで招聘して彼らにプロジェクトを主導してもらうとともに、批判を歓迎しディベーティングを楽しむような習慣を作り出すことが不可欠と思います。

さて、PDP批判を著書「PDPモデル」から引用しましょう。代表的な批判（あるいは疑問）はレベル（能力）に関するものです。批判：「認知研究というのは高次レベルの研究であって、PDPとやらは低次レベル—低次レベルのユニット間の重みづけだの、シナプスだの、結合だのという話だ。もちろん研究成果も挙げているし、有意義であることは認める。しかし、認知科学には何の関係もない。我々は、言語、思考、問題解決、記憶といったことに関心があるのであって、神経構造やシナプスの重みづけの調整には興味がない」。これに対するノーマン（D.A. Norman）の反論：「確かに"PDPモデル"で取り上げられている事例はまだ低次レベルと呼ばれているものであり、実現の仕組みも神経生理学に属するものである。高次レベルの認知機能に対する疑問に答えを提供することはまだ早すぎる。また、認知を完全に理解するには、学問領域の壁を越えた努力の結び付けが必要であるが、最近までこのような努力はほとんど見られなかった。今や状況が変わり、真の共同研究の気運が高まっている。今後に期待してほしい」。

私は、この種の批判は納得できます。ミンスキーは、記憶、推論など高次レベルの認知機能のモデル化を試み続けてきましたが、認知科学者に共通して見られるように、幼児や子供の「積み木の世界」（積み木を組み立ててアーチを作ったり、積み木を高く積み上げて一気に壊すといった行為）を題材にして、心の中でどのような認知的なメカニズムが働いているかを考察し、モデルを提案しています。このようなモデル化をニューロンレベルから積み上げることはとてもできそうにありません。しかも、ミンスキーの「心の社会」（1985）や「ミンスキー博士の脳の探検」（2006）でも、まだ考察の段階であり、とても我々人間の高次レベルの認知機能が明らかになったとはいえません。ミンスキー（1927－2016）は若い学徒に己の研究を引き継いでもらおうと考えていたに違いありません。

PDPグループのその後の展開は把握できませんが、グループの中心の一人であったラメルハートは既に亡くなり、ヒントンは認知科学的思考に見切りをつけて実用的なディープラーニングの研究に切り替えたように思われます。もしそうならば、これはAIの基礎研究という視点からはとても残念なことです。私が若ければ、彼の研究室に押しかけて若手の研究者たちと話してみたいところです。他にも批判はありますが、本書の主題ではありませんので、この程度にしておきます。

Chapter 2 ディープラーニングー多層（深層）ニューラルネットワークによるデータ分類機

2.4 ディープラーニングとは

　ディープラーニング（Deep Learning、深層学習）は、順伝搬型の人工深層ニューラルネットワーク（Artificial Deep Neural Network、ADNN）のための機械学習法（Machine Learning）であり、AIに新しい可能性をもたらしました。"人工"を省略して、深層ニューラルネットワーク（Deep Neural Network、DNN）と呼ばれることが多いですし、単にニューラルネットワーク（Neural Network）とも呼ばれます。また、パーセプトロンでは多層ニューラルネットワーク（Multi-layered Neural Network）と呼ばれます。これらは同じ意味です。前の節でPDPグループの取り組みと成果の一部を紹介しましたので、おおよそのコネクショニズム型AIの本来の目標のイメージはつかんでいただけたと思います。この節では、実用性の高いディープラーニングの概念と、機械学習法としてのバックプロパゲーション（Backpropagation、誤差逆伝搬法）の概念および仕組みを、数式を使わずに説明します。ディープラーニングは"誤差から学ぶ"機械学習法ともいわれますが、バックプロパゲーションの性質をよくいい表しているといえます。

2.4.1 深層ニューラルネットワークとは

　図2.11は、全結合型の深層ニューラルネットワークとその意味を示します。この例は、中間層（隠れ層）3つで構成された"全結合順伝搬型深層ニューラルネットワーク"の例です。中間層を2つ以上持つ多層構造のことを"深層"と呼びます。深層という名称が使われているために、ディープラーニングに基づくAIは"深く学習する能力を持つAI"とか"深い知能を持つAI"あるいは"優れたAI"という誤解を生んでいるようですが、単なる専門用語であることをまず知っておいてください。全結合とは、各層の全てのニューロン（ノード）が次の層の全てのニューロンに結合されていることをいい、順伝搬（フィードフォワード）とは、全ての結合が次の層へ向かっていることをいいます。結合のことは"リンク（link）"とも呼ばれ、各リンクには"重さ（weight）"と呼ばれるパラメータが付加されています。パーセプトロンが源流ですので、専門家の間では、多層パーセプトロンと呼ばれることもあります。

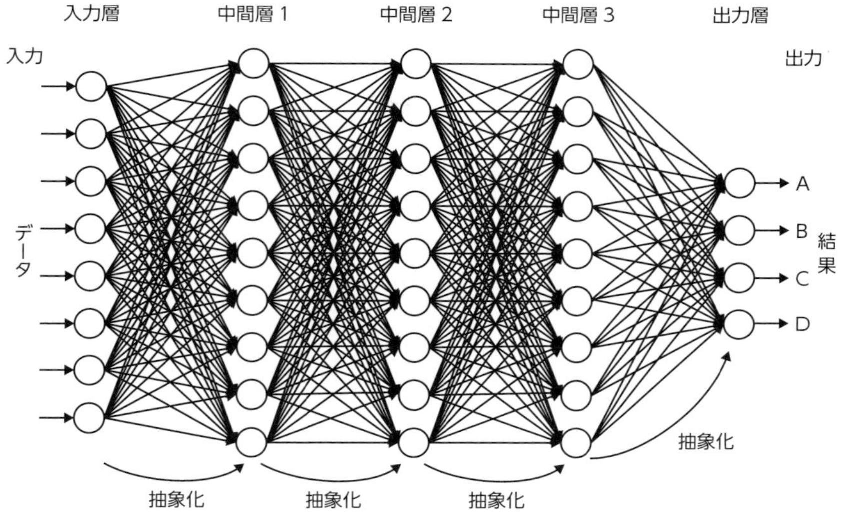

2.4 ディープラーニングとは

この例は４層のニューラルネットワークである。入力層の各ノード（ニューロン）
へ数値データが入力され、中間層で次々に抽象化され、出力層から結果が確率分
布として出力される。この図では、8つのデータのセットが4つの分類（ラベル）
A、B、C、Dのどれに相当するかが、確率分布として出力される。

図2.11 ４層の全結合フィードフォワード型深層ニューラルネットワーク

　実は、この図のような全結合深層ニューラルネットワークは、学習に必要な
計算量が極めて多く、学習が収束しない（教師データの正解とニューラルネッ
トで算出した値との誤差が十分に小さくならない）ことも少なくなく、分類性
能も悪いことが分かっていて、だいぶ以前に実問題へは応用できないことが分
かっています。ただ、DNNの基本的なモデルであり、仕組みが分かりやすいの
で、原理と仕組みの説明用に使われていると考えてください。実応用に広く使わ
れているモデルは、後の節で説明する、"畳み込み深層ニューラルネットワーク
（Convolutional Deep Neural Network、CDNN）"と、その派生モデルです。こ
れらは画像認識に使われています。最近は機械翻訳のような自然言語の処理にも
応用されていますが、仕組みが異なります。自然言語処理では文字や語の前後関
係の処理や認識が必要となるからです。このような性質を持つ現象は専門的には
"隠れマルコフ"性を持つといいますが、その特徴は連続的な現象に前後関係の
"しばり"が含まれていることです。このようなデータを"系列データ"と呼びま

85

Chapter 2 ディープラーニング―多層（深層）ニューラルネットワークによるデータ分類機

す。時間的な系列データを時系列データといいます。音声は時系列データですが、文章は系列データです。系列データをディープラーニングで処理するために発明された技術が、一時的な記憶機能を持つ"リカレント深層ニューラルネットワーク（Recurrent Deep Neural Network、RDNN）と呼ばれるモデルです。現在の時点では、この2つ（CDNNとRDNN）がDNNの代表的モデルです。アルファ碁に使われているモデルはCDNNの方です。したがって、CDNNを中心に説明しますが、RDNNについても違いと特徴を簡単に説明しましょう。ただし、人の脳についての説明で、短期記憶と長期記憶の話をしましたが、RDNNは短期記憶に多少類似している面がないわけではありませんが、全く異なったものと考えてください。あくまでも隠れマルコフモデルのための統計学上の技術です。

　さて、図2.11の深層ニューラルネットワークの意味と機能を簡単に説明します。まず、全体的な意味と機能を大まかに説明しましょう。入力データは数値として入力層に入力され、抽象化されて中間層1のニューロンの値が形成されます。つまり、中間層1では入力データがある程度抽象化された"表現（representation）"と見なされます。抽象化処理が次々に行われて、最後に、出力層の各ニューロンからは、そのニューロンに該当する分類（ラベル）の推定値が、確率分布として出力されます。このプロセスは知識ベース型AIの推論（reasoning）に相当しますので、推論と呼ばれていることもありますが、実際は計算（conputation）ですので、"推定"が適切な表現です。計算の仕組みをもっと具体的にいえば、線形代数学の計算法の一つである行列計算と呼ばれる方法です。この図の例では、8個の入力データ（専門的にいえば、8次元のデータ）の組が、A、B、C、Dのどの分類（グループ、ラベル）に該当するかが"確率値"（値の合計が100%、あるいは1.0）の分布として出力されます。たとえば、A、B、C、Dの各確率値が0.1、0.2、0.7、0.1ならば、"このデータはラベルCに属するであろう"と推定（認識）されることになります。ラベル（label）と呼ばれるのは、ディープラーニングが画像処理の技術として発展してきたことと、写真のような画像に映し込まれている"猫"、"人物"や"自動車"などの対象物にラベル付けし、画像からそれらのラベルを推定することに由来するものと思われます。その後、画像処理からより一般的な"データの分類"問題へ拡張されるようになりました。たとえば、健康診断の場合には、Aが"要治療"、Bが"要精密検査"、Cが"要経過観察"、Dが"健常"などに分類されることになります。繰り返しになりますが、知識ベース型AIにおける推論のような"思考のモデル"とは全く異なることを理解してく

86

ださい。思考のモデルは認知科学的モデルですが、ディープラーニングの計算は認知科学的性質を全く持ちません。

2.4.2 ディープラーニングによる処理の仕組み

ディープラーニングによる処理は、2つのステップで構成されます。第1のステップが学習ステップであり、第2のステップが実行（推論、認識、推定、選択、決定に相当）のステップです。学習ステップは、"教師データ（訓練データ）"を使った"教師あり学習"と、"テストデータ"を使った評価テストで構成されます。学習ステップで使われるアルゴリズムは、"バックプロパゲーション（Backpropergation、誤差逆伝搬法）"と呼ばれる方法です。このアルゴリズムの発明は、1986年のラメルハートとヒントンの共著で「ネイチャー」に発表されましたが、このアルゴリズムによってディープラーニングが可能となり、その後研究が活発化して発展し、現在の隆盛を迎えたといっても過言ではありません[Rumelhart1986]。このアルゴリズムの考え方と方法を、後で簡単に、図を使って説明しましょう。

ディープラーニング技術を実際に使うには、ネットワークモデルの設計も当然必要ですし、評価テストの結果に基づくモデルの改定も必要となります。改定しても期待した性能が得られなければ、そのデータ（ビッグデータ）あるいは問題はディープラーニングに適していないと判断されます。モデルの設計、テスト、改定、総合評価や結果（推定値）の活用には、当然、専門知識と経験が必要となります。この点は、エキスパートシステムと同様です。したがって、これらの作業をエキスパートシステム化して、全てのプロセスを（半）自動化する研究も行われるようになると思います。このようなエキスパートシステムは、専門家の作業の生産性向上や、非専門家の作業の補助として役立つでしょう。また、ディープラーニングだけで役に立つ応用システムは実現できませんので、これを組み込んだ総合的システムの設計とその実現が不可欠です。

具体的な説明の前に、ディープラーニングを使った手書き数字の認識のイメージを説明しましょう。図2.12は、手書き数字の3を10×10のピクセルとして入力層に入力したときのデータセットです。この場合の入力層のニューロン数は100です。

Chapter 2 ディープラーニング―多層（深層）ニューラルネットワークによるデータ分類機

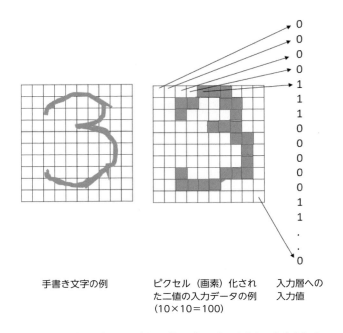

　　手書き文字の例　　　ピクセル（画素）化され　　入力層への
　　　　　　　　　　　　た二値の入力データの例　　入力値
　　　　　　　　　　　　（10×10=100）

10×10＝100個のピクセルが0−1値のデータセットとして入力される。

図2.12　手書き数字認識における入力層への入力のイメージ

　図2.13は、ディープラーニングの学習でどのように出力が変化するかを示したイメージ図です。図の左は、学習が行われる前の出力層の各ニューロンの確率分布のイメージです。3に該当するニューロンの確率値（推定値）が最大ではなく、8の値が最大になっています。これは、手書き文字"3"を"8"であると誤認識していることを意味しています。0から9までの学習データと正解のセットを十分な数（1,000〜10,000個）準備してバックプロパゲーション法によって繰り返し学習させると認識誤差が次第に小さくなり、誤差が最小になったとアルゴリズムで判断した時点で学習を終了させます。このニューラルネットに学習に使われなかったテストデータを入力したときの出力例が、図の右です。3の推定値が突出していることが分かります。他の数字の推定値もゼロではなく小さな値を取っているのは、可能性が少しあるということを意味しています。

88

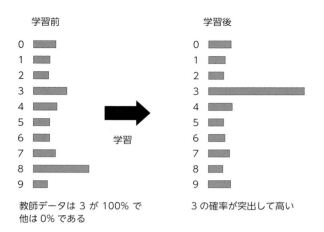

図2.13 ディープラーニングの前と後の出力例：手書き文字"3"に対する学習前と学習後の出力（確率分布）の変化

　図2.14に、学習に使った教師データの一部（15個）を示します。学習前の各リンクの重みは"初期値"と呼ばれますが、一般的には乱数で決められます。学習が進むにつれて各リンクの重みは少しずつ更新され、それに伴って認識誤差が少しずつ小さくなり、学習が終了したとき、認識誤差は最小となります。このとき、理想的には誤認識率がゼロになります。つまり、全てのテストデータに対して正しい結果が得られるというわけです。これは次のようにして行います。たとえば、教師データ（トレーニングデータ）が10,000個（セット）ある場合に、そのうちの9,900個を学習に使い、残りの100個をテストに使います。まず9,900個の教師データを正解との誤差が最小になるまで繰り返し使って学習させ、重みを少しずつ更新して最小化させます。これを"パラメータチューニング（Parameter Tuning）"と呼びます。次に100個のテストデータを使って学習済みのニューラルネットに認識させ、正解と比較して誤認識率を求めます。理想的には誤認識率はゼロですが、人でも読み間違えるような手書き文字が含まれていることもあり、ある程度の誤認識率は許容することになります。一般的には、教師データの数が多いほど誤認識率は減少することが知られています。ただし、どんな種類のデータに対しても学習が成功するとは限りません。分類がしにくい問題や、分類困難な問題が当然あります。これについては後で考えましょう。

Chapter 2 ディープラーニング―多層（深層）ニューラルネットワークによるデータ分類機

図2.14 学習に使われた教師データの一部の例

　手書き数字認識に関して少し説明を加えます。日本人の手書き数字と欧米人の手書き数字には大きな違いが見られます。特に、1、4、7は異なります。したがいまして、日本人が書いた手書き数字を教師データに使うと日本人の手書き数字の誤認識は少なくなりますが、欧米人の手書き数字の誤認識は多くなります。その逆も真です。このことから次のことがいえます。つまり、「教師データと実データは類似のものでなければディープラーニングが有効に働きません」。私がヨーロッパに初めて行ったときレストランや店の値段表を見て戸惑いました。特に、"1"は、日本人は縦棒で表しますが、その値段表には文字の上部のハネの部分が巨大で縦棒が短いものでした。ただ、いくつか見たら1だと分かりましたので戸惑いは短い時間でした。これをディープラーニングで教育するには、大量の教師データを使った学習が必要になります。日本人の手書き文字と欧米人の手書き文字が混じり合っている場合には学習がうまくできないかもしれません。人の場合はいくつかの例を読んでいるうちにうまく読めるようになり、手書き文の中に数字が混じり合っていても前後の関係や意味的整合性（制約）を考えて、紛らわしい文字を読み取ることができますが、「ディープラーニングはあくまで教師データによる統計的パラメータチューニングによる学習法です」ので、柔軟性は"原理的"に低いものになります。このことを理解した上で応用することが求められます。

　もしテストの結果、誤認識率が許容値より高ければ、ニューラルネットワー

クの構成そのものを改定することも必要になるでしょう。たとえば、中間層を増やすとか、中間層のニューロン数を増やすとか、初期値を変えてみるなどです。教師データや学習アルゴリズムを少し変えてみることも必要かもしれません。なお、手書き数字認識のための共有データセットがあり、それは28×28＝784ピクセルですので、ネットワークも大きくなりますが、図2.11のような単純な深層ニューラルネットワークではなく、畳み込み深層ニューラルネットワーク（CDNN）が使われます。これについては次の節で説明しましょう。なお、手書き文字は白黒画像で入力データは1－0値ですが、モノクロ写真の場合は連続値となり、カラー写真のときは色の3原色である赤、青、緑のそれぞれの濃淡画像を入力するための3チャンネルの入力層が必要になります。

2.4.3 バックプロパゲーションの仕組み

図2.15は、バックプロパゲーションの仕組みを説明するために作った、深層ニューラルネットワークとしては最も簡単な3層ニューラルネットワークの例です。このニューラルネットワークは、入力として一組の数値データを受け取り、中間層1（隠れ層1）および2でそれぞれ抽象化され、出力層で10個のラベル（分類）"0"－"9"の確率分布を算出して出力するというものです。

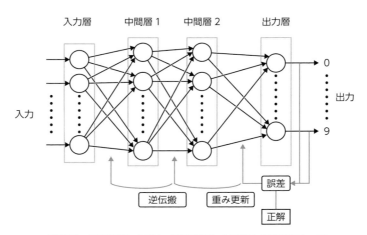

教師データで計算した出力（確率分布）と正解との誤差によって、リンクの重みを逆方向へ順々に更新（微調整）する。

図2.15 バックプロパゲーションのイメージ図

バックプロパゲーション(Backpropagation、誤差逆伝搬法)による学習は、"勾配降下法(Gradient Decent Method、GDM)"と呼ばれる方法で行われます。実はこの方法には弱点があり、それを改良した方法が"確率的勾配降下法(Stochstic Gradient Decent、SGD)"と呼ばれる方法です。ディープラーニングは"誤差から学ぶ機械学習法"であると説明しましたが、このことを念頭に置いて以下の説明を読んでください。数学的な説明は他の専門書に譲って、ここでは考え方と計算の仕組みを直感的に分かってもらえるように説明しましょう。そのために厳密さに欠け、また分かりやすくするために多少説明を脚色してありますが、基本的な考え方が伝わるように配慮しました。これによって、ディープラーニングと呼ばれる機械学習法である"パラメータチューニング"の仕組みと、その特徴、問題点と解決策、および原理的な限界についてある程度理解していただけると思います。具体的なイメージがつかみやすいように、上で使った手書き数字認識を例にして説明します。

ディープラーニングの中核技術であるバックプロパゲーション法は、与えられた順伝搬型の深層ニューラルネットワーク(DNN)のリンクの重み(パラメータ)を、初期値の状態から始めて、教師データによる計算結果と正解との誤差(数学的には誤差関数と呼ばれる)を求め、その誤差の各重みに対する変化量(数学的には勾配と呼ばれる)を算出し、その大きさに応じて各重みを毎回"少しだけ"更新し、データを取り替えながらこれを繰り返し、誤差が最小になったと判断できたところで終了する、という方法です。重みの更新処理を、出力層から入力層へ向けて逆向きに行う処理、つまり逆伝搬の重み更新処理法であることからバックプロパゲーション法(誤差逆伝搬法)と命名されています。ではまずこの技術の基本である勾配降下法についてバックプロパゲーションの仕組みを説明し、次に確率的勾配降下法について説明しましょう。

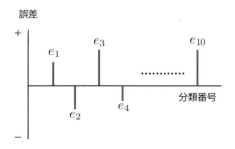

図2.16 教師データの出力値と正解値との誤差のイメージ

勾配降下法

　まず、"勾配降下法"の考え方を説明します。図2.16は、一組の教師データを図2.15の深層ニューラルネットワークへ入力し、その出力の確率分布と正解の確率分布との誤差を示したイメージ図です。図のように誤差はプラス値とマイナス値がありますが、誤差の平均値を求めるときは、一般的に各誤差を二乗（平方）して全てがプラスになるようにして足し合わせ、その値を出力の数で割った平均二乗誤差を使います。この誤差を全データ（9,900個）に対して求めると、その時点での重みの全体的な誤差が分かります。この誤差が小さくなるように各重みを更新することが次のステップです。まず、図2.15の出力層に接続している結合（リンク）の各重みの更新について考えます。数学的説明は省略しますが、誤差を重みで"微分"することによって"勾配"（プラスの傾きかマイナスの傾きの大きさ）が分かりますので、その値に"学習係数"と呼ばれる微小値を乗じて更新量を求め、各重みを更新します。これを式で書くと次のようになります。

$$w_i = w_i - \epsilon \Delta E$$

　この式の意味は、更新後のi番目の重みw_i（左辺）は更新前の重みw_iから更新量（勾配に学習係数ϵを掛けた値）を引いた値（右辺）とする、という意味です。一般にϵは0.001とか0.0001という小さな値が使われます。値が小さいと収束する（最小値に行きつく）のにより多くの繰り返し計算が掛かりますが、着実性が増大します。この式で、第2層から出力層へ接続している全ての重みを更新します。

　次に、同図の第1層から第2層へ接続されている各リンクの重みを更新します。これは次のような考え方で行います。細かい説明は省略しますが、活性化関数、誤差（誤差関数）および更新された重みを使って第2層の正解に相当する出力を求めることができ、入力値から第2層の出力値は計算できますので、出力層で求めたようにして第2層の平均二乗誤差を求めることができます。同じような考え方で第1層から第2層へ接続されているリンクの重みに対する誤差の変化量（勾配）を求めることができ、上の式と同じように学習係数をかけて各重みを更新することができます。さらに、同様の処理（計算）によって入力層から第1層への重みを更新することができます。

　以上の処理を全教師データ（9,900組のデータ）に対して1回行うことを1エポック（epoch）といいます。エポックを繰り返すたびに誤差が小さくなることが分かっており、誤差の変化量（勾配）が十分に小さくなったときに誤差が最小化したと判断され、つまり最適解が得られたと判断されて、学習処理が終了しま

す。これを図で表すと、図2.17のようなイメージになります。教師データから選んだ判定用のデータ（バリデーションデータ）を使って終了判定させる方法もあります。教師データの数が多くてネットワークが複雑な場合は膨大な行列計算と呼ばれる計算が必要になり、とても普通のコンピュータでは処理できませんが、画像処理でも膨大な繰り返しの行列計算が必要ですのでそのために開発されたGPU（画像処理コンピュータユニット）を使うことによって可能になりました。全教師データを一度に使う方法をバッチ学習法と呼びますが、いくつかの小さなグループに分けて学習させる方法をミニバッチ学習法と呼びます。

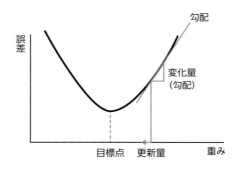

図2.17　勾配降下法のイメージ1：重みに対する誤差の変化量（勾配）を使って重みを更新する方法

確率的勾配降下法

　上で説明しました勾配降下法によるバックプロパゲーションは、実は弱点を持っていることが分かっています。この図のように最小値が一つ（谷が一つ）の場合はこの方法でよいのですが、複雑な問題の場合は谷が複数個あることが明らかになっており、勾配降下法では出発点によってどの谷を下るかが変わってきます。そのイメージを図2.18に示します。この図のように谷（ミニマム）が複数あるとき各谷のことをローカルミニマムと呼び、全体の最も深い谷のことをグローバルミニマムと呼びます。勾配降下法で最適解を求めようとしても、もし出発点がこの図のように右側の谷より右側の場合は、真の最適解（真の目標点、グローバルミニマム）にたどり着くことができません。しかも、谷が何個あるかは事前には分からないことが厄介です。この厄介な問題（弱点）を解決する方法として、出発点を色々ランダムに決めて、そこから勾配降下法を使えば真の最適解（目標

点、つまり最も正解率の高い重みの組み合わせ）にたどり着ける可能性が高いわけです。この方法が確率的勾配降下法（SGD）です。

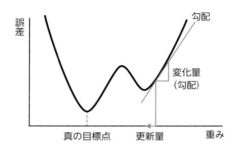

図2.18 勾配降下法のイメージ2

　では、"確率的勾配降下法"の仕組みを簡単に説明しましょう。考え方や仕組みは勾配降下法と同じですが、いくつかの方法が提案されています。まず"確率的"というのは、9,900組の教師データを全て使って誤差の平均によって重みを更新するというバッチ処理ではなく、教師データの中からランダムに（つまり確率的に）データを一つ選んでDNNに入力し、その出力と教師データとの誤差から勾配降下法によって重みの更新を行い、次にランダムに選んだ教師データを使って同じように重みの更新を行うということを、誤差が小さくなるまで繰り返します。教師データを一つ選んでは重み更新を繰り返す方法や、教師データをいくつかのグループ（ミニバッチ）に分けておいて重み更新を行う方法などです。教師データ一つごとに重み更新を行う方法は、リアルタイム学習と呼ばれる実行しながら学習を行うという方法にも応用されます。図2.19に確率的勾配降下法における誤差縮小の例を示します。誤差が拡大縮小を繰り返しながら縮小している様子が分かります。確率的勾配降下法は勾配降下法にモンテカルロ法を応用したものと考えることができます。モンテカルロ法は正解を保証する方法ではありませんので、この方法で得られた重みも正解の保証はありませんが、色々な学習データを使えば多分正解に近い近似解が得られるに違いないと考えられます。学習の後でテストデータによる評価を行いますが、期待したような性能が得られたら実問題に応用し、得られなかったらニューラルネットワークのモデルを再検討するか、そもそもディープラーニングには適していない問題であると判断することになります。

Chapter 2 ディープラーニング―多層（深層）ニューラルネットワークによるデータ分類機

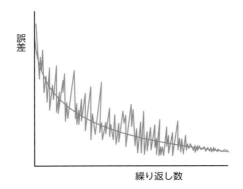

図2.19 確率的勾配降下法による誤差縮小のイメージ

🎬 勾配降下法で学習が収束しないケース

　実は、ニューラルネットワークの層数が増えると、勾配降下法で学習が収束しないことがあることが分かっています。その中の代表的問題は、勾配消失問題、過学習問題、および誤差が収束しない問題です。これらの問題について簡単に補足しましょう。"勾配消失問題"とは、バックプロパゲーションの処理において誤差の変化量（勾配）が出力層から入力層へ向けて計算するとき、急速に減少してしまってほぼゼロとなり、入力層に近い重みの更新が行われなくなることです。この原因は、活性化関数にあります。当初は人（や動物）のニューロンの信号伝搬に近いと考えて提案されたシグモイド関数が使われていましたが、この微分値は1.0未満（0.25程度）であり、出力層から n 段目の勾配の計算には微分値の n 乗が効いてきます。たとえば0.25の4乗は0.0039でほぼゼロですので、この程度の層数でも学習効果が消えてしまうことになります。層数が増えても勾配は消失しないような活性化関数として提案され、アルファ碁のディープラーニングなど広く使われているのがReLU（Rectified Linear Unit、正規化線形関数、ランプ関数）です。ReLUは微分値が1.0ですから勾配消失が起こりません。図2.20にシグモイド関数とReLUの微分値を参考に示しましょう。

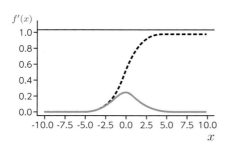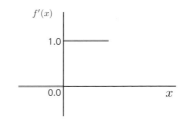

図3.20 シグモイド関数（左）と ReLU の微分値

　ReLU はニューロンの信号伝達の仕組みから考えると不自然ですが、ディープラーニングを工学的なモデルとして考えると理にかなっているわけです。

　次の、"過学習（over fitting）"とは、教師データでは認識誤差はほぼゼロまでチューニングできたのに実問題では誤差が大きくて使えないという問題です。これは、教師データの数が少なくしかも形が整いすぎているときに起こります。教師データを増やすことが困難な場合は、データを変形したり回転させたりして、人工的に教師データの数を増やせばある程度うまく行くことが分かっています。

　次の、"学習が収束しない"問題として典型的な例は、重みの初期値を乱数で決めることにあります。初期値がうまく設定できれば収束することが確かめられていますが、その方法として"オートエンコーダ（Auto Encoder、自己符号化器）"と呼ばれる学習のモデルが有用といわれています。その仕組みを簡単に説明しましょう。

オートエンコーダ

　オートエンコーダーの仕組みは以下の通りです。まず、隠れ層（中間層）一つからなるニューラルネットを設定します。このとき、隠れ層のニューロン数は入力層のそれより少なく設定します。学習は次のように行います。入力データをそのまま出力の正解に使って隠れ層の重みをチューニングします。次に、出力層を取り払ってそこに第1の隠れ層よりニューロン数の少ない第2の隠れ層を挿入し、第1の隠れ層の出力を入力とし入力データを正解として隠れ層2の重みをチューニングします。これを繰り返すことによって多層のニューラルネットワークが生成されます。この処理の前半では隠れ層のニューロン数を層ごとに少なくし、後半ではその逆に層ごとのニューロン数を増やしていきます。最後の層のニューロ

ン数は第1隠れ層のニューロン数と同じにします。これによって、入力データは前半でエンコード（符号化）され後半でデコード（復号化）されると解釈できます。

図2.21にオートエンコーダの事例を[Hinton2006]より紹介します。この例では入力画像がわずか30のニューロンで表現できたことを示します。この働きは統計学の主成分分析に類似しているといわれています。

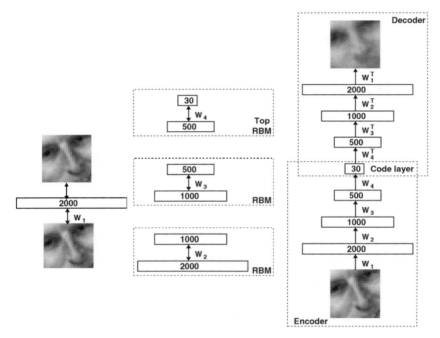

制限付きボルツマンマシン（RBM）を複数回使って層ごとに学習し、最後につなぎ合わせて構成する。

図2.21 オートエンコーダの事例（[Hinton2006]より）

オートエンコーダは、いわゆる"教師データ"を使いませんので、見方によっては教師なし学習ともいえる面白いアルゴリズムです。ただ、オートエンコーダは途中の層が絞り込まれていますので、一般的な構造の深層ニューラルネットワークの事前学習には向かないのではないかと思います。なお、次の節で説明します畳み込み深層ニューラルネットワーク（Convolutional Deep Neural Network、CDNN）では収束の問題は起こらないことが明らかとなっており、事前学習器と

2.4 ディープラーニングとは

してのオートエンコーダの役割は終わったと考えられます。ただし、教師データ不要のディープラーニングアルゴリズムは、人による学習に似ている一面があるといわれており、主成分分析との類似性の観点からも研究が行われているようです。オートエンコーダを専門的に勉強されたい方には [岡谷 2015a] および [Hinton2006] をお勧めします。

2.4.4 まとめ

簡単にまとめますと、ディープラーニングは教師データを使った統計的"パラメータチューニング"であり、これがアルゴリズムによって自動化されているものといえます。これは機械学習 (Machine Learning) の一つであり、機械学習はAIの一分野ですので、ディープラーニングはAIの一分野であるというわけです。しかしながらディープラーニングでは人の高次レベルの認知機能をモデル化することは、"原理的"に考えるとできません。極端で直感的ないい方をすれば、"ディープラーニングは統計的学習機能を持ったパターン分類機"です。「ディープラーニングがAIに革命をもたらした！」と大げさにいわれていますが、その一方で「ディープラーニングはAIか？」という議論があるのはこのためでしょう。私の知人で認知科学の立場で知能の研究を行っている研究者は、"ディープラーニングはAIではない"と断定します。ディープラーニングはPDP（並列分散処理）モデルが源流といえますが、PDPグループの研究者たちは"人の高次認知機能はニューラルネットワークモデルでこそ実現できる"という強い信念と志を持った人々でした。しかし、ディープラーニングは最も簡単な順伝搬型深層ニューラルネットワークを対象としたパターン分類機といえるものですから、PDPの思想からは大きく離れたものと思えます。PDPモデルは90年代に入って衰退したという意見がありますが、ディープラーニングは形を変えて実用性を目指したと私には見えます。繰り返しますが、人の高次知能は未だ手探りの段階です。あのミンスキーすら考察のレベルから抜け出せなかったのですから [Minsky2007]。

Chapter 2　ディープラーニング―多層（深層）ニューラルネットワークによるデータ分類機

🔲 **2.5 畳み込み深層ニューラルネットワーク**

　ディープラーニングが本来の性能を発揮し実用的にも高く評価されるようになったのは、"畳み込み深層ニューラルネットワーク（Convolutional Deep Neural Network、CDNN）"の性能と実用性の高さにあるといっても過言ではありません。これに加えて、技術的にはバックプロパゲーション（Backpropagation、誤差逆伝搬法）と呼ばれる教師あり学習（Supervised Learning）アルゴリズムと、高速画像処理プロセッサGPU（Graphics Processing Unit）が比較的安価に利用できるようになったことが挙げられます。インターネットの普及によって共用テストデータが提供され、様々な方法が比較できるようになったことも見逃せません。

　上でも簡単に説明しましたが、このニューラルネットワークは、動物の大脳皮質の視覚野に関する生理学的研究成果からヒントを得ています。繰り返しますが、50年代後半から70年代にかけて行われたヒューベル（D.H. Hubel）とウィーゼル（T.N. Wiesel）による猫とサルを使った視覚野の生理学的計測と、その結果の考察に基づく単純細胞（simple cell）、複雑細胞（complex cell）、超複雑細胞（hyper complex cell）で構成される視覚の"階層仮説（Hierarchy Hypothesis）"の仕組みと機能にヒントを得ています。階層仮説には疑問の声もあったようですが、ヒューベルとウィーゼルはこれらの功績によってノーベル生理学・医学賞を1981年に受賞していますので、評価は確立されたものと思います。脳神経生理学はその後も発展していますが、階層仮説は肯定されているようです[Scholarpedia]。また、今日の深層ニューラルネットワークはこの階層仮説に基づいていると考えることができます。

　この階層仮説にヒントを得て福島邦彦氏がネオコグニトロン（Neocognitron）を発明されました[福島1979][Fukushima1980]。ネオコグニトロンは階層仮説をかなり忠実に"神経経路モデル"として実現し、競合学習と呼ばれる教師なし学習法を使っていることや"汎化能力"を持つなどの優れた機能を持っていますが、広く普及するには至っていないようです。その後ルカン（Y. LeCun）[LeCun1989a、1989b]が、同じく階層仮説にヒントを得て発明した"畳み込み（convolution）"を組み込んだ深層ニューラルネットワークモデルLeNetにはバックプロパゲーションアルゴリズムを採用し、手書き郵便番号認識で高性能を

100

実証したことと拡張性が高いことにより、その後"畳み込み深層ニューラルネットワーク"へと発展し、今日のディープラーニングへと発展しました。

この節では、本論である"畳み込み深層ニューラルネットワーク"の基本的モデルと学習および推論の仕組みを説明する前に、先駆的研究成果である、階層仮説、ネオコグニトロン、およびルカンの深層ニューラルネットワークモデルについて、その要点をそれぞれの論文などを通して紹介しましょう。

2.5.1 視覚と階層仮説

　視覚 (vision) とは、眼の網膜で受けた光刺激を大脳皮質の視覚野で認識するメカニズムをいいます。コンピュータによる物体認識の研究はコンピュータビジョン (Computer Vision) と呼ばれ、AI の黎明期から今日に至るまで AI の重要な分野であり続けています。コンピュータビジョンは、神経生理学者の研究成果にヒントを得てコンピュータモデルが考案され、そのモデルを使って"人のような視覚"あるいは"人のような物体認識能力"の実現を目指しているといえましょう。文体認識の中でも"手書き文字認識"が最も手ごろで分かりやすい問題として研究が進められてきました。ローゼンブラットが 1957 年に提案したパーセプトロンはまさにこれを目指したものといえるでしょう。

　同じ頃、つまり 1950 年代から 60 年代にかけて動物を使った視覚のメカニズムの研究が盛んに行われ、生理学分野の学術誌にそれらの研究成果が論文として発表されました。その中でも、ヒューベル (D.H. Hubel) とウィーゼル (T.N. Wiesel) の研究とその成果はインパクトが大きく、ノーベル生理学・医学賞を受賞したこともあって、その後の生理学的研究やコンピュータビジョンの研究に重要なヒントを与えています [Scholarpedia][福島 2001]。ここでは、ヒューベルとウィーゼルによって提唱された視覚の「階層仮説 (Hierarchy Hypothesis)」についてそのポイントを簡単に紹介しましょう。

　生理学者であるヒューベルとウィーゼルは、視覚の研究を行うに当たって、既に知られていた大脳皮質の視覚野の仕組みとメカニズムを究明する方法として、猫とサル (マカクザル) の網膜に様々な光刺激を与えて神経細胞の反応を計測し、その結果を分析し考察して「階層仮説」にたどり着いたようです。"仮説"ですから確定的な学説ではなく、"こうであるに違いない"というような学説です。したがって状況証拠を最も合理的に説明できるような科学的モデルと考えてよいでしょう。サイエンスの分野では湯川博士の"中間子理論"などが有名ですが、そ

の後技術の進歩によって実験的に正しさが立証されました。視覚における階層仮説はまだ立証されていないようですが、この仮説がディープラーニングに大きなヒントを与えたと考えられます[Hinton2015]。

　ヒューベルとウィーゼルが猫の視覚について行った研究の一端を紹介しましょう。図2.22は2人が行った猫の視覚野の神経細胞（ニューロン）に網膜で受けた光刺激がどのように表れるかを計測したときのイメージです[Hubel1962]。実験は部屋を暗くして行われ、スクリーン上の白い背景に黒の短冊状の図形を1秒間表示し、その刺激に視覚野の神経細胞がどのように反応するかが計測されました。脳の視覚野に48本のタングステンのマイクロエレクトロードを刺し込んで計測するために、猫には麻酔がかけられ、かつ頭蓋骨は外されたそうです。網膜上の一つの細胞の視野は小さく（5×5度程度）、その視野のどこに光刺激を与えるかや、刺激の向き、回転、移動などに対する単一の細胞ごとの計測が行われたようです。その結果の例を論文から2点紹介します。

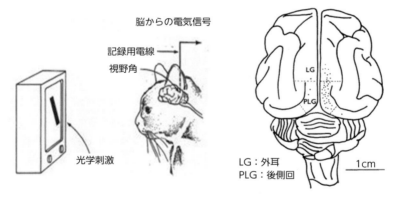

猫の大脳視覚野に48本のタングステンマイクロエレクトロードが刺し込まれて脳細胞の光反応が計測された。

図2.22　ヒューベルとウィーゼルの視覚野の計測法（[Hubel1962]）

　図2.23は、単一の視覚細胞に対する反応の測定結果を示したものです。この図のように水平の黒い短冊が広い背景の上に置かれ、1秒間だけ見えるようにしたところ水平の短冊に対しては上中下に反応していますが、斜めの短冊に対しては反応していないことが分かります。これにより、視覚細胞が興奮的に働くか抑制的に働くかを確認することができるわけです。また、短冊を回転させたり移動

させたりして、それらにどう反応するかも計測されています。

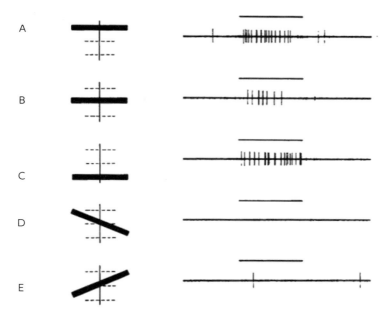

単一視覚細胞の視野は5×5度程度であり、黒い短冊が水平の場合その位置に関係なく反応したが斜めの場合は反応しない。

図2.23 単一視覚細胞の光反応測定結果の例

　さらに、網膜細胞から大脳皮質の視覚野の細胞が刺激を認識する経路についても色々実験的な計測が行われ、それらを分析した結果として、視覚野の細胞は単純細胞(simple cell)、複雑細胞(complex cell)および超複雑細胞(hyper complex cell)の3種類に分類でき、それぞれが異なった機能を持つらしいことを確認しています。これらの実験と考察から、視覚の"階層仮説(Hierarchy Hypothesis)"にたどり着いたようです。

　視覚の階層仮説とは次のようなことを説明するための仮説と考えられます。動物が物体を認識するとき、情報は画像として網膜を通して受け取られますが、それを特定の物体として認識するために、まず単純細胞が直線や曲線を認識し、その結果を複雑細胞が受け取って少し上位概念に当たるパーツを認識し、この結果を超複雑細胞が受け取って特定の物体であることを認識するというメカニズムで

す。このプロセスにおいて、単純細胞の層は多くの細胞で構成されていますので、それぞれが抑制的あるいは興奮的に作用し、その結果としていくつかの細胞が発火するわけです。その結果が複雑細胞層に送られますが、その層の細胞は複数の単純細胞の信号を受け取り、閾値を超えた細胞が発火して、この信号が超複雑細胞の層へ渡されます。つまり、物体のパーツを認識した結果として信号（情報）が超複雑細胞へ渡されます。超複雑細胞は複数の複雑細胞からの信号を受け取り、閾値を超えて発火した細胞が、それに対応した"特定の"物体を認識するというメカニズムです。これは、3種の細胞が階層的に構成され、発火の経路を作ることによって物体認識が行われるという極めて魅力的な物体認識（画像認識）の仕組みであるといえます。図2.24に階層仮説の単純化したイメージを示します。

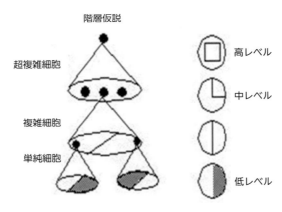

図2.24　ヒューベルとウィーゼルの階層仮説（https://ml4a.github.io/ml4a/convnets/ より）

　我々人間は親兄弟や友人の顔を瞬間的に識別できますが、コンピュータビジョンの分野では、雑音を含んだ画像を受け取って、雑音除去、特徴抽出、類似度判定などの処理をして、知っている特定の人であることを認識するというメカニズムの研究が行われていました。これには顔を認識するための"知識"が使われます。このやり方がシンボリズムの特徴といえます。一方、ニューロンのモデル、つまりコネクショニズムでは、知識ではなく、機能の異なったニューロン間の信号の伝搬と発火メカニズムによって顔の識別が行われる、と考えられるわけです。しかも、このような処理は同時並行的に行われますので、極めて効率よく物体認識（画像処理）が実現できることになります。信号に歪みがあったり、色彩が異

なっていたり、明度が異なっていても、うまく対応できることを説明するモデルも考えられています。

ヒューベルとウィーゼルの階層仮説は、その後のニューラルネットワークによるコンピュータビジョン（画像処理）に大きな影響を与えました。ネオコグニトロンはその最初の例であり、PDPモデルのヒントンによる刺激の等価性モデル[Hinton1981]もその例であり、畳み込み深層ニューラルネットワークの先駆けとなったルカン（Y. LeCun）による手書き数字認識システム[LeCun1989a、LeCun1989b]もこの例です。さらに、ディープラーニングの高い性能で画像認識コンペティションに衝撃を与え、その後のコネクショニズム型AIブームをもたらした"グーグルの猫"として有名なリ（Q.V. Le）などの成果[Le2012]もこの例であるといえます。次の2つの項で、ネオコグニトロンとルカンの手書き数字認識システムの仕組みを紹介しましょう。この2つはいずれも"階層仮説"にヒントを得ていますので共通の部分もありますが、対照的な方法で実現されており、特に学習の考え方と仕組みが異なります。

2.5.2 ネオコグニトロン

ネオコグニトロン（Neocognitron）は、NHK放送科学基礎研究所（当時）の福島邦彦氏によって提案されたパターン認識のための"神経回路モデル"です[福島1979][Fukushima1980]。このモデルは、上で説明しましたヒューベルとウィーゼルの"階層仮説"をヒントにした独創的な深層ニューラルネットワークモデルであり、学術的価値に加えて実用性も高い技術として電子情報通信学会から業績賞が与えられました。国際的にもディープラーニングの先駆的研究として高く評価されています。PDPグループの研究にも影響を与えたことが伺えます（一般的呼称は"ニューラルネットワークモデル"ですが、福島氏本人は"神経回路モデル"という呼称に深いこだわりを持たれており、現在でもこの呼称を使われていますので[福島2016]、ここではそれを尊重したいと思います）。

図2.25は、ネオコグニトロンにおける神経回路モデルとヒューベルおよびウィーゼルの階層仮説との対応関係を示したものです[福島1979]。図の下側の点線で囲まれた部分がネオコグニトロンの三層階層構造であり、上の部分が階層仮説です。ヒューベルとウィーゼルの階層仮説は、この図にありますように"視覚野"に関して立てられた仮説であり、文字認識はそれより高度な情報処理ですので、この図では"連合野"での処理に当たります。この連合野の情報処理機能

Chapter 2 ディープラーニング－多層(深層)ニューラルネットワークによるデータ分類機

は正確には分かっていませんので、"？"マークの細胞を経由して、"おばあちゃん細胞"と呼ばれているような"対象物を認識する細胞"が発火するという仮説を取り入れています。"おばあちゃん細胞(Grandmother Cell)"とは、(私の)おばあちゃんの顔に対してのみ発火する細胞があるという仮説です(この仮説には専門家が否定的です。なぜならば、もしその細胞が死ねば突然おばあちゃんが分からなくなるはずであるが、そんなことは起こっていないからだそうです)。文字認識の場合には、認識する文字のそれぞれに固有の細胞(cell、neuron)が存在するはずであるという仮説です。つまり、ネオコグニトロンでは下位の二層はヒューベルとウィーゼルの階層仮説からヒントを得ていますが、最上位層は"連合野"と呼ばれる高次の認識機能を持つ細胞で構成されているという拡張を行っています。

　ネオコグニトロンのモデルでは、当初はこの図のように三層の神経回路モデルでしたが、その後改良されて四層になっています[福島2016]。図で、S層とは単純形細胞(Simple Cell)のS、C層とは複雑形細胞(Complex Cell)のCを意味しています。単純形細胞は画像中のエッジなどの特徴抽出の機能を持ち、複雑形細胞は位置ずれを許容する機能を持っています。この2種類の細胞が一組となって多段の層を形成するという構造です。多段になることによって、下の層では狭いエリアの特徴を抽出し、その上の層では抽出された特徴を組み合わせることにより高次のレベルの特徴を抽出し、これを繰り返すことによって画像に写っている対象物を認識して出力できるわけです。また、最下層の細胞が認識するエリアは狭いですが、次の層ではエリアが拡大されることとなり、最終層では画像全体を認識エリアとすることとなります。

　ネオコグニトロンに限らず、ニューラルネットワークモデルは、生理学的知見をヒントにしてはいますが、コンピュータ用のアルゴリズムとして自由に発想された合理的コンピュータモデルであるわけです。ネオコグニトロンは約40年前に発明された技術ですが、連合野に関する学術的知見は現在でも大きくは発展していないと思います。それほどに脳科学(Brain Science)は難しい学問分野であるということでしょう。人間を対象とした生理学的研究には限度がありますので、倫理的にも難しい研究であるといえます。なお、この図のLGBとは、外側膝状体(lateral geniculate body)と呼ばれる脳の視床領域の一部であり、網膜から視覚情報を受け取る機能を持った細胞です。つまり、視覚システムの入力部(入力層)であると考えてください。

106

2.5 畳み込み深層ニューラルネットワーク

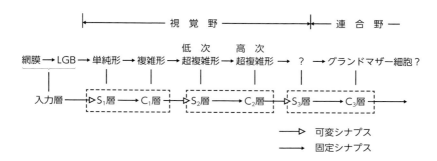

図 2.25 ヒューベル–ウィーゼルの階層仮説とネオコグニトロンの神経回路網の対応関係（[福島 1979]を改定）

　図2.26は、ネオコグニトロンの三層の神経回路モデルの全体構造と各層の細胞間結合を示しています。この図は次のような仕組みで働きます。図の四角形は細胞が2次元に配列されていることを示し、"細胞面"と呼びます。○で囲まれた部分は次の層の一つの細胞が知覚するエリアを示します。各層に複数の四角形があるのは、その前の層の出力をそれぞれ異なった特性で知覚することを示し、特徴の抽出を行うことを意味します。たとえば、入力層の細胞面が256個（16×16）の細胞で構成されているとし、S_1層に細胞面が10あり、各細胞面の細胞の数が100（10×10）であるとすれば、入力面の"特徴"（つまり画像に含まれているエッジなどの特徴）を10個（種類）抽出し、その結果を10×10の各細胞面に描くことを意味します。ただ画像の中のエッジなどの特徴の位置が中心位置からずれていたときは、同じ特徴でも異なった特徴として描かれてしまいます（実際には、細胞面に特徴が描かれるのではなく、その細胞面の特定の細胞へのリンクの結合度が強められることになります）。

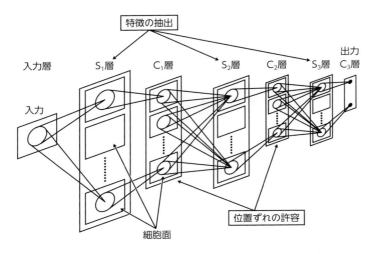

図2.26 四層のネオコグニトロンの神経回路モデルと各層の細胞間結合のイメージ図([福島1979]を改定)

　このような"位置ずれ"は狭いエリアに存在することが一般的です。たとえば、郵便番号を升目に一文字書く場合を考えてみましょう。"4"を書いたとすれば、多少ずれていても枠内であれば"ずれ"は小さいわけです。"4"の左辺の特徴である"∠"印を"特徴"として抽出すればS_1層の対応する"細胞面"にその結果が記入されます(つまり、"∠"に反応して発火する細胞が形成されます)。別の特徴は別の細胞面に記入されます。小エリアは入力層をスライドさせながら全体を走査しますので、別の位置に異なった特徴"+"があればそれが別の細胞面で抽出されます。このようにして、入力画像から20種類の特徴が抽出されてS_1層の各細胞面に記入されます(つまり、入力画像"4"の各部分的特徴に反応して発火するS_1層のいくつかの細胞面のいくつかの細胞への結合度が強化されるわけです)。このとき、入力画像の"位置ずれ"があればS_1層の細胞面に記入される位置もずれます。ここで、S_1層の細胞面に対して小エリアごとにそのエリア内の平均値(二乗平均値)を求めてC_1層の対応する各細胞面にその値が書き込まれます。面の小エリアの平均値を取れば、その値は個々の細胞がずれていても"小エリア"としての平均値の差異は吸収されることになり、これによって、該当するS_1層の細胞面の特徴記述の"位置ずれ"が修正されます。つまり、S_1層とC_1層の組み合わせによって入力画像内の低レベルの特徴が抽出され、標準的な表現でC_1層の細

胞面に記述されるわけです。

　次は、このC$_1$層の特徴記述を入力として、同じメカニズムでS$_2$層とC$_2$層が働けば、その結果としてより高次の特徴がC$_2$層に記述されます。最後のS$_3$層とC$_3$層での処理の結果として、C$_3$層に出力が得られます。C$_3$層は出力層であり、各出力に対して一つの細胞が配置されています。たとえば、入力画面に"4"の文字が記入されていて、C$_3$層の出力細胞が"0"から"9"であるならば、"4"に該当する細胞の出力のみが得られれば(発火すれば)認識が正しく行われたことになります。図で示されますように、S層とC層の細胞面は1対1対応ですが、C層とS層は多対1対応になっていることで、このような巧妙なパターン認識機能が実現されるわけです。参考までに、[福島1979]のシミュレーションでは、入力細胞面は256(16×16)、S層の細胞面の数は全て24、C層の細胞面の数もしたがって全てS$_1$層、S$_2$層、S$_3$層の各細胞面の細胞数は、256(16×16)、64(8×8)、および4(2×2)、C$_1$層、C$_2$層、C$_3$層の各細胞面の細胞数は、100(10×10)、36(6×6)、および1です。この構成で、0、1、2、3、4の手書き文字入力画像(5種類の入力パターン)に対して、次に説明します各文字を20個ずつ使った学習(自己組織化)を行った後でのテストにより、文字位置にずれがあっても正しく認識できたと報告されています。ただ、0－9までの10種類の手書き文字でのテストでは誤認識が起こり、その原因は10種類の入力パターンを正しく認識するにはこの規模では不十分であり、より規模を拡大する必要があると考えられる、という考察です。

　この"位置ずれ"や文字の大小などに対しても正しく認識できる、いわゆる"変形に強い"パターン認識能力をどのようにして実現できるかということが当時の重要な課題であり、ネオコグニトロンはその優れた能力を実証したのです。ネオコグニトロンの多層神経回路モデルでは上で説明しましたように、S層とC層の組を複数段重ねることによって実現しました。論文[福島1979]では図2.27のような図を使って説明されていますので、上と重複しますが、その要点を紹介しましょう。ネオコグニトロンのパターン認識の仕組みが、文字"A"の認識を例に、説明されています。図のように、S細胞とC細胞の両方が2次元入力面に対して小エリアを知覚でき、かつ2種類の細胞が連携することによって特徴抽出と位置ずれ調整機能を併せ持つために、低次特徴抽出、高次特徴抽出、および文字認識へと処理が行われ、多少のずれや文字の大小があったとしても正しく、ずれや歪みを吸収して、文字"A"を認識して出力できるわけです。

Chapter 2 ディープラーニング―多層（深層）ニューラルネットワークによるデータ分類機

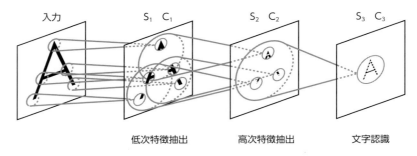

図2.27 ネオコグニトロンの階層型パターン認識のイメージ（[福島 1979]を改定）

　ネオコグニトロンの優れたところは、上で説明しましたような高いパターン認識能力をデータからの"教師なし学習"を行う能力（自己組織化機能）によって自動獲得できるという点にあります。さらに、学習に使われた事例とは異なる種類のパターン認識も行えるという"汎化"能力を持つ点も優れた特徴といえます。この学習機能原理は、ディープラーニングの定番といえる"誤差から学ぶ"というバックプロパゲーション学習とは大きく異なっており、"勝者が全てを得る（winner-take-all）"型の"競合学習（Competitive Learning）"と呼ばれる方法です。この学習法は生物の学習法に近いといわれていますので、その考え方と仕組みを簡単に説明しましょう。

　図2.25で示されていますように、C－S層間のシナプス結合は"可変"であり、S－C層間のシナプス結合は"固定"です。ネオコグニトロンの学習とは、与えられた画像データに基づいてC－S層間のシナプス結合の強さを調整（チューニング）することです。これは、多層ニューラルネットワークの層間のリンクに付加された重みを学習（ディープラーニング）によって調整することに相当しています。ディープラーニングでは、教師データを使って正解との誤差が縮小するように微調整を繰り返して、出力層から入力層へ向かって調整するという方法ですが、ネオコグニトロンでは入力層から出力層へ向かって"可変シナプス"の結合度を調整するという、逆のやり方を取っています。福島氏を中心とするネオコグニトロンの推進グループでは、ネオコグニトロンの学習法（自己組織化機能）の方が、計算負荷が少なくて優れていると主張しています。

　ニューロンの学習とはニューロン間のシナプスの結合度の調整のことですが、この機能はニューロンの"可塑性（plasticity）"と呼ばれています。特定のニュー

ロン間のシナプスの結合が強化されると、次からはそのシナプスを通しての信号伝搬が行われやすくなり、さらにそのシナプス結合が強化されることになります。ネオコグニトロンはこの生理学的性質を応用していますが、もう一つ重要な概念の"競合学習（Competitive Learning）"と呼ばれる学習理論を使っています。これは、簡単な例でいえば、複数の競争者が競合関係にあったとき最も強い者（勝者）に全ての賞金を与えるという"勝者丸取り（winner-takes-all）"のルールであるといえます。ネオコグニトロンでは、この考え方を細胞間結合度の調整に適用しています。簡単な例を図2.28に示します。この図では、3つの細胞が3つの細胞と結合しています。今、仮に細胞Xが発火したとしましょう。この発火は細胞間結合を通して細胞Yとその近傍の細胞2つに伝搬されますが、そのとき細胞Yが最も強く発火したとすれば、細胞Yが競合関係で勝利したと考え、XからYへの結合度だけが強化され、他の結合度は変化しません。XからYへの結合度が強化されると、結果として次の回の競合学習ではさらにYが有利になります。つまり、信号伝搬経路の学習が行われたことになります。

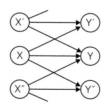

細胞 X が発火したとき、それを受けて細胞 Y とその近傍のY′ およびY″ のうちでYが最も強く発火したとき、XからYへの結合のみを強化する。

図2.28 競合学習のイメージ

　ネオコグニトロンでは、たとえば手書き文字"4"の二次元パターン（0と1の値の二次元配置）が入力層に入力されると"1"を受け取った細胞が発火し、その発火信号が小エリア（図2.26の○印のエリア）の合計（積和）としてS_1層の全ての細胞面の対応する一つの細胞へ伝搬されます。もし細胞面が10あれば、その中の最も強く発火する一つの細胞との結合度だけが強化されます。小エリアをずらして同じ処理を行えば、今度は別の細胞面の一つの細胞が競合に勝利して結合度を強化する可能性があります。小エリアをずらしながら入力層全体に対してこのよ

うな処理を行えば、結果として入力層の二次元パターンの局所的特徴がS_1層に記入されたことになります。ここで、データの位置ずれは、S_1層とC_1層との間での競合学習で吸収されます。

同じ処理を、C_1層とS_2層で行えば、S_2層にはより高次の特徴が抽出され、C_2層では位置ずれが修正されます。さらに同じ処理をC_2層とS_3層で行えば、S_3層にはさらに高次の特徴が抽出され、C_3層には認識結果が得られます。つまり、C_3層はパターン分類に対応した単一細胞が置かれており、最大発火をした細胞への結合度のみが強化されます。たとえば、入力パターンが"4"ならば、"4"に相当する細胞のみが発火しますので、手書き文字の4が認識できるというわけです。0から4までの手書き文字認識機を作るには、C_3層に5つの細胞を配置することになります。入力パターンを切り替えながら競合学習を繰り返せば、コグニトロンはパターン認識能力を自動獲得することができるわけです。コグニトロンではこれを"自己組織機能"と呼んでいます。

図2.29は、ネオコグニトロンのコンピュータシミュレーションの例であり、入力データ（二次元画像）"4"を入力して処理を進めたときの各層の細胞面の発火した細胞の例を示します[Fukushima1980]。出力層C_3では"4"に相当する細胞だけが正しく発火していることを示します。

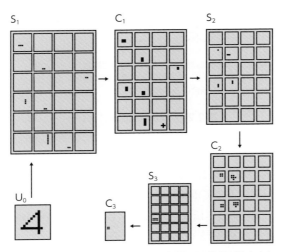

入力層U_0から処理が進むにつれて各細胞面で特徴が抽出され、出力層C_3では"4"に対応する細胞のみが発火している。

図2.29 ネオコグニトロンの手書き文字認識の実行例([Fukushima1980]より)

図2.30は、ネオコグニトロンのコンピュータシミュレーションでの性能テストの例を示します[Fukushima1980]。この図で、a列は学習に使われたデータで、b－g列は性能テストに使われたデータです。h列は、出力層C_3の各入力文字に対応する位置の細胞のみが発火したことを示します。それぞれの文字が正しく認識されていることが分かります。ネオコグニトロンの神経回路モデルで私が関心を持ったポイントがあります。それは、活性化関数としてReLU（ランプ関数）が使われていることです。ReLUは現在のディープラーニングでは定番として使われており、勾配消失を防ぐ有用な技術として2000年頃にヒントンが推奨したといわれていますが、ネオコグニトロンで既に使われていたという事実はあまり気づかれていないのではないでしょうか。私は2つの点から福島氏の論文[Fukushima1980]をチェックしてみました。一つは、競合学習の仕組みを確認するためであり、もう一つは出力層でなぜ単一の細胞のみが発火するのかという点です。これには細胞が発火して出力信号を出したとき、発火の強さによって信号の大きさに大小の差異が生じる必要があり、最大出力を出す細胞が選ばれる必要があります。それには、ReLUが適していると考えられます。この論文ではReLUが使われていることが説明の数式と図から明らかです。生理学的な脳神経細胞の信号伝搬をReLUで近似しているのには多少の違和感を覚えますが、コンピュータモデルとして割り切れば納得できます。

　ただ、このテストデータを見ると、福島氏本人が書いた数字のように感じられます。いずれのテストデータも文字の形状が類似していたからです。もし、郵便局の協力を得て多くの人によって書かれた郵便番号から得られたテストデータを使って性能テストをすれば、このようなよい結果が得られるか、多少疑問を感じます。たとえば、文字"4"はいずれも上部が接触して尖っていますが、接触しない"4"はよく見かけますし、"1"も上部がカギ型になった例、"2"は左下が円になった例もよく見られます。認識性能を上げるにはS－C層の数を増やすことや各層の細胞面の数を増やすことが有効であると、開発者の福島氏は述べておられ、事実その後はS－C層を4組にし、第1層の前に"コントラスト層"を挿入し、さらにV面と呼ばれる評価機能を持った細胞面を組み込んだり、細胞回路を二重にしてボトムアップ処理とトップダウン処理を組み合わせるなど、色々改良や拡張をされています。

Chapter 2 ディープラーニング―多層(深層)ニューラルネットワークによるデータ分類機

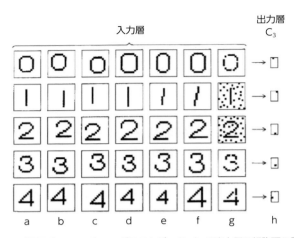

a が学習データで、b−g がテストデータ。h は出力層の細胞面の発火した細胞の位置を示す。ずれ、歪み、雑音にも強いことを実証した。

図2.30 ネオコグニトロンのコンピュータシミュレーションによる性能テスト例 ([Fukushima1980]より)

ネオコグニトロンは"汎化能力"という優れた能力も持っています。つまり、一度学習すれば二次元パターンの特徴を抽出して認識(分類)できますので、類似の特徴を持つパターンにはそのまま応用できるわけです。ただし、この汎化能力がどの程度有効であるかは実証的な評価が行われていませんので判断できません。ネオコグニトロンの弱点も指摘されています。入力パターンが手書き数字のような簡単なものなら、多少の位置ずれや文字の大小にも対応しますが、回転(斜めに書かれた文字)や歪みの大きい文字の認識性能は不十分であるようです。また、仮名や漢字の手書き文字は局所的特徴が不明瞭であるために、性能を発揮できないのではないかと思われます。したがって、与えられた写真から動物や人間を認識するというような複雑な画像認識には向かないのではと思われます。ディープラーニングのような統計的パラメータチューニングとは、特徴抽出や特徴表現のメカニズムが全く異なることと、ネットワークモデルが簡単すぎるからです。

ネオコグニトロンは、多層ニューラルネットワークとして初めて手書き文字のような実用レベルのパターン認識システムを実現したモデルとして高く評価されており、PDPモデルグループやその後のディープラーニングの研究者たちに有

用なヒントを与えた成果であることが、多くのディープラーニングの学術論文で引用されていることから明らかです。なお、開発者の福島氏は"神経回路モデル"という呼称にこだわりを持っておられ、現在に至るまでネオコグニトロンの研究開発と論文の発表を続けられています。私の感想では、ディープラーニングは生理学的神経回路から大きく逸れて研究が展開されているのに対し、ネオコグニトロンでは生理学的な研究成果にできるだけ忠実に沿った研究を心がけておられるからのように思われます。その後の主な改良点や展開については文献を参照してください[福島2001、2016など]。福島氏の研究グループでは現在に至るまで精力的にネオコグニトロンの研究開発と論文発表が続けられてきましたが、研究者の拡がりや実応用があまり見られないのは残念な気がします。多くの研究者は、バックプロパゲーション型のディープラーニングの方により大きな可能性がある、と感じたからなのではないでしょうか。

なお、ネオコグニトロンのパターン認識の仕組みやメカニズムは、現在主流となっている"畳み込み深層ニューラルネットワーク（CDNN または単に CNN）"へもある程度引き継がれており、S 層が"畳み込み層"、C 層が"プーリング層"にほぼ相当します。ただし、ネットワークのモデルや学習のメカニズムは大きく異なり、明確な畳み込み層の"フィルタ"構造は使われていません。また、バックプロパゲーションに基づくディープラーニングの方が適用範囲や汎用性の点でかなり優れていると思います。たとえば、ネオコグニトロンでアルファ碁のようなシステムは実現できないと思います。ついでですが、福島氏はネオコグニトロンに関する成果を多くの論文で発表されていますが、AI という言葉は使われていないようです。ヒントンのディープラーニングの解説論文[Hinton2015]でも、ディープラーニングは AI における困難な問題のいくつかを解決したことや今後の展望が議論されていますが、ディープラーニングのことを AI であるとはいっていません。AI とは、あくまでも"高次の認知機能"を対象としていることを意識しているからであり、ディープラーニングでは高次の認知機能を実現できないことも理解しているからだと思います。この点は後でより詳しく論じましょう。

❖ 2.5.3 バックプロパゲーションによる手書き文字認識システム

ネオコグニトロンは、ディープラーニングの分野で最初に手書き数字認識システムとして実用的な性能を実証し、この研究分野にイノベーションをもたらしました。その後1986年にラメルハートーヒントンによって深層ニューラルネット

Chapter 2 ディープラーニング─多層（深層）ニューラルネットワークによるデータ分類機

ワークの機械学習法として"バックプロパゲーション（Backpropagation、逆伝搬学習法)"が提案されました。この概念と仕組みは前の節で説明しましたが、バックプロパゲーション法で実用的問題を対象として最初に実証的な研究成果を挙げたのはフランス人のルカン（Yann LeCun）です。彼はフランスの大学でバックプロパゲーションの博士研究で成果を挙げ、直ちに米国へ移りヒントンの博士研究員を経てベル研究所へ移り、そこで手書きジップコード（Zip Code、郵便番号）の画像認識システムの開発に取り組み、その成果を1989年に論文で発表しました[LeCun1989a、1989b]。この成果をさらに発展させて、90年代後半に畳み込み深層ニューラルネットワークへと発展させたLuNetモデルはこの分野で有名ですが、既に89年の論文で、呼称は異なりますが、畳み込み（convolution）法とサブサンプリング（Sub-sampling、平均化処理、プーリングとほぼ同義）が使われています。[LeCun1989a]は、手書き郵便番号のみを対象とし、[LeCun1989b]では、手書き数字とフォントの異なる印刷数字が混ざったデータを取り扱っています。また、この2つの成果をベースとして、さらに手書き文字（アルファベット）の認識システムを開発しました[LeCun1998]。

　ここでは3つの研究の問題意識と開発された技術である多層ニューラルネットワーク（Multi-Layer Neural Network、深層ニューラルネットワークと同義）システムの概要と結果を紹介します。成果のみを理解しても正しい応用にはつながりませんので、問題意識とアプローチを紹介したいと思います。特に、現在主流となっている畳み込み深層ニューラルネットワーク（CDNN）の原型が提案されていますが、このアイデアをヒューベルーウィーゼルの猫とサルを使った生理学的神経回路の実験的研究成果である"階層仮説"、から得ていることは興味深いことです。

　この実証的研究の成功がバックプロパゲーションによるディープラーニングの研究に火をつけて、現在のコネクショニズム型AIのブームへとつながったといえると思います。2012年に画像認識国際コンペティションILSVRCで華々しく登場するまで22年もかかりました。この間、様々な試みや新技術の研究開発が欧米の研究者によって行われていましたが、日本のコネクショニズムの研究者はあまり関心を持っていなかったのではないでしょうか。いずれにしても、ルカンのディープラーニングによる手書き郵便番号認識システムは、ネオコグニトロンと並ぶ歴史的イノベーションとして位置づけられる研究成果です。また、ネオコグニトロンとはかなり異なった技術が使われており、性能はネオコグニトロンよ

116

2.5 畳み込み深層ニューラルネットワーク

りかなり優れており、高く評価されたようです。この辺の理由も理解していただけるように説明しましょう。

🎬 ルカンの手書き郵便番号認識システム

まず、手書き郵便番号認識システム[LeCun1989a]の概要を紹介します。

この研究では、バックプロパゲーションアルゴリズムを実世界の問題に応用してその性能を実証することでした。具体的には、米国郵便で実際に記入された手書き番号の画像認識に応用することでした。この問題は、実問題としてほどほどの複雑さと規模であり、バックプロパゲーション法に基づくディープラーニングの実応用として手ごろなタスクと考えられました。また、この研究では実用性の実証とともに独立なパラメータの数を減らし計算量を少なくする手法を開発し、その効果を評価することも行われました。具体的には、バックプロパゲーション学習に大きな計算量が必要ですが、重みパラメータを少なくすることで実質的な計算量を大幅に少なくすることができました。

まず、研究に使われたデータについて説明しましょう。図2.31は実際に集められた手書き郵便番号のサンプル（左）とこの研究のために文字単位で切り出され成形されたデータの一部（右）を示します。読みやすく書かれた数字や乱雑に書かれて極めて読みにくい数字が含まれていることがお分かりだと思います。この生データを文字単位で切り出す仕事は人手で行われ、標準的な大きさに成形する作業はコンピュータで行われ、データベース化されました。これらの前処理はかなり負担の大きな作業でした。このデータは全て米国郵便（US Postal Service）のN.Y.バッファロー郵便局から提供されたからものです。データベースの大きさは、合計9,298個の手書き数字郵便番号（Zip Code）で、7,291文字が学習用、2,007文字がテスト用に使われました。データベースには、曖昧な文字、分類困難な文字、誤分類された文字などが含まれます。このような実データが使われていることがディープラーニングの応用にとって貴重であり、参考になります。生データは様々な大きさで、40×60ピクセル（画素）でした。これらは線形変換（単純な拡大・縮小）して16×16の画像ピクセルにされました。また、この処理によって元データは白黒の二値でしたが、多段階のグレイレベル（中間色）が生じました。このグレイレベルがレンジ-1〜1に収まるようにされました（ニューラルネットワークでは全ての値は数値であることを思い出してください）。

117

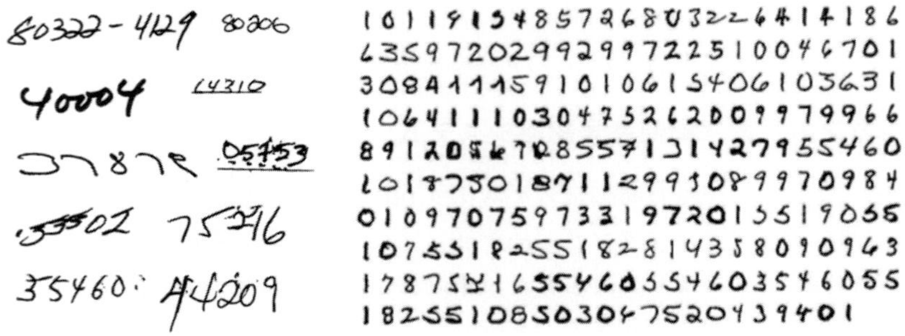

Chapter 2　ディープラーニング—多層（深層）ニューラルネットワークによるデータ分類機

左は実際のデータ、右は文字単位で切り出し標準化されたデータの例

図2.31　研究に用いられた実際の米国郵便で使われた手書き郵便番号（[LeCun1989a]より）

　次に、多層ニューラルネットワークの全体構造を図2.32に示します。図に示されるように、3つの隠れ層（中間層）H$_1$、H$_2$、およびH$_3$で構成されています。当時としてはかなり大規模なニューラルネットワークでした。この図で、ユニット（unit）とはニューロンのこと、カーネル（kernel）とはニューロン面のこと、リンク（link）とはニューロン間結合のことです。したがいまして、各リンクに重み（weight）パラメータが付加されており、この重みを学習データ（training data）を使って、"教師あり学習"法であるバックプロパゲーションアルゴリズムで最適値にチューニングすることが行われ、テストデータで認識性能が評価されたわけです。

2.5 畳み込み深層ニューラルネットワーク

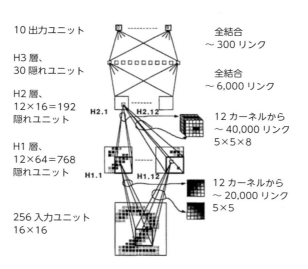

3つの隠れ層（中間層）で構成され、畳み込み処理と平均化処理で特徴抽出が行われている。

図2.32 多層ニューラルネットワークの全体構造（[LeCun1989a]より）

　この図のようにニューロン間リンクの数は膨大ですので、このままの構造でバックプロパゲーション処理を行うと、かなり計算負荷が大きくなります。この計算量を少なくするために"重み共有(weight sharing)"という概念が適用されました。これは、図で5×5のフィルタを使って下位のユニット面（カーネル）を"畳み込み"計算でスキャンしながら、その値を上位の12個のカーネルの各ユニットの入力値とするのですが、12回の畳み込み計算に使われるリンクの重みは同じ値にしてあるということです。これによってパラメータチューニングの数は、重み共有をしないときに比べると、12分の1になるわけです。重み共有は、図に示されていますように、各隠れ層間で適用されています。したがって、重み共有を適用すればネットワーク全体の独立な重みパラメータの数が大幅に少なくなります。この研究で、重み共有を用いても認識性能が十分に高くなることが確かめられました。

　では、図に基づいて少し具体的に説明しましょう。まず、入力層は256（16×16）ユニットで、上で説明しましたようにデータの前処理によって中間色もあります。出力層は10ユニットであり、これは数字の0～9に対応します。つまり、デー

Chapter 2 ディープラーニング―多層(深層)ニューラルネットワークによるデータ分類機

タの10分類を行うというタスクと考えてください(我々人間はデータが数字であり、0、1、2などの意味も知っていますが、ディープラーニングでは単に"入力データがどの分類に属するか"を求めるだけであり、意味は取り扱っていません。つまり、入力文字が"2"のとき、3番目のユニット(ニューロン)の出力が最大であれば正解となります。もし別のユニットの出力が最大であれば、正解との誤差の和(二乗和)を求めて、バックプロパゲーションアルゴリズムで誤差を少しだけ減少させるわけです。データを交換しながらこの処理を繰り返して、誤差が十分に小さくなれば、学習を終了させることになります。データの合計が9,298個で、うち7,291文字が学習用、2,007文字がテスト用です。学習用データ(教師データ)が1文字ずつ使われてパラメータチューニングが行われ、次にテスト用データが1文字ずつ使われて認識性能(分類性能)が評価されます。同じデータを使って、これが23回繰り返されました(学習には、SUN-4/260ワークステーションを使って3日かかったそうです)。

　では、具体的説明を、入力層から出力層へ向けて順に行いましょう(細かい説明に関心のない方は読み流してくださってもおおよその意味は分かっていただけると思います)。まず、ネットワーク全体で何が行われているかを説明しましょう。一番下の入力層に"2"の画像が入力され256(16×16)個のユニット(ニューロン)が出力値を持っています。この2次元のユニット面(ニューロン面)に5×5の大きさのフィルタが適用されます。各フィルタには合計25個の重み付きリンクがありますので、この各重みと入力面の該当するユニットの出力値の積和が計算され、つまり"畳み込み(convolution)"計算が行われ、その値が隠れ層H_1層の対応する1つのユニットの入力値となります。1つのフィルタで入力面をスキャンしながら畳み込み計算を行いますが、12個の異なったフィルタが使われますので、H_1層には64(8×8)個のユニットからなるユニット面が12個作られます。これは、入力データの中から12種類の異なった"特徴"(feature)が抽出されることを意味します。つまり、1つの入力面が12の"特徴面"で書き換えられることを意味します。この特徴面のことをルカンは"カーネル"(kernel)と呼んでいますが、抽出された特徴を表現した"特徴マップ"(feature map)に相当します。スキャンは間隔を置きながら行われますので、H_1層の各カーネルの大きさは8×8(=64)になるわけです。なお、各ユニット(ニューロン)の入力値から出力値を求めるためには"活性化関数(Activation Function)"が使われます。このニューラルネットワークでは"シグモイド関数"が使われましたが、この関数の中心部

120

分の準直線部分が使われるなどに値が調整されたようです。ニューラルネットワークの層数が少ないのでバックプロパゲーションにおける"勾配消失問題"は起こらなかったのでしょう。勾配消失問題が起こったのはもっと後になって層数が大きなニューラルネットワークが使われるようになってからです。

次は、H_1層の各カーネルの各ユニットの出力値を入力として、H_2層の4×4の12カーネル(細胞面、特徴マップ)の各ユニットの入力値が計算されます。これには、H_1の各カーネルに対して5×5(25ユニット)のサイズのフィルタが使われますが、各カーネルをこのフィルタでスキャンすれば8つの値が得られます。各フィルタを12のカーネルに適用してフィルタごとに集計されてH_2のカーネル4×4の対応するユニットの入力値となります。スキャンされる同じフィルタの重みパラメータは共有されています。この処理によって、H_1層からH_2層へはユニット数が2分の1に減少されます。特徴抽出の高い分解能は必要ですがその正確な位置は不要です。つまり、どこにあっても同じ特徴の重要さは変わらないわけですから重み共有が可能なわけです。したがって、特徴マップは5×5のカーネルを使って非線形の"サブサンプリング"を行う平均化計算です。これは、後に"プーリング"(pooling)と呼ばれる処理に相当します。これによって、特徴の位置ずれが吸収されるわけです。H_2層の4×4のカーネル(特徴マップ)の各ユニットは$5 \times 5 \times 8 \times 12$個の入力とバイアス値(説明では省略)を入力として受け取ります。つまり、H_1層は、$8 \times 8 \times 12 = 768$ユニット、$768 \times 26$(含むバイアス)$= 19,968$個のリンク(結合)を持つわけですが、"重み共有"によりパラメータ数はわずか$1,068$($768 + 25 \times 12$)で済むわけです。つまり、重み共有によって学習すべきパラメータの数は約20分の1に減少し、計算負担も大幅に軽減されるわけです。

H_2層からH_3層は、4×4の12個のカーネルから30個の1列に並んだユニットへの全結合構造であり、変換には単純な処理が行われています。リンク数は約6,000です。これによって、抽出された特徴は30個のユニットで表現されるまでに抽象化されたわけです。なぜ30個なのかは分かりませんが、ルカンの説明では、問題に関する"経験的な知識"(a priori knowledge)が重要であると強調しています。つまり、理論的な裏付けがあるわけではなく、それまでの研究で得られた経験から、手書き郵便番号認識システムには図2.32のような構造がよいのではないかと考えたようです。H_3層から出力層へは簡単な全結合リンクが使われています。このリンク数は300です。ルカンによると、このニューラルネットワー

クでの特徴抽出の仕組みは、ヒューベル-ウィーゼルの生理学実験の結果で発見された機能 [Hubel1962] と極めて似ていると強調しています。多分、畳み込み処理と平均化処理の機能のことだと思います。この点では、ルカンの研究と福島氏のネオコグニトロンは同じ生物学的知見をヒントにしていることが分かります。

この4層ニューラルネットワークで実験した結果は以下のようなものです。各学習の回ごとに、教師データとテストデータで性能が測定されました。学習は23回行われました。これは、167,693パターン（データ）に相当します。この結果、分類ミス（誤認識）は教師データで0.14%、テストデータで5.0%でした。つまり、教師データではほぼ99%の正答率で手書き郵便番号を正しく認識できるまでにパラメータのチューニングができ、これを使ったテストデータでは95%の正答率を得たということです。これは、現在の深層ニューラルネットワークから見るとかなり小規模なものといえますが、それにしては優れた性能を実現できていると感心します。

分類誤差は学習を全ての教師データで行った後に評価され、誤差の収束は図2.33に示されるように、極めて速いことが分かります。

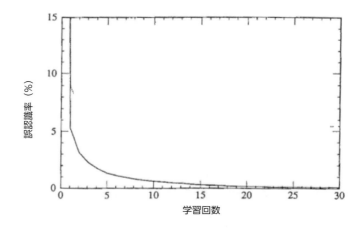

図2.33 ルカンの手書き郵便番号認識システムにおける誤算収束の様子（[LeCun1989a]より）

論文では、次のようなことが追記されています。バックプロパゲーション法は曖昧な実データのような大規模なタスクに応用できることが確認できたことと、ネオコグニトロンよりもこの方法が向いていると述べています。また、実際の応

2.5 畳み込み深層ニューラルネットワーク

用においては分類困難なデータを前処理で取り除くはずであるから、このような結果も出しています。分類誤差を1%としたときの、テストデータのリジェクション率は12.1%であったそうです。つまり、前処理で分類困難と思われるデータを12%程度取り除いておけば、分類の正答率は約99%であるということです。データの除去の基準としては、手作業ではなく、学習済みのネットワークを使って判断させ、出力ユニットで最も活性化された2つのユニットの出力差を除去の閾値と比較して判断させたようです。

🎞 ルカンの混合数字認識システム

　ルカンは、この研究成果を発展させて、手書き郵便番号と（色々なフォントの）印刷番号が混ざったデータを対象としたバックプロパゲーションアルゴリズムの実証研究を行い、成功したことが論文[LeCun1998]で報告されています。[LeCun1998]の実験で用いられたネットワークはほぼ同じですが、少しだけ拡張されております。それに伴って新しく加えられた説明もありますので、上の説明に補足する形で、どこをどのように拡張したのかを説明しましょう。

　この研究で対象としたデータは、上で説明しました研究で使われた9,298の手書き郵便番号に加えて色々なフォントの印刷数字が追加された、いわゆる混合数字です。学習には、同じく7,291の手書き数字に加えて2,549の色々なフォントの印刷数字が使われ、残りの2,007の手書き数字と700の印刷数字がテストに使われました。"色々なフォントの印刷数字"が加えられたことが主な違いです。データの前処理もほぼ同じであり、各数字は同じく16×16のグレイスケールの画像に標準化して入力されました。

　まず、ネットワークは隠れ層（中間層）が1層追加されて、H_1、H_2、H_3、H_4および出力層からなる5層構造になっています。つまり、H_4が追加されています。色々なフォントの印刷数字が混ざっているので、その分特徴抽出能力を増強する必要が起こったのだと考えられます。5層構造になったことで、各層の構造と機能は次のように改定されています。H_1層とH_3層は重み共有の畳み込み層であり、H_2層とH_4層は平均化（つまりプーリング）層です。畳み込みとプーリングに関する明確な概念は後になって生まれています。H_4層を加えることによって2段階の畳み込み処理が行われることになり、その分だけ特徴抽出の能力が向上し、パターン認識性能が上がっていると考えられます。各層の構造や機能はほぼ同じですので詳細な説明は省略し、論文で紹介された図を参考に追加しましょう。

123

図2.34は、文字"0"が入力されたときの入力層に対して、畳み込み処理を行って得られたH_1層の"特徴マップ"（feature map）の例を示しています。

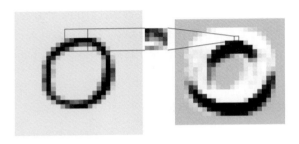

図2.34 入力層（左）に対して5×5の重みベクトル（中）で畳み込み処理をして得られた特徴マップ（右）（[LeCun1989b]より）

図2.35は、文字"0"が入力されたときの、各層の特徴マップの例と出力層のユニットの出力値の例を示します。"0"に対応する一番左のユニット（ニューロン）が発火していることが分かります。

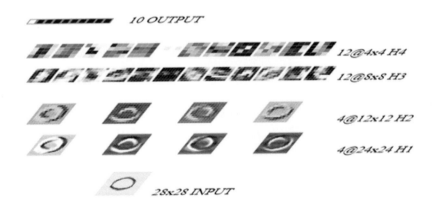

図2.35 入力層から出力層までの入力データ"0"に対する特徴マップの変化の例。数値（−1〜1）が濃淡で表現されている（[LeCun1989b]より）

この多層ネットワークによって得られた結果は以下の通りです。30回の学習

(training passes) の結果、教師データ (7,291 手書き数字、2,579 印刷数字) に対して誤差は 1.1％、テストデータ (2,007 手書き数字、700 印刷数字) に対して誤差は 3.4％ でした。注目すべきことは、全ての分類誤差（認識誤差）は手書き数字で起こったことです。なお、誤差 1％ に抑えたときのデータのリジェクション率は 5.7％ であったそうです。これに対して、手書き文字の場合は 9％ のリジェクション率が必要でした。総実行時間（学習とテスト）は 3 日間で、使用したコンピュータ環境は、SUN SPARCstation1 と SN2 コネクショニストシミュレータでした。

ルカンの手書きアルファベット認識システム

ルカンは、この研究成果をベースにして、さらに複雑な手書き文字（アルファベット）の認識にも挑戦し、成功しています[LeCun1998]。この研究では、さらに拡張された、図 2.36 に示されるような 7 層のニューラルネットワークが使われました。特徴的な工夫は、"畳み込み"と"サブサンプリング"（平均化、プーリングと同等）を 2 回繰り返していることです。これによってローカルな特徴が抽出され、位置のずれが平均化され、さらに高次の特徴が抽出されるという、パターン認識の枠組みがほぼ完成したといえるでしょう。

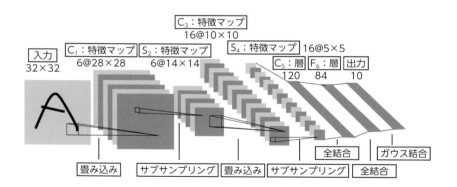

畳み込み深層ニューラルネットワークモデルの原型がほぼ完成した

図 2.36 LeNet-5：手書き文字（アルファベット）認識への多層ネットワークの拡張（[LeCun1998] より）

以上をまとめますと、ルカンはこの 3 つの研究によって、バックプロパゲーショ

Chapter 2 ディープラーニング—多層(深層)ニューラルネットワークによるデータ分類機

ンアルゴリズムが大規模な実問題にも応用できることを明らかとしたこと、ネットワークは大きくても"重み共有"と"畳み込み法"によって独立なパラメータの数を大幅に少なくでき、しかも学習効率と分類(認識)性能を高められることを明らかにしたことです。ただし、適切なネットワーク構造の設計には幾何学的知識が必要であることが追記されています。また、この研究を通して、手書き文字認識においては、文字単位で"切り出されて標準化された文字"の多層ニューラルネットワークによる自動認識に、バックプロパゲーション法による機械学習が有用であることを実証しましたが、"文字の切り出し"は困難なタスクであり、これには隠れマルコフ過程 (Hidden Markov Process) の応用が必要であることを提案しています [LeCun1998]。これはつまり、文字のつながりには確率的現象が隠れていることをいっています。たとえば、"みず？み"という文字列のデータで3番目の文字が読みにくいとき、"う"の可能性が高いということがいえますが、単語辞書を使って予測する方法や"みず"の次に置かれるであろう文字を、"み"と"ず"を系列データとして見たときの"発生確率"を統計的に予測することも可能です。この概念と理論はディープラーニングの自然言語処理への応用にも使われています。PDPモデルでは、人の高次認知機能である"意味的な制約"を使おうと考えましたが、ディープラーニングでは統計的処理によって"意味的な"処理もある程度可能である、と考えていたようです。

ネオコグニトロンとの比較

最後に、福島氏のネオコグニトロンとルカンのバックプロパゲーション法とを簡単に比較してみましょう。ネットワーク構造については、両者はかなり異なっていますので、パターン認識の特徴もかなり異なります。ネオコグニトロンでは手書き文字の認識に関して"文字の形状"を特徴として使っているのに対し、ルカンの方法では際立った特徴は使われていません。したがって、ネオコグニトロンは形状に特徴を持つような文字の認識に強いですが、この長所は形状に際立った特徴が見られないような文字の認識には弱いと思われます。ルカンが行ったような手書き郵便番号の例を見ると、この認識はネオコグニトロンではうまく働かないであろうと予想できます。たとえば、図2.37はルカンの方法で正しく認識した文字の例ですが、明らかにネオコグニトロンでは認識できないでしょう。

2.5 畳み込み深層ニューラルネットワーク

図2.37 バックプロパゲーション法で正しく認識できた手書き数字の例（[LeCun1989b]より）

学習法も両者は対照的です。バックプロパゲーション法による学習は教師データを使った"教師あり学習"であり、出力層から入力層へ向かってパラメータチューニングが行われるのに対して、ネオコグニトロンでは"教師なし学習"である競合学習法で入力層から出力層に向かってパラメータチューニングが行われます。学習の回数は明らかにネオコグニトロンが少ないです。ただこの方法では、多くの人が自由に書いた郵便番号から学習することは原理的にできないはずですので、多様なデータの分類（認識）には向かないでしょう。

結果の出力法は両者とも類似しています。現在のディープラーニングの主流は、認識結果（分類結果）を確率分布で出力する方法であり、そのために出力層の活性化関数にはソフトマックス関数が使われます。ここで紹介した2つの方法とも確率分布ではなく、最大出力を出したユニット（ニューロン）を分類結果として採用しています。確率分布の概念が未だ使われていなかったからでしょう。

隠れ層（中間層）のユニット（ニューロン）の活性化関数にも違いが見られます。ネオコグニトロンではReLU（ランプ関数）が使われていますが、ルカンのネットワークではシグモイド関数が使われています。後になって、多層からなる深層ニューラルネットワークにはReLUが適していることが分かり、現在のディープラーニングではReLUが標準的な活性化関数として使われるようになっています。生理学的な神経細胞の興奮（発火）による信号伝搬にはシグモイド関数が近いと思いますが、ReLUが使われるようになったのは明らかにコンピュータモデルとして都合がよいという理由でしょう。

両者に共通する興味深い特徴があります。それは、両者とも"畳み込み（convolution）"を導入している点です。さらに興味深いことに、両者の論文ともヒューベルーウィーゼルの生理学的研究成果の論文からヒントを得ている点です。つまり、単純細胞、複雑細胞、および階層仮説です。畳み込みは2000年頃に明確な意識の下に研究が活発になったようですが、2つの研究で既にこの概念

127

Chapter 2 ディープラーニング―多層(深層)ニューラルネットワークによるデータ分類機

が導入されているのは面白いですね。福島氏は、最近の論文の中で"ネオコグニトロンには畳み込みとプーリング処理が組み込まれている"というようなことを主張されています[福島2016]。このような、かなり後になって"新発明"と思われた技術が数十年も前に発明されていた技術と同じであったということは、特別珍しくもありませんが。

　両者の大きな違いとして追記すべき重要な点は他にもあります。ネオコグニトロンは80年頃に論文として発表され、コネクショニズムの研究者たちに大きなインパクトを与えました。しかしながら、いわゆるフォロワーはほとんど出てこない状況です。現在でも研究開発は続けられていますが、それはほぼ福島氏のグループに限られるようです。一方、ディープラーニングは広く受け入れられ、様々な展開をもたらし、画像認識から機械翻訳のような自然言語処理へも発展してきています。原理的には"パターン分類機"にすぎませんが、グーグルがAIという呼称を使ったために、非専門家であるビジネスの世界の人々だけでなく、AIの専門家の中にもディープラーニングをAIの典型と誤解している傾向が見られます。この誤解が、ディープラーニングの先には"汎用AI"と呼ばれる、人間のような知能を持つAIマシンが間もなく世に現れるであろうと、妄想を抱かせる状況をもたらしています。"AIはこれからの産業や社会を変える技術"として発展するという点では大いに同意できますが、それがディープラーニング型AIであるはずはありません。世の中の全ての知的問題(人間の高次認知機能を必要とする問題)は分類問題に置き換えられる、と思いますか？　NOでしょう。

　以上、準備ができましたので、本章の中心テーマである"畳み込み深層ニューラルネットワーク(Convolutional Deep Neural Network、CDNN)"について、基本的な概念と仕組みを説明し、特徴と限界を考えましょう。これは、第3章で説明するアルファ碁を理解するための重要な知識でもあります。アルファ碁を取り上げるのは、これを通してディープラーニング型AIの概念、仕組み、特徴、限界、および将来が見えてくるからです。

♟ 2.5.4 畳み込み深層ニューラルネットワーク

　現在のディープラーニングの代表的モデルは、"畳み込み深層ニューラルネットワーク(Convolutional Deep Neural Network、CDNN)"であるといえます。本節では、その概念と仕組みの説明の前に、少し2000年代前半の経緯を眺めてみましょう。

2.5 畳み込み深層ニューラルネットワーク

🎬 2000年代前半の経緯

畳み込み深層ニューラルネットワークは、ルカンの手書き文字認識という比較的大規模な問題へのバックプロパゲーションアルゴリズムの応用を通して得られた成果であるLeNetが実質的なルーツであるといえます。まず、その要点を整理してみましょう。LeNet（図2.36）は、入力画像（切り出された手書き文字の2次元配列）から得られた入力層に記述されている2次元配列のユニット面（ニューロン面）の出力を受け取り、畳み込み（convolution）とサブサンプリング（subsampling）のセットを2回繰り返すことによって、画像から文字の特徴を抽出して"特徴マップ（feature map）"を作成しました。畳み込みは"畳み込み計算"と呼ばれる積和計算によって部分的な特徴抽出を行い、サブサンプリングは平均化処理によって特徴抽出の安定性を高めているといえます。2回繰り返すことによって"より高次の特徴"が抽出されます。その結果である特徴マップの出力を2段の全結合層を通して出力層の1次元配列のユニット層（ニューロン層）へ送り、その出力層のユニット（ニューロン）の中で最大の出力を出すユニットを認識結果とするという仕組みでした。

ここで、畳み込みとサブサンプリングはヒューベルーウィーゼルの動物（猫とサル）の視覚に関する生理学的実験結果から得られた"階層仮説"をヒントとしたものでした。ただし、バックプロパゲーションアルゴリズムや、そのアルゴリズムを効率よく実行するために工夫された"重み共有"の概念は、生理学的研究から逸脱して、コンピューテーションモデル的視点から設計されたモデルであるといえると思います。大量の正解付き"教師データ（training data）"に基づく"誤差から学ぶ"学習法は、我々人間が行う学習の仕組みとは異なるという指摘が脳科学者からも行われています。この点では、福島氏のネオコグニトロンで採用されている"教師なし学習"法の"競合学習"の仕組みの方が納得できると思います。

いずれにしても、畳み込み深層ニューラルネットワークの画像認識能力は高そうだという期待を抱かせたことは事実であり、2000年代に入って研究が活発に行われるようになりましたが、手書き文字認識から一般の画像認識へと対象問題が展開していきました。また、それにつれてネットワークの層数が増大しました。層数の増大によって認識能力も増大することが経験的に実証されましたが、バックプロパゲーションアルゴリズムの弱点といえる"勾配消失問題"が明らかとなり、その主な原因が活性化関数である"シグモイド関数"にあることが分かりました。つまり、正解値と出力値の平均誤差（二乗平均誤差）の関数である誤差関

Chapter 2 ディープラーニング―多層(深層)ニューラルネットワークによるデータ分類機

数を微分して得られる変化量(誤差を小さくするためのグラフの勾配、図2.19)が、入力層側へ向かって計算するにしたがって急速にゼロに近づいてしまってパラメータチューニングができなくなるという現象です。これでは学習を何回繰り返しても誤差は収束しませんので意味がありません。これを解決するには、シグモイド関数ではなくReLU(ランプ関数)が適していることが分かりました。ReLUの微分値は1.0ですので、勾配消失が起こりにくいわけです。ただし、この関数を導入するということは、ますます生理学的研究との乖離が起こるということを意味します。この段階で、ディープラーニングは"ニューロンモデルから決別した"といえるでしょう。

　ディープラーニングの主な対象問題は、90年代の手書き文字認識から、2000年代には写真を対象とする画像認識(image recognition)あるいはコンピュータビジョン(computer vision)へと移っていきました。コンピュータビジョンはロボットの目の研究分野で使われている用語です。しばらくはディープラーニングの研究者の間で研究開発が行われていましたが、共通データセットを使った国際画像認識コンペであるILSVRC(ImageNet Large Scale Visual Recognition Challenge)の2012大会でディーラーニングによる画像認識システムが驚異的成績を示したことが切っ掛けとなって、画像処理にディープラーニングが取り入れられるようになりました。これによって、研究者層は急速に厚くなり、様々な展開を見せるようになり、ディープラーニングは2015年頃には標準的な形に収まってきたと思われます。これに並行して自然言語処理の分野でもディープラーニングが応用できることが明らかとなり、機械翻訳(Machine Translation)や自然言語対話への応用も活発に行われるようになりました。画像認識は2次元画像を対象とした"静的"深層ネットワークのパラメータチューニングであり、簡単にいえば"与えられた二次元画像がどの分類に属するか"を推定する、いわゆるパターン認識機といえます。

　この仕組みを工夫して、与えられた文章から最も適した翻訳文を作るタスクへと置き換えたものが"ディープラーニングによる機械翻訳"であり、"ディープラーニングによる対話"であるといえます。では、どこを工夫したのでしょう。画像処理では、二次元の静止データからもっともらしい分類を推定する問題といえます。一方、自然言語処理では、与えられた語の列からもっともらしい"次の語"を推定する問題といえます。たとえば、"私たち"という言葉(語)の次には"は"や"の"が来そうですね。我々が友人や仲間と談笑している場面を想像してみま

すと、"は"か"の"はそれまでの話題の展開から自然に予想可能であることがお分かりでしょう。これを、専門用語では"文脈(context)"と呼びます。このような状況では話題の流れが容易につかめますので、たとえ"は"や"の"の音を聞き漏らしても"聞こえたつもり"になると思います。これを統計学的に説明した概念が"隠れマルコフ過程(Hidden Markov Process)"です。

この処理にはニューラルネットワークに簡単な記憶機能が必要となります。このために考えられたのが"リカレント深層ニューラルネットワーク(Reccurent Convolutional Deep Neural Network、RCNN)です。このネットワークはアルファ碁(AlphaGo)では使われていませんが、後の節で簡単に紹介しましょう。話や文の意味理解をせずに、あたかも意味理解をしているような錯覚を抱かせるのはなぜか、という疑問を持っていただくために。また、この方法では原理的に限界があることと、本来のAIの研究が必要であることを正しく理解していただくために。アルファ碁はグーグルが行った経営戦略であり、トッププロに勝ったのだから"人より優れたAI"をグーグルが開発するに違いない、という幻想と危機感を拭い去るために。繰り返しますが、「ディープラーニングの父」と呼ばれるヒントンはディープラーニングがAIであるとはいっていません。いっているのは、"AIの分野で難しい問題であった画像処理や機械翻訳などの問題に解決の道を開いた"、ということです。ネオコグニトロンの福島氏もAIという呼称を慎重に避けられています。疑念のある方は、ぜひ[Hinton2015]に目を通してみてください。ディープラーニングの実用性が高いことは事実ですが、ディープラーニングは、ニューラルネットワークモデルで高次の認知機能を実現できると信じていたPDPグループの研究成果の中で、唯一成功した技術といえますが、"高次認知機能"という点では成功していません。パターン分類モデルで知能がモデル化できるとはAI研究者なら決して思わないでしょう。先端の認知科学研究者から"PDPは成功していない"と酷評され、さらにシンボリストの代表であり「AIの父」といわれるミンスキーからは否定され続けていたということを知っていただきたいと思います。前置きが長くなりましたが、本題に帰りましょう。

畳み込み深層ニューラルネットワークの仕組み

図2.38は、畳み込み深層ニューラルネットワークの基本構造のイメージを示します。一見して感じられるのではないかと思いますが、福島氏のネオコグニトロンやルカンのLeNetに似ていると思いませんか。その通りです。ルカンはネ

オコグニトロンを参考にしたはずであり、さらに両者ともヒューベル-ウィーゼルの動物（猫とサル）の視覚に関する生理学的実験結果から得られた"階層仮説"をヒントとしたものでした。福島氏のネオコグニトロンの研究成果に基づいて色々な研究者が画像認識への応用を試みつつ、ネットワークの構造や機能的な名称を、よりコンピューテーションモデルとして分かりやすい名称に変えていったものと思われます。現在ではネットワークはより大規模となり、より複雑化していますが、基本的な構造としてはこの図を理解していただくことが、まず必要不可欠なことです。ネオコグニトロンと手書き文字認識の説明でおおよその仕組みやメカニズムは理解していただけたと思いますので、説明も簡潔にしたいと思います。

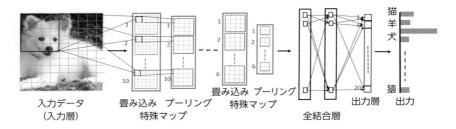

入力データ（入力層）は5×5サイズの10個のフィルタで畳み込み計算が行われ、10個の部分的な特徴が抽出され、2×2サイズのプーリング処理が行われ、特徴マップが描かれる。この特徴マップを入力データとして、さらに高次の特徴マップが描かれ、この処理を繰り返し、全結合層を通して1次元の20個のニューロンからなる出力層への全結合が行われ、最後に確率分布として画像認識の結果が出力される。中間層の活性化関数にはReLUが、出力層の活性化関数にはソフトマックス関数が使われる。

図2.38 畳み込み深層ニューラルネットワークの基本構造のイメージ

図2.38について少し詳しく説明しましょう。まず、図では省略してありますが、画像が入力されると2次元のピクセルに変換して入力層に表現されます。入力層に対しては"畳み込み計算"が行われ、画像の中の部分的な特徴が抽出されます。この例では、5×5サイズの10個の"フィルタ"を使って畳み込み計算が行われ、10個の部分的な特徴が抽出されます。特徴の数を何個にするかは設計者の経験則に基づくことが知られています。また、フィルタは一つずつ、あるいは複数個ずつスキップしながら入力層をスキャンされます。この結果、図のように6×6サイズの2次元の"特徴マップ"で表現されたとしましょう。この特徴マッ

プは入力画像の部分的な（ローカルな）"特徴"を表現していますが、多少の位置
ずれが生じることが分かっています。この位置ずれを修正するのが"プーリング"
と呼ばれるフィルタ処理です。この例では、2×2サイズのプーリング処理が行
われますが、最近はフィルタの中の最大値（マックスプーリング、Max Pooling）
を拾って、スキャンの結果が4×4サイズの2次元の特徴マップで表現されます。
ルカンは手書き文字認識システムでは平均値を使いましたが、その後最大値で十
分であることが推奨されているようです。計算量も少なくて済みます。次に、こ
れを入力データとして再度畳み込みとプーリングを行って、より高次の特徴マッ
プを表現します。この処理を繰り返すと、特徴マップはさらに高次の特徴を抽出
して表現できます。その後に全結合層を2層程度置き、最後に全結合によって1
次元のニューロンで構成された出力層を通して、認識結果が確率分布で得られま
す。畳み込みのフィルタのサイズは生理学的な各視覚細胞の知覚エリアに相当し
ますが、5×5程度であろうと考えられているようです。プーリングのサイズに
ついても同様です。

　"活性化関数"としては、中間層ではReLUが、出力層にはソフトマックス関数
が使われます。ReLUは前にも説明しましたが、バックプロパゲーションアルゴ
リズムにおける勾配消失問題を避ける方法として提案され、生理学的な説明とは
矛盾しますが、実用性という観点では簡単で優れているという理由で推奨されて
おり、最近では最も標準的な活性化関数として使われているようです。また、出
力層にはソフトマックス関数が使われており、認識結果を確定値ではなく確率
値（犬である可能性が80%程度など）として推定するためです。ネオコグニトロ
ンやルカンの多層ネットワークでは最大出力を出すニューロンを結果（結論）と
していましたが、その後の研究で"確率分布"の方が合理性が高いと判断される
ようになったと理解してください。第3章で説明する予定のアルファ碁でも、同
じように、ある局面における勝負に勝てそうな「次の一手」の候補として、複数
の候補が確率値（勝率期待値）付きで出力され、その候補からさらに絞り込んで
「次の一手」を選ぶという仕組みになっています。なお、ネオコグニトロンでは
ReLUが使われていますが、その理由は"競合学習"との相性がよいという理由で
あろうと思われます。

　畳み込み深層ニューラルネットワークのもう一つの重要なアイデアは、"重み
共有（Weight Sharing）"です。図で第1層の畳み込みでは5×5サイズの10個の
フィルタが使われていますが、これによって入力層の25個のニューロンの出力

Chapter 2 ディープラーニング―多層（深層）ニューラルネットワークによるデータ分類機

が一つに集約されることになります。このために25本の"結合（connection）"があり、それぞれに重みが付加されています。"畳み込み計算"とは、各ニューロンの出力値とそのニューロンの結合の重みの積を求めて、その合計を算出することです。その結果は、入力層をスキャニングすることによって36（6×6）個のニューロン面になりますが、このとき実際には結合が次々に切り替わるのですが、25個の重みを変えないでスキャニングと積和計算を行うこと、つまり重みをフィルタごとに"共有"するわけです。これによって結合の数は増えますが重みパラメータの数は増えません。相対的に36分の1のパラメータ数となります。バックプロパゲーションによる学習では、学習すべきパラメータの数が36分の1に減少しますので、その分だけ大幅に計算量が減少することになります。重み共有でも高い"手書き文字認識性能"が得られることをルカンが実証しましたので、その後もこの経験が使われているものと思います。ただし、ここで説明しました畳み込み深層ニューラルネットワークの構造は最も基本的なものであり、その後分類数（ラベル数）や入力画素数などが増えるに従って、ネットワークの構造は大規模化・複雑化しています。それらは色々な解説で紹介されていますので、そちらを参照してください。ここでは原理的な考察に焦点を当てています。以下に、具体的なイメージを紹介しましょう。

　図2.39は、人の顔を畳み込み深層ニューラルネットワークで認識する場合の、"表現の抽象化"の過程を単純化して示したものです。顔写真から2次元の画素に変換されたニューロン層が入力層として与えられたとき、畳み込みとプーリング（マックスプーリング）によってローカルな特徴である要素（elements）が24個の特徴マップに抽出されます。つまり、24個のフィルタが用いられたことを示します。次にこの特徴マップを入力として畳み込みとプーリングによって、より高次の特徴である部品（parts）が30個の特徴マップに抽出されます。これを入力データとして、さらに畳み込みとプーリングを行って16個の対象物（objects）が特徴マップとして抽出されます。これを全結合層および出力層を通して結論である認識結果（推論結果に相当）を確率分布として出力するわけです。ここで、中間層（隠れ層）のニューロンの活性化関数はReLU（ランプ関数）であり、出力層ではソフトマックス関数が使われます。

　この図では特徴マップが濃淡画像で表示されていますが、2次元の数値の組み合わせ（ベクトル）では分かりにくいので、ニューラルネットワークの画像認識システムには、この例のように画像化して表示する機能を持たせているのです。

134

ここで、追記することがあります。ニューラルネットワークはニューロンの網構造ですが、記憶機能は一切持っておりません。したがいまして、この特徴マップは、顔画像のサンプルがピクセル（画素：数値）に変換されて入力層に入力された場合に、ニューラルネットワークの各段階の処理が行われたとき、各層の特徴マップを構成しているニューロンの活性化関数の出力値を2次元パターンとして表示したものです。また、各畳み込みフィルタの特性は、一つ下の階層の層（入力層あるいは特徴マップ）からの結合（コネクション）の重みパラメータの組み合わせで決まります。たとえば、5×5のサイズのフィルタであれば、特徴マップを構成する25個の細胞の一つ一つに下位層から25個の結合の束があり、したがって合計25個の重みパラメータが付加されています。"重み共有"のアルゴリズムが使われている場合は、一つのフィルタは下位の細胞面（特徴マップ）をスキャニングしますが、重みパラメータには同じ値の組が使われるわけです。このパラメータを教師データによってチューニングすることが"学習"です。プーリング処理は対応する特徴マップの最大値（マックスプーリングの場合）を選ぶだけですから、学習の必要はありません。

ネットワークの処理は2段階で行われます。第1段階が"教師あり学習"であり、大量の教師データ（トレーニングデータ）を使って、バックプロパゲーションアルゴリズムによってパラメータのチューニングが行われます。認識誤差が十分に小さくなったと判断されたとき学習を終了させます。これによって、学習済みのニューラルネットワークが得られたわけです。第2段階では、未知の実データ（顔写真）を入力して訓練済みのネットワークで顔画像の認識をさせることになります。

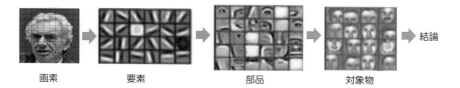

入力層の2次元画素から第1層で要素（elements）が抽出され、それを入力して第2層で部品（parts）抽出され、それを入力して第3層で対象物（objects）が抽出され、出力層から結論が出力される（稲垣祐一郎氏の説明図より編集）。

図2.39 畳み込み深層ニューラルネットワークによる顔認識のプロセス例

図2.40は、カラー画像の認識を行うための5層の畳み込み深層ニューラルネットワークの構造例を示します[Hinton2015]。入力画像を赤、緑、青の3原色に分解してピクセル化し、畳み込みフィルタを通して一つにまとめています。このような入力のことを3"チャンネル"の入力と呼びます。

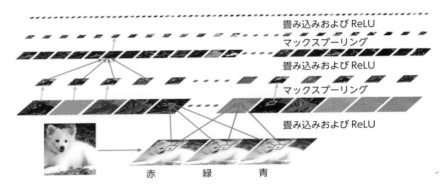

図2.40 カラー画像の場合には赤、緑、青の3原色（3チャンネル）のピクセルに変換した画像を入力して畳み込み処理を行う（[Hinton2015]より）

2.5.5 畳み込み深層ニューラルネットワークによる画像認識

説明が前後しますが、"畳み込み深層ニューラルネットワーク"（CDNN、簡単にCNN）は優れた画像認識性能で国際コンペILSVRC2012に衝撃を与え、この分野にブレークスルーをもたらしたヒントンのグループの2012年度の研究成果の概要を、彼の論文[Hinton2012]をもとに紹介いたします。使われている用語が一部異なりますが、それらにはできるだけ対応する標準的用語を、私の判断で付記します。多少の専門的な見地からの厳密な違いよりも、基本的な概念や仕組みを理解していただきやすくするのが目的です。厳密な議論に関心のある読者は原著論文で確認してください。では、まずこの研究の当時の周辺状況から説明しましょう。

畳み込み深層ニューラルネットワークに先鞭をつけたのは福島氏のネオコグニトロン（1982）であり、手書き数字認識で高い性能を実証しましたが、この研究がヒューベル－ウィーゼルによる生理学的実験をもとに提唱された"階層仮

説"(1962)にヒントを得たことは既に紹介しました。その後PDPグループのラメルハートーヒントンによって提案されたバックプロパゲーションアルゴリズム (1986) がニューラルネットワークの関心を高めましたが、その本格的応用がルカンなどによって米国郵便局から提供された実際の手書き郵便番号を対象とした手書き文字認識システム (1990) の研究開発が行われ成功したことで、ニューラルネットワークの応用指向研究が活性化しました。ルカンはこの研究成果を発展させて、手書き文字(アルファベット)の画像認識にも挑戦して成功し、その論文 (1998) が畳み込みニューラルネットワークの歴史を作り出したといえるでしょう。ルカンも論文の中でヒューベルーウィーゼルの階層仮説をヒントとしてネットワークを設計していることを明示的に述べています。"仮説"ですので実験的に検証される必要がありますが、私の知る限りまだ検証されてはいないように思われます。特に、猫やサルの大脳視覚野の実験結果が人間にもそのまま適用できるのかは、私は多少疑問を感じますが、生理学的研究では人間の脳神経細胞の働きを直接計測することは倫理的に許されませんので、仕方がないことでしょう。視覚と認識は低次の"認知機能"ですが、AIの本来の目標である"人の高次の認知機能"を明らかにすることは、人間の知能が動物の知能とは根本的に異なるはずですから、研究の困難さはお分かりいただけると思います。

　さて、ルカンは"畳み込み"と"サブサンクション(平均化)"を組み合わせましたが、その後、動物、人や物体の写真を対象とする"画像認識(Image Recognition、Computer Vision)"へ多層(深層)ニューラルネットワークが応用されるようになり、モデルやアルゴリズムが改良され、"畳み込み"と"プーリング"(特に最大プーリング)とReLUの組み合わせが、性能や計算速度の点から、標準的モデルになっていったと思われます。これが2010年代始め頃までのディープラーニングの歴史的経緯であるといえます。この間に、国際的な共同研究や研究協力を促進するために大規模なデータセットが公開され、これを使った国際的コンペティションが開催されるようになったことがこの分野を促進させました。よく知られているデータセットには、MNIST(手書き文字)、NORB(写真)およびImageNet(写真)があります。インターネットの普及によって可能となったことです。

　特にImageNetは約22,000カテゴリ(分類)の約1,500万枚の高精細画像のデータセットであり、規模が大きく、人でも誤認識するような曖昧な写真が数多く含まれていることで有名ですが、一つ一つの分類(ラベル付け)は人手で

Chapter 2　ディープラーニング–多層(深層)ニューラルネットワークによるデータ分類機

行われています。ImageNetを使った画像認識コンペティションはILSVRCですが、ILSVRC2012に参加したヒントングループの論文がその時点での認識性能の高さに衝撃を与え、畳み込み深層ニューラルネットワークとバックプロパゲーションの組み合わせによる"ディープラーニング(Deep Learning)"がその後の主流になりました。ここでは、その歴史的論文といえるヒントンなどの論文[Hinton2012]の要点を紹介します。現時点(2018年)から見ると少し古いですが、ブレークスルーをもたらした古典的論文を学ぶことは、その後の発展や最新の技術を正しく理解するためには不可欠なことといえるとともに、独創的研究のあり方のヒントを得ることが可能だと思います。その後のいわゆる"改良研究は誰にでもできる"、というのはいいすぎでしょうか。ここでは概要とキーポイントの紹介に止めますので、専門家はぜひ原著に目を通してください。

🎥 ヒントンの画像認識システム

　ILSVRCではImageNetを対象としていますが、毎年テーマを絞ってコンペティションが行われているようです。ILSVRC2012では、この中の1,000カテゴリと各カテゴリに約1,000個のカラー画像が使われました。全体として、約120万の教師画像(教師データ)、50,000の検証画像、150,000のテスト画像で構成されています。この課題を対象として画像認識システムを設計し、構築し、データを使って検証し、改良して、コンペに参加するシステムを開発し、認識性能を競うわけです。各カテゴリの写真に対して、認識結果(推定結果)として1,000のカテゴリが順位づけされて出力されるわけですが、トップ1とトップ5のエラー率(誤認識率)が比較対象となります。"トップ1"とは単一の結論と正解とを照合することであり、"トップ5"とは、可能性の高いトップ5の中に認識結果の推定カテゴリ(回答)が含まれていれば正解と見なすというものです。つまり、"この写真に写っているのは、犬、サル、猫、キツネ、オオカミのいずれかです"という回答(推定)です。これを、1,000の写真に対して実行して"平均誤認識率"の低さを争うというコンペです。最先端の画像処理技術が駆使されることによって、画像処理技術の発展と実用化に貢献することが期待できるというわけです。

　ヒントンのグループでは、カラー画像を256×256のピクセルに変換して処理対象(入力データ)としました。ちなみに、ILSVRC2012でのヒントングループのトップ5のエラー率の平均は15.3%で2位の26.2%に大差をつけての優勝でした。衝撃の大きさがお分かりでしょう。ただ、一般社会に衝撃を与えたのは

138

2016年3月に起こった、あの"アルファ碁事件"です。私は、これはグーグルが戦略的に起こしたものであると確信していますが、ディープラーニングはAIの概念とは異なるにもかかわらず、前にも述べましたようにグーグルが"AI"として発表したために、ビッグデータやIoTが注目されたタイミングと合ったこともあり「ディープラーニング＝AI」という誤ったブームを起こしています。例えていえば、もし歪んでノイズのある写真からほぼ正確に動物の種類をいい当てられる人がいたとして、貴方はその人が「優れた知能の持ち主」であると考えますか。この点は後でまた論じましょう。ヒントンなどの用いたニューラルネットワークはその後AlexNetと呼ばれるようになったようですから、以後この名称を使って説明しましょう。

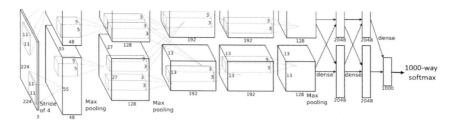

合計8層で構成されており、畳み込み－プーリング層が5層で、全結合層が3層である。活性化関数は中間層が ReLU であり、最後にはソフトマックス関数が使われている。上下2段に分かれており、2台の GPU で処理を分担させている。

図2.41　AlexNetの全体構造（[Hinton2012]より）

図2.41に示されるように、順伝搬型の8層の多層ネットワークで構成されており、前半の5層が"畳み込み－プーリング"層であり、最後の3層が全結合層で構成されています。活性化関数はReLUであり、プーリングにはマックスプーリング（最大値を選ぶプーリング）が使われています。最後のニューロン層（出力層）が1,000個のニューロンで構成されているのは、認識画像の種類（つまりカテゴリ、分類、ラベル）が1,000であるからです。したがいまして、入力画像の認識結果は、ソフトマックス関数によって推定値の高い順に確率分布（合計値が100%）で出力されます。同じ構造が上下二段になっているのは、2012年当時のGPUの能力（主にメモリ容量）の制限によるものであり、認識性能を高めつつ2台のGPUで処理を分担させることによって、学習に要する時間を5、6日に短縮

Chapter 2 ディープラーニング—多層(深層)ニューラルネットワークによるデータ分類機

することができたと説明されています。色々構造やパラメータを変えながら実験されたはずですから、一つのモデルの確認に約1週間かかるというのはいかがなものでしょうか。もし、研究費が十分にあれば、同時に複数のモデルの実験が可能ですから、想像するより短期間でよいモデルを見つけられたのかもしれません。この図の構造が当時のGPUの性能下で最も優れていたようですが、なぜ優れているのかに関する納得できるような合理的説明は論文には見当たりません。一般論としては、中間層(隠れ層)の段数が多いほど、また1層当たりのニューロン数が多いほど認識性能は高くなることは、以前から知られています。実際に、中間層を一つ減らした実験では数%の性能低下が見られたことが論文中で述べられています。また、上の層では"形状認識"が、下の層では"色認識"が分担され、第2層から第3層の間でデータを交換するためのコネクションが張られていることと、全結合層を除いてはこのようなコネクションが張られていないことも、性能を維持しつつ計算負荷を抑えるというバランスの面で工夫したと説明されています。

　各層について簡単に説明しましょう。入力層が$224 \times 224 \times 3$であるのは、カラー画像が224×224個でピクセル化されていることと、RGB(赤、緑、青)の3チャンネル化されているためです。畳み込みには11×11サイズのフィルタが使われていますが、スキャニングのストライド(スキップ数)を4に設定したのはヒューベルーウィーゼルの生理学的研究成果を配慮したようです。私にはフィルタサイズが大きすぎるように思われますが、実験の結果このサイズにしたのでしょう。ただし、ここまで複雑化し多層化していることは単に性能的な理由としか考えられませんし、そもそもバックプロパゲーション学習法は生理学的説明がつけられないこと、つまり高等動物の視覚機能の学習メカニズムとは異なっていることが指摘されています(たとえば[理化学研究所2016][甘利2016])。現在は深層ニューラルネットワークとバックプロパゲーションの組み合わせは一種のブームですが、次にイノベーティブな技術やモデルが提案されるまでは、生理学的研究の裏付けのないコンピュータモデルの改良が続くと考えてよいでしょう。度々論じていますように、このようなアプローチはPDPグループが目指したAI、つまり高次認知機能の実現、からは大きく逸れてしまっており、もはやAIと呼ぶには無理があると思います。

　第2層から第5層までの中間層の構造はかなり複雑になっていることが分かります。第2層は55×55サイズのカーネル(特徴マップと同義、以後特徴マップ

と呼ぶ) が上下合わせて96面で構成されています。これは、入力層のフィルタが96種類使われ、96種類のローカルな特徴が抽出されて第2層の特徴マップに記述されていることを意味します。次に、第2層の特徴マップを入力として第3層の特徴マップを記述することになりますが、今度は5×5サイズのフィルタが使われています。第3層の特徴マップの構造は、13×13のサイズですが、上下合計で384個 (192×2) あるということは、第2層の96個のローカルな特徴から、より高次の384個の特徴に変換されたことを意味します。これをもとに、第4層では同じく384個のより高次の特徴に変換され、第5層では、特徴マップのサイズは変えずにより高次の特徴が256個の特徴マップで表現されています。ここまでが畳み込み層です。次の第6層と第7層は各単層のニューロンの層であり、前の層とは全結合と呼ばれるコネクションを構成していますので、フィルタとプーリングは適用されません。また、第7層から第8層 (出力層) へも全結合でコネクションされており、ソフトマックス関数によって推定値の高い順に確率分布として出力されます。このニューラルネットワークの構造がなぜ最良の構造なのかに関する合理的な説明は論文には見当たりません。多分、それまでの設計の経験と対象問題の考察から複数の構造を候補とし、実験を通して最終案としたのではないかと推量されます。全体構造とその機能は以上の通りですが、いくつか工夫されている点が論文で議論されていますので、その中の代表的なものを紹介しましょう。

このニューラルネットワークでは"重み共有"が使われていますが、それでもパラメータの数は6,000万個であり、教師データがとても教師あり学習には不十分です。つまり、学習データを繰り返し使ってバックプロパゲーション法で学習すれば誤差は収束しますが、未知のテストデータに対しての認識能力は十分なものとなりません。これは"過学習 (over fitting)"と呼ばれる問題点であることは前に説明しました。これを解決するために、"データ拡張"が行われています。具体的には、もともとの入力画像である256×256個のピクセルからランダムなサンプリングで224×224個のピクセル化処理を行うことによって約2,000倍にデータ数を増加したことと、RGBに加工を加えて色彩的変更を行ったことのようです。この処理はPythonというプログラミング言語で簡単にできたようです。さらに、"ドロップアウト (dropout)"と呼ばれる技術が使われたそうです。これは、中間層のニューロンの出力をある確率でゼロに設定することによって、計算量を少なくする方法で、誤差の収束を早めることができたそうです。

このような工夫を施してバックプロパゲーション法で"教師あり学習"をさせた結果、トップ1とトップ5の平均誤認識率がそれぞれ36.7%と15.3%を実現できたそうです。

図2.42は、画像データの例と"トップ5"の認識結果の例をいくつか紹介しています。図の左はトップ5の8例です。赤色が正解で、青色が誤認識です。8例中6例は正しく認識していることを示します。また、この例のように対象物が画面の端っこにあったり、背景の中に一部分しか映っていなくても正しく認識できていることを示しています。図の左下は、正解が乗用車のグリルですが、コンバーティブルが第1候補であり、第2候補がグリル、第3候補がピックアップ、第4候補がビーチワゴン、第5候補が消防車になっています。右下の例は、正解はマダガスカルキャットですが、トップ5には含まれていません。右図は、教師データとテストデータの5つの例を示しています。各行の右の6つが"教師データ"で、左が"テストデータ"です。決して"きれい"なデータではないことがお分かりでしょう。このようなデータセットが与えられて、1,000もの分類をトップ5とはいえ、15.3%の認識誤差で識別できたことは画期的なことでした。

トップ5の認識結果の例　　　　テストデータ（左列）と教師データの例

図2.42 AlexNetによるImageNetデータセットを対象とした画像認識例
（[Hinton2012]より）＜口絵参照＞

その後、画像認識およびコンピュータビジョンの領域では一斉にディープラーニングが利用されるようになり、年ごとに誤認識率は低下し、ILSVRC2015ではトップ5の誤認識率は3.5%に達したそうです。ネットワークの層数も増え、2015年度のものはResNet（Residual Network、残差ネットワーク、後述）と呼

ばれる新しいネットワークモデルによる152層の多層ニューラルネットワークを用いた結果であったようです。ResNetでは1,000層のネットワークの学習ができるようになっています。このネットワークはアルファ碁ゼロおよびアルファゼロで使われていますので、第3章で説明します。アルファ碁では囲碁知識が使われていますが、アルファ碁ゼロは囲碁知識を全く使わずにモンテカルロ法（正確にはMCTS法）と強化学習だけでアルファ碁を凌駕する囲碁プログラムが実現され、アルファゼロでは囲碁に加えて将棋やチェスでも世界最強のゲームプログラムを実現しています。大金と優秀な研究者をつぎ込んでこのようなソフトウェアを開発した理由は、ディープラーニングの圧倒的な性能のデモによって"AIビジネス"を喚起させることにあったことは明らかですが、グーグル社のこのビジネス戦略は現在のところ大成功しているといえるでしょう（ResNetを使ってアルファ碁ゼロが開発されました。これについては第3章で説明しましょう）。

2.5.6 系列データとリカレントニューラルネットワーク

ディープラーニングは、文字や写真などの"2次元パターンデータ"を1次元の数値データの配列に置き換えた入力データを、順伝搬型深層ニューラルネットワークの入力層で受け取り、複数回の抽象表現変換を通して、出力層から確率分布として結論（分類、ラベル、推定値など）を出力するという仕組みのニューラルネットワークでした。実用性能が高いモデルは畳み込み深層ニューラルネットワークであり、その仕組みの概要と性能の高い理由は、前の節までの説明で理解していただけたと思います。また、このモデルはヒューベルーウィーゼルのサルや猫の視覚に関する生理学的実験研究から得られた"単純細胞"、"複雑細胞"と"階層仮説"にヒントを得ていることも理解していただけたと思います。これまでに説明しましたディープラーニングは、2次元静止画像を対象とした画像認識およびコンピュータビジョンの分野で発展してきたこともご理解いただけたと思います。

ディープラーニングのもう一つの重要なニューラルネットワークモデルは、"リカレントニューラルネットワーク（Recurrent Neural Network、RNN）"です。ここでいうリカレント（再帰）とは"繰り返し"というような意味ですが、リカレントニューラルネットワークでは特別な意味で使われています。詳しくは後で説明しますが、「中間層（隠れ層）の出力が次の層へ送られるとともに同じ層の入力へも戻される構造」になっています。これによって一時的な"記憶"の機能を持た

せることができます。静止画像認識のための順伝搬型深層ニューラルネットワークでは記憶機能は不要でした。入力データを入力層で受け取ったら、抽象表現化の処理を複雑なネットワークの計算を繰り返しながら、出力層まで進め、最後に結論としてのラベル（分類）を確率分布として出力するのですが、時間的には1単位時間で行うというものです。実際にはコンピュータ処理時間は必要ですが、記憶機能は使われていません。つまりこの認識法では、計算の途中結果を記憶する（記憶に残す）必要は起こりません。リカレントニューラルネットワークは"記憶機能"を必要とする"系列データ"の処理に使われます。ただし、我々が日常生活で不可欠であるような記憶の機能や仕組みとは大きく異なります。たとえば、"昨日、とても楽しいことがありました。"といって、昨日の出来事を物語（エピソード）的に説明するというような記憶機能ではありません（実はこの"エピソード記憶"の仕組みは、まだほとんど解明されておりません）。

　ディープラーニングは、はじめの頃主に画像認識を対象としていましたが、自然言語処理や音声認識にも応用できるのではないかという可能性は検討されていたようです。この分野はAIの研究が開始された50年代から既に期待の大きな分野であり、現在でも変わりません。これからも変わらないと思います。その理由は、現在のディープラーニングの仕組みでは"原理的に"不可能といえると思われるからです（これについては後述します）。一方、グーグルが無料提供している機械翻訳サービス"グーグル翻訳"は2016年秋からディープラーニングが使われておりますが、それ以前の統計的機械翻訳に比べて、かなり翻訳性能が向上したという印象をお持ちだと思います。特に翻訳文が流暢な文章であるということは印象深い点です。

　ディープラーニングによる機械翻訳技術は"ニューラル機械翻訳（Neural Machine Translation、NMT）"と呼ばれるようになり、2014年頃に提案された歴史の浅い技術ですが、現在の機械翻訳システムはほとんどニューラル機械翻訳技術で行われていると思われます。歴史が浅いこともあり未だ完成度は十分とはいえませんが、それまで広く使われていた"統計的機械翻訳（Statistical Machine Translation、SMT）"と比較するとかなり優れており、システムの構造やメカニズムが比較的シンプルであることから、急速に普及するに至りました。また、いわゆる音声対話機能を持つサービスロボットや家電製品の音声制御端末としてのスマートスピーカーが急速に普及しつつあります。これには音声認識技術が使われています。機械翻訳や音声認識の対象であるデータは"系列データ（sequential data)"あるいは"時系列データ (time-sequential data)"と呼ばれ、いずれもデータに順序関係があり、その順序関係が重要な役割を持つものです。2つをまとめて系列データと呼ばれることもありますが、その理由は"系列 (シーケンス)"に意味があることと"予測 (prediction)"の機能が求められるという共通点があることです。予測とは、過去のデータに基づいて将来起こるであろうことを推定することですので、一つの結果だけでは不十分です。時間の経過とともに"現在"は過去になります。つまり、予測処理は繰り返される必要があります。このために"記憶"が必要になるのです。

私たちの周りには、音声信号、脳波、心電図、地震の揺れ、株価など、色々な時系列データが存在します。系列データ (や時系列データ) には統計的な規則性があることが経験的にも理論的にも知られており、その規則性を使って"未来を予測する"ことが可能であり、実際に"予測"が日常的に行われています。たとえば、心臓は一種のポンプですから規則正しく動作しますので正確な予測が数理モデルを使って可能です。実測値が予測から外れたら何らかの病気であると診断され、治療を受けることになります。一方、株価は、変動要因が重なり合っていますしリスクを伴う投資問題ですので、正確な予測は不可能ですが、株価のグラフの統計分析から、ある程度の規則性があることが分かっており、"データからの予測"による株の自動売買システムが実用化されています。音声信号は口や唇の自然な動きとの相関関係があり、普通は言葉 (自然言語文) に変換されますので、自然言語の規則 (文法など) によって、"かなり"予測可能であることが分かっています。スマートスピーカーや対話ロボットは、最近急速に進歩した音声認識技術の応用システムです。これらが使われる状況は比較的簡単で一定の枠組みを持っていますので、"文章理解"というほどの技術がなくとも、いわゆる"ホットワード (hot words)"の検出を手掛かりにして応答可能ですので、実用的に使えるわけです。今後はある程度の意味処理や談話理解機能を持つシステムも実現すると思います。

さて、系列データは、統計学的には"シーケンシャルな確率現象 (sequential stochastic phenomenon)"と呼ばれる現象から生起される値の列です。経験的に、"今日の天気"から"明日の天気"をある程度予測できます。"経験的に"を、学問的用語を使えば"統計的に"と呼べますが、それにはデータの収集・管理と統計分析が必要となります。数日間の天気データの組が十分にあれば、統計分析によって簡単な"予測モデル"が作れますから、それを使えば"明日の天気"の予

Chapter 2　ディープラーニング—多層(深層)ニューラルネットワークによるデータ分類機

測精度は多少向上するでしょう(ちなみに、現在の天気予報はかなり精密な大気圏や地形などの立体モデルを使ったスーパーコンピュータによるシミュレーションで行われておりますが、完全なモデル化は不可能ですので、シミュレーションモデルの中に何らかの確率モデルが組み込まれているのではないかと思います)。

🎬 リカレントニューラルネットワークの考え方

では、具体的な「リカレントニューラルネットワーク(RNN)」の説明に入りましょう。まず、「系列データ」とは、データ x^i(i番目のデータという意味)が次のように並んだものをいいます。

$$x^1, x^2, \cdots, x^i, \cdots, x^T$$

ここで、T はデータの総個数のことです。系列データで"推定"するとは、

$$x^1, x^2, \cdots, x^i$$

のデータが与えられたとき、x^{i+1} の値を推定することです。このとき、x^{i+1} の値が x^i だけで決まるときを"単純マルコフ過程(simple Markov process)"と呼び、複数の値の影響を受けるときを"隠れマルコフ過程(hidden Markov process)"と呼びます。たとえば、明日の天気は今日の天気だけで予測できるときが単純マルコフ過程ですが、数日前の天気の影響も受けているということが統計分析によって明らかにされていれば、隠れマルコフ過程であるといえます。文章を例に挙げると、"は"から次の語を予測することは難しいですが、"私は"の次の語の予測は多少簡単になり、さらに"私の名前は"の次の語の予測はより容易になります。"容易になる"とは、"より高い確率で予測できる"ことです。一般に、系列データは隠れマルコフ過程の性質を持つことが知られています。リカレントニューラルネットワークは隠れマルコフ過程という性質を持った確率現象において、既に複数のデータが得られているとき、次のデータを予測する問題である、ということができます。

リカレントニューラルネットワークの優れている点は、統計学的に複雑な計算を伴うことなく、十分に多くの系列データの組が"教師データ(トレーニングデータ)"として与えられたとき、バックプロパゲーションアルゴリズムで自動的に"次のデータ"を予測する深層ニューラルネットワークの重みパラメータを機械学習してしまうという能力です(リカレントニューラルネットワークでは"時間要素"が含まれますので、"バックプロパゲーションスルータイム(Backpropagation Through Time、BPTT)"と呼ばれる改良アルゴリズムが使

146

われます)。"次のデータ"は、"次の次のデータ"の予測にも使うことができ、さらに"次の次の次のデータ"の予測にも使えます。ここでお分かりだと思いますが、学習に使われたデータ(教師データまたはトレーニングデータ)をもとにした予測ですので、もし実際のデータが異なった性質のものであれば、当然予測誤差は大きくなります。つまり、リカレントニューラルネットワークは、"過去の類似の大量のデータに基づいて、未知の類似のデータに関する「次の値」を予測する"という仕組みです。一度予測が外れると次の予測誤差は大きくなりますので、正しい値で置き換えつつ「次の値」の予測を繰り返す必要があります。トレーニングデータを使ってネットワークを学習(パラメータチューニング)させ、次にテストデータを使って性能を評価し、十分に高い性能を持つと判断して初めて実際に使うという手順になります。トレーニングデータでは十分に予測誤差が小さくなっても、もしテストデータで期待した性能が得られない場合は、"過学習(over fitting)"の可能性があり、モデルとデータを再検討する必要が起こります。学習には同じデータセットを繰り返し使いますので、トレーニングデータセットが小さければ、それらに対する誤差が小さくなりますが、未知のデータに対する予測性能は上がりません。これが過学習の一つの典型です。

🎬 リカレントニューラルネットワークの応用例

　まず、写真から"キャプション"の自動生成を行う興味深い例を紹介しましょう。図2.43は、写真に写っているものをまず畳み込みニューラルネットによって認識し、その結果をリカレントニューラルネットで文章生成を行い、キャプションを出力した興味深い研究例です[Vinyals2014][Hinton2015]。キャプションは文章ですので、"文章生成"つまり単語の系列を作り出すという自然言語処理機能が必要となり、系列データの処理のためのリカレントニューラルネットワークが必要になります。この研究はグーグルのAIグループが行った色々な試みの一つですが、最近のIT系企業は豊富な資金力によって、基礎研究から応用研究までを行っており、これまでの企業のイメージがすっかり変わってしまいました。ただし、繰り返しますが、ディープラーニングを"AI"であるかのように宣伝し、さらに「人間の脳と同じような仕組みで」というような行きすぎた説明をしたために、AIの原理や技術の詳細を知らない一般の人々に「近い将来に人のようなAIが実現してしまうに違いない」というような、妄想ともいえる飛躍した"恐れ"を与えてしまいました。これは80年代のエキスパートシステムとほとんど同じよ

うな現象であるといえると思います。我が国のAI研究者の中にも同じような傾向が見られるのには困りますが、自分で信じているのか、AI技術を広めたいという戦略的意図があるためなのか、定かではありません。

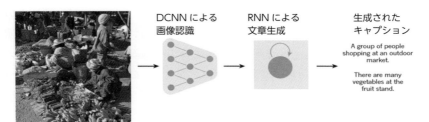

左の写真が与えられて、畳み込みニューラルネットで画像が認識され、リカレントニューラルネットによって文章が生成され、キャプションが出力されている（訳：露店で人々がショッピングをしている。果物スタンドに多くの野菜が置かれている。）（[Vinyals2014] より）

図2.43 写真からキャプションを自動生成した例とシステムの概念図＜口絵参照＞

基本的なリカレントニューラルネットワークの仕組み

では、基本的なリカレントニューラルネットワークの仕組みを紹介しましょう。図2.44は、最も基本的なリカレントニューラルネットワークの概念図です。この図に示されるように、隠れ層（中間層）のニューロンの出力が入力側に戻されています。これは、"1単位時間"ニューロンの出力が"記憶"され、次のタイミングで入力に加えられて、同じ隠れ層のニューロンの入力となることです。このニューロンの出力は"再び入力側に戻され"ます。これは限りなく繰り返されることになりますので、時間的に見て"再帰的"なメカニズムが形成されるわけです。この仕組みを分かりやすく時刻単位 t によって"展開(unfolding)"したのが図の右側です。前にも説明しましたが、順伝搬型の畳み込みニューラルネットワークでの画像認識は、時間的に見ると"1タイミング"での処理です。実際には入力データを入力層で受け取って、隠れ層（中間層）で次々に"抽象表現"化の処理を繰り返し、最後の出力層からソフトマックス関数よって、入力データの分類（ラベル）の可能性（推定値）を確率分布で出力し、最も大きな値（確率値）を持つ分類を結果（推定）とする、というメカニズムであり、処理には時間がかかりますが、タイミングとしては"一つ"であるわけです。記憶機能を持っていないということは、単に入力データが段階を経て"変換"されているにすぎないということで

す。したがいまして、畳み込みニューラルネットワークでは(時)系列データの処理はできません。深層ニューラルネットワークを時間軸上へ拡張したものがリカレントニューラルネットワークであると解釈することができます。

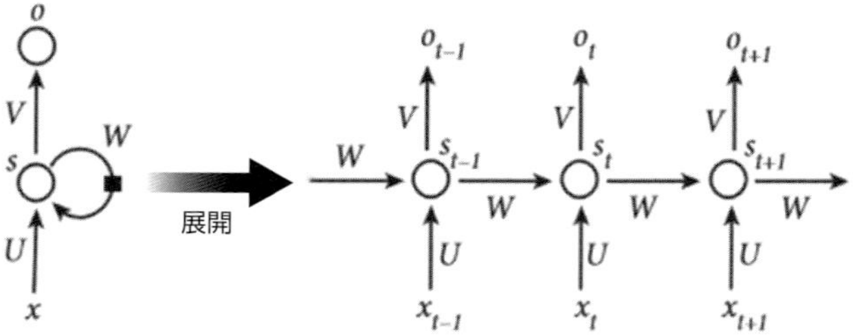

左：ニューロンの状態が s であり、入力 x を受け取って、次のニューロンへ出力を伝えるとともに、その出力を同じニューロンの入力側にも戻す。U、V、W は結合の重みを示す。
右：ニューロンの状態 s_t を中心として、その1単位時刻前と後の状態 s_{t-1} および s_{t+1} の関係を表す。

図2.44 最も基本的なリカレントネットワークのイメージ([Hinton2015]より)

この図が示す意味を説明しましょう。まず、この図の U、V および W はニューロン間結合の"重み(weights)"を意味します。左が"一つのニューロン"についてのリカレントニューラルネットワークの構造を表しており、現時刻 t でこのニューロンは状態 S_t であり、入力信号($x_t \times U$)(前のニューロンの出力値 x_t に"重さ"U の積が取られた値)およびこのニューロンの再帰入力($o_{t-1} \times W$)の和を受け取り、活性化関数で変換されて出力信号 o_t が次のニューロンへ伝送されますが、それと同時に同じ信号がそのニューロンへも戻されて、次のタイミング $t+1$ で入力信号($x_{i+1} \times U$)と足し合わされます。つまり、時刻 $t+1$ でこのニューロンへの入力信号は($x_{i+1} \times U + o_t \times W$)です。同じ動作が次のタイミング $t+2$ でも起こり、この動作は入力信号(入力データ)が終わるまで繰り返されることになります。この動作を分かりやすく"展開(unfold)"した図を右に示してあります。つまり、一つのニューロンは入力データの長さに応じた可変長のニューロンのつながりのような働きを持っており、1単位時間ごとに入力データ($x_1 \times U$), ($x_2 \times U$), $\cdots$ を受け取って出力 $o_1, o_2, \cdots$ を次のニューロンへ伝送することを繰り返す可変長のニューロンのつながりと同等の機能を持つことになります。この機能を実現しているのが"再帰(recurrent)"による1単位時間の記憶機能であるわけです。"再帰"が繰り返されますので、理屈上はかなり前の入力

Chapter 2 ディープラーニングー多層（深層）ニューラルネットワークによるデータ分類機

も出力に影響を与えるというメカニズムです。なお、この図で示されますように、一つのニューロンの結合関係が展開されていますので、"重み共有"の構造になっていることがお分かりだと思います。つまり、学習すべきパラメータの数は再帰によって増えることはないということです。これは学習の計算量を増やさなくて済むということを意味します。つまり、バックプロパゲーション学習の効率が高いわけです。

　リカレントニューラルネットワークは、一般的に層数は少なく、入力層、再帰型ニューロン層、および出力層で構成されています。ただ、各層は複数のニューロンで構成されますので、展開するとかなり複雑な構造と同等の機能を持つことになります。つまり、再帰型ニューロン層の各ニューロンは、入力層の複数のニューロンの出力信号と再帰による信号を受け取ってそれらの"積和された値"が"そのニューロン"の入力値となります。したがって、この再帰型ニューロン層からは1単位時間ごとに異なった出力が次のニューロン層へ伝送されるわけです。入力データが時系列データの場合は、1単位時間ごとに入力信号を受け取りつつ、出力信号も出し続けます。入力データが文字列や単語列のような系列データの場合は、一つずつ入力データを受け取るとともに出力値も出し続けるということになります。この動作は<EOS>（End of Symbol）のような"終了記号"を受け取ったとき終わります。

　リカレントニューラルネットワークのアイデアは、既に80年代には出されており、（時）系列データの処理や"予測（prediction）"に応用する試みが行われていたようです。しかし、長い入力データには対応することができないことが分かり、応用は期待できない時期がありました。図のように展開されたネットワークは深層ネットワークと同等ですので、重みパラメータのチューニングにはバックプロパゲーションの拡張版である"バックプロパゲーションスルータイム（backpropagation through time）"と呼ばれる学習アルゴリズムが使われますが、深層ニューラルネットワークと同様の"勾配消失"あるいは"発散"という致命的な欠点を持っているのです[Hinton2015]。勾配消失については、当時の活性化関数はシグモイド関数であり、誤差（誤差関数）を最小化する計算には"勾配降下法"が使われますが、この中にシグモイド関数の微分（勾配値）が含まれます。この微分値は前にも説明しましたように高々0.25程度です。出力層から入力層へ向かってニューラルネットの計算値と教師データの値との誤差を算出して重みのチューニングを行うわけですが、出力層からの段数分だけ活性化関数の微分

150

値（変化量、傾斜分）が繰り返し掛け算されます。たとえば、出力層から5段目の
ニューロン層に対しては

$$0.25 \times 0.25 \times 0.25 \times 0.25 \times 0.25 = 0.00097$$

が掛け算されるわけですが、ほとんど0ですので学習が全く行われないことと同
じになります。つまり、5単位時刻前の信号や記号は出力に影響をもたらさない
というわけで、記憶機能が意味を持たなくなります。

　つまり、自然言語文のような文字の系列、あるいは語の系列を入力として"一
つずつ"受け取りながら、その都度"次の文字（あるいは語）"を予測する問題のと
き、過去にさかのぼって5文字すら予測に使えないということになります。普通
の文章は5単語を超えることが多いですから、これでは期待した予測性能は当然
得られません。たとえば、"昨日は太郎君とコーヒーショップで話をして電車で
帰りました"という文は、"昨日は、太郎君と、コーヒーショップで、話をして、
電車で、帰りました"という6つの文節で構成され、単語に分けると13になりま
す。この例は短い文章といえますので、基本的なリカレントニューラルネット
ワークではほとんど処理できないことがお分かりでしょう。音声理解では音声信
号という時系列信号から発話される文字をリアルタイムに予測する必要がありま
すが、たとえば音声信号を0.01秒単位に区切った場合、0.05秒前の信号すら予
測に使えないわけです。深層ニューラルネットワークで音声理解や対話理解をす
るには、大量の"教師データ（トレーニングデータ）"を使って重みパラメータの
チューニングを行うことが不可欠ですが、基本的なリカレントニューラルネット
ワークでは原理的に不可能であるということがお分かりいただけると思います。

高度な記憶機能を持つLSTMモデル

　そこで、この問題を解決するためにニューラルネットの構造を工夫する研究が
行われるようになったのが90年代です。その中で提案され、現在でも広く使わ
れるようになったモデルが"LSTM（Long-Short Term Memory、長・短期記憶）
モデル"であり、1997年にホックレイター（S. Hochreiter）などによって提案さ
れました[Hochreiter1997]。これはオリジナルなLSTMと呼ばれており、応用を
通していくつかの弱点を持っていることがその後分かり、そのたびに改良（拡張）
されました。

　図2.45は、いくつかの改良を経てほぼ完成したモデルで、"ピープホール型
LSTMユニット"と呼ばれ、その後標準的なモデルとして使われています。一

見複雑な構造をしていますが、このユニットが一つのニューロンに相当する"ニューロンモジュール"です[Gers2002]。その後も改良や拡張が続けられていますので、関心のある方は解説論文や原著を読んでください。ここでは、最小限必要な基本的な考え方と仕組みのみを、この図を使って説明しましょう。図は一見複雑ですが、基本的なリカレントニューラルネットワークにいくつかの制御機能を付け加えて、長時間にわたる（あるいは長い単語列）の入力に対する予測処理機能を向上させているにすぎません。複雑な構造と機能を持った"一つのニューロン"と考えることができます。

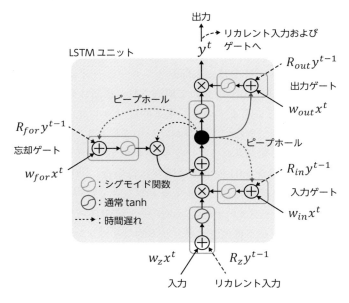

中心のセル（ニューロン）が入力を受け取り、出力を出すとともに入力へ戻す再帰構造に加えて、働きを制御するために3つの制御用ゲートを持っている。[Gers2002]と次を参考：https://qiita.com/t_Signull/items/21b82be280b46f467d1b。

図2.45 LSTMユニットの基本構造

では、多少乱暴ですが、かみ砕いて説明しましょう。この"LSTMユニット"は、枠で囲まれた4つのニューロンモジュールで構成されています。中心の黒丸が中核となるニューロンです。下から前のニューロン層からの入力とこのニューロンへのリカレント入力を受け取る構造が"基本構造"に当たります。これに入力と出力をコントロールする"入力ゲート（Input Gate）"および"出力ゲート（Output

Gate)"がまず加えられました。両方とも入力信号と"リカレント信号"にWおよ
びRの重みが付加されており、さらに出力にシグモイド関数が入っています。
さらに、基本構造の交点の部分が積（掛け算）機能を持つ仕組みで働きます。た
とえば、入力ゲートの値が1ならば入力信号はそのまま中核細胞へ通されますが、
0のときは通されません。つまり、通すか通さないかの"ゲート（gate）"の働きを
持たせられます。出力ゲートも同じ仕組みです。したがいまして、入力ゲートと
出力ゲートに接続されている重みをうまく設定すれば、「ゲートがうまく機能す
るようにする」ことが可能になるわけです。この仕組みによって"勾配消失"の欠
陥を克服できています。つまり、長い時系列信号や系列データに対して"隠れマル
コフ過程"の概念と理論が適用でき、"過去のデータから次のデータを予測す
る"能力を高めることができるのです。

　もう一つのゲートである"忘却ゲート（Forget Gate）"は何のために必要なので
しょうか。これは不要な過去のデータまで"次の予測"に利用することの弊害を
防止するためです。たとえば、"私は次郎さんと食事をしましたが、太郎さんは
花子さんと散歩をしました。"という文章は2つの部分に分かれており、"が"の後
の部分には前半の部分は不要です。この"前半"の記憶を消すのが"忘却ゲート"
の働きです。では"ピープホール（peephole、覗き穴）"はなぜ必要なのでしょうか。
3つのゲートは入力データと再帰信号で制御されていますが、ピープホールは中
核ニューロンの活性化関数を通す前の出力値が使われています。この信号がどの
程度有効に働くかは議論の分かれるところのようですが、ある種のデータには有
効なのでしょう。

🎬 LSTM とニューラル機械翻訳

　では話題が飛躍しますが、グーグルが無料提供している"グーグル翻訳"は
LSTMユニットを使って実現されていますので、この例を使って"ニューラル機
械翻訳（Neural Machine Translation、NMT）"の概要を簡単に紹介しましょう。
グーグル翻訳システムでは独特な工夫が施されており、"グーグルNMT（Google
NMT、GNMT）"と自称されています[Wu2016]。ここでは、一般的なニューラル
機械翻訳の仕組みと特徴および限界を説明することとし、適宜グーグルNMTに
触れるということにしましょう（リカレントニューラルネットワーク、あるいは
その応用の一つである"機械翻訳"だけで一冊の本になりますので、詳しい説明
はそちらに譲りましょう）。

まず、「翻訳（translation）」とは何かについて簡単に説明し、これをベースにニューラル機械翻訳システムの原理的な考え方と基本的な仕組みを説明しましょう。翻訳とは、二言語間での文の変換のことです。日英翻訳や英日翻訳が最も日常的に行われていますが、一般に直訳（literal translation）と意訳（liberal translation）に分けられます。直訳された文章は流暢さに欠け正しく意味を伝えられるか疑問があります。意訳された文章は流暢であるとともに意味を理解しやすいという特徴があります。ただし、訳者の意味理解を通して訳されていますので正確に意味が伝えられるかは疑問があります。翻訳には別の問題もあります。たとえば、日本と米国は歴史文化が異なりますので、日本語にある言葉が英語にもあるとは限りません。

日本語では主語を使わないことが多いですが、英語に翻訳するには主語が加えられますので、意味やニュアンスが異なってしまうことがあります。小説の翻訳では、翻訳者が想像力と教養および作文力を駆使することになりますので、創作に近い作業になると思います。"機械翻訳"は直訳に近いといえますが、流暢さを高めるには意訳的能力もある程度持つ必要があります。そのためには原文が何を説明しているかを理解する必要が欠かせません。日常生活に関する文章か、ITに関する説明か、株式取引に関する説明か、AIの研究論文かによって、大きく異なります。つまり、話題の分野知識（domain knowledge）が必要となります。また、翻訳における困難さの一つに、多義性（ambiguity）があり、文脈（context）によって単語がどの意味で使われているかを特定することが必要です。たとえば、"犬が来た。"の"犬"は動物のときが多いでしょうが、人間であることも考えられます。より複雑な状況の説明では、文脈をとらえて翻訳する能力はより強く求められます。さもなければ、一つ一つの文は意味を理解しやすくても、文章全体として何を説明しているかさっぱり分からないということになります。実は、機械翻訳はこの問題を解決できていませんし、最新のニューラル機械翻訳も同じです。

図2.46は、日英機械翻訳の研究が日本のAI研究者によって比較的活発に行われていた80年代に、よく使われていた"曖昧さ（ambiguity）"を持つ文の例の一つ「黒い瞳の大きな女の子」です。係り受け関係で3通りの解釈が成り立ちますが、どれが正しいかは物語としてのより大きな文脈の中で決まります。ちなみに、グーグル翻訳にかけてみたところ、図にあるように2番目の解釈を採りました。

2.5 畳み込み深層ニューラルネットワーク

```
黒い瞳の大きな女の子

1. (黒い瞳の大きな女) の (子)
2. (黒い瞳) の (大きな女の子)
3. (黒い) (瞳の大きな) (女の子)

グーグル翻訳
Big girl with black eyes.
```

図2.46 複数の解釈が成り立つ文の例

　では、"多義性"をどのように解決しているのでしょうか。秘密は"対訳コーパス (Bilingual Corpus)"と呼ばれる膨大な文章データベースにあります。"コーパス (Corpus)"とは、新聞、報告書、説明書、技術マニュアルなどから拾われた文章のデータベースであり、一文単位で、かつ単語ごとに整理されていて検索しやすくなっているものです。自然言語の研究には不可欠なデータですので、国立国語研究所は膨大なコーパスを作成・保存し、研究用に提供しています。このようなコーパスの収集管理はかなり自動化されています。一方、対訳コーパスの収集と管理は容易ではありません。技術文書の翻訳は企業で行われていると思われますので、非公開の文書であるはずですし、著作権の対象となりますので広く収集することは困難だと思います。学術論文の場合は、研究者が著者であり読者でもありますが、全文翻訳は日本人が日本語で書いた論文を英文論文誌に投稿するときなどに専門業者に委託して英訳するという状況が考えられます。その場合も著作権の問題がありますので、多分対訳コーパスとしての収集・管理は限定されると思われます。英語論文を日本人研究者が読む場合は、多分ほとんどが原文のまま読むはずですから、対訳コーパスを作成するには、そのための作業を研究プロジェクトの形態で行うということになり、限定的になります。70年代には「科学技術文献サービス」というサービスがあり、米国からデータベースで入手された大量の研究論文の表題と要約だけを人海戦術で翻訳してサービスしていましたが、現在は行われていないと思います。図2.47は、日英対訳コーパスの例を示します。

Chapter 2 ディープラーニング―多層(深層)ニューラルネットワークによるデータ分類機

図2.47 日英対訳コーパスの例（http://www.kenkyusha.co.jp/uploads/lingua/prt/13/NishinaYasunori1405.html）

　「ニューラル機械翻訳」の利点は、深層ニューラルネットワーク（LSTMシステム）に大量の対訳コーパスを教師データ（トレーニングデータ）として与えるだけで翻訳システムが完成してしまうという学習機能にあるといえます。学習が終われば、即"翻訳システム"として使えます。このようなシステムのことを"エンドツーエンド（end-to-end）"システムと呼んでいます。ニューラル機械翻訳システムは典型的なエンドツーエンドシステムであるといわれています。では、ニューラル機械翻訳システムは文書の意味理解能力を持っているのでしょうか。答えは"NO"です。多義性を取り扱う特別な機能を持っているのでしょうか。答えは"NO"です。意味理解能力がなく、しかも多義性を取り扱う能力がないニューラル機械翻訳システムに実用的能力があるとすれば、分野限定の豊富な対訳コーパスで学習させること以外に手段はないはずです。この条件の下で性能を高めるには、優れたニューラルネットワークの設計と高機能コンピュータの利用と、いくつか持っている弱点を補完するような技術の開発とその組み込みに集約されます。グーグルのニューラル機械翻訳システムは無料公開されていますので、ここで説明したことを念頭に置いて試してみれば色々なことが見えてくると思います。ちなみに、グーグル機械翻訳システムの公開された論文によると、開発プロ

ジェクトの中心人物は中国人です[Wu2016]。

ニューラルネットワークは一種の数値処理システムですので、記号表現である文章や単語はそのままでは取り扱えません。一般に、単語単位で"数値ベクトル"（数値の並び）に置き換えてから入力する必要があり、翻訳文も数値ベクトルから単語の並びに置き換える必要があります。たとえば、単語の種類が10万個であるとすれば、最初の単語の数値ベクトルは"100……"、2番目の単語の数値ベクトルは"010……"、3番目の単語は"001……"で置き換えられます。出力層のニューロンの数も同じく10万個必要であり、翻訳された単語の出力はこの出力層の数値ベクトルを活性化関数であるソフトマックス関数にかけて確率分布に変換し、最も確率値の高い単語が訳出単語になるという仕組みです。ここで興味深いのは、入力文は可変長（長さが一定でない単語列）ですが、一度固定長の数値ベクトルに変換され、そのベクトルから再び可変長の翻訳文が生成されるという点です。文の意味や多義性の処理は、対訳コーパスの一つ一つの文に隠されており（つまり翻訳した人が翻訳作業の過程で意味処理と多義性の処理を行っていますから）、これらのデータを大量に使って重みパラメータをチューニングするだけで、人が読んでも意味的に自然な翻訳ができていると感じられるような機械翻訳（自動翻訳）ができることには驚かされます。ただし、なぜうまく翻訳できているのかは開発者にもよく分かっていないようです。このようなシステムをAIと呼ぶかどうかは人それぞれですが、AIが高次認知機能システムを指すとすればニューラル機械翻訳システムは、明らかに"NO"です。裏返していえば、機械翻訳はAIの研究課題として大変魅力的であり続けるということです。機械翻訳の研究開発を通して「人の知能」の一端が明らかとなるはずです。AIの歴史は「応用を通して基礎研究を行う」という研究スタイルで行われてきました。これは、「基礎研究では応用を考えるべきではない」と力説される自然科学の分野とはかなり異なっています。

さて、ニューラル機械翻訳は、3つの機能モジュールで構成されています。エンコーダ（Encoder）、アテンション機構（Attention Mechanism）およびデコーダー（Decoder）です。"エンコーダ"は、ベクトルに置き換えられた単語列を入力して、分散表現と呼ばれる固定長ベクトルに変換する処理機構です。"デコーダー"は、この固定長ベクトルから翻訳文を生成する処理機構です。"アテンション機構"は、デコーダーの処理において意味がよく反映されるように分散表現ベクトルのどの部分を重視するかをコントロールする処理機構です。図2.48に、

グーグルニューラル機械翻訳(GNMT)システムのニューラルネットの主要構造を示します[Wu2016]。長い原文が固定長ベクトルに置き換えられるということは、情報が抽象化され圧縮されるということでもありますので、翻訳文の生成において十分に原文が反映されない可能性も当然あると思われます。

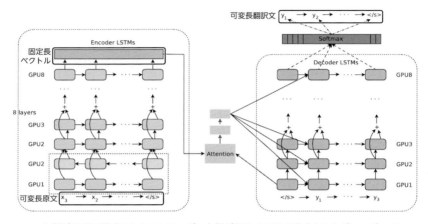

左側が8層で構成されたエンコーダ、右側が同じく8層で構成されたデコーダーで、中間にアテンション機構を持っている。処理速度を上げるために、各層ごとにGPUが割り当てられており、ResNet（モジュールを飛ばす結合）が組み込まれている。

図2.48 グーグル・ニューラル機械翻訳システムのネットワーク構造([Wu2016]より)

　ニューラル機械翻訳システムは、大きな長所として"エンドツーエンド"システムであり、このゆえに対訳コーパスで学習させるだけで機械翻訳システムが実現してしまうという利点があり、この点が最も高く評価されています。その直前の機械翻訳システムである"統計的機械翻訳(Statistical Machine Translation)"システムは、複数のモジュールで構成されており、それぞれ別々の方法で実現されていたために、システムが複雑で、維持管理も複雑でした。翻訳文も流暢ではなく、利用者の評判もよくありませんでした。一斉にニューラル機械翻訳システムに置き換わったのは、主にこのような理由からだといわれています。では、ニューラル機械翻訳は理想的な技術なのでしょうか。実は、"NO"です。その主な理由を説明しましょう。

　いわゆる"レアワード(rare words)"をうまく翻訳するのが苦手です。レアワー

ドとは“めったに使われない単語”のことで、対訳コーパスにあまり出てきません。したがって“学習（パラメータチューニング）”に寄与しません。固有名詞や数値などもこれに入ります。レアワードは、英日翻訳ではカタカナに翻訳されたり誤訳されたりします。その国特有の単語は対応する単語がありませんので、同じく翻訳が困難ですが、対訳コーパスは人が工夫して考えた翻訳例が含まれていますので、ある程度対応可能と思われます。また、翻訳文が流暢で自然に感じられるのですが、原文と比較すると原文の同じ単語が複数回訳出される“重複訳”や原文の単語が訳文から落ちてしまう“訳落ち”が少なくないという指摘があり、実験評価と対応技術の研究開発が科学技術振興機構（JST）が中心となって行われているようです[中澤2017]。

　私が最も重要だと考える特性あるいは弱点は、対訳コーパスには“分野依存性”が高いという点です。ニューラル機械翻訳は“対訳コーパスが全て”というほど重要です。たとえば、新聞などのニュース記事と日常的な文章と学術論文では、使われる単語や文章がかなり異なります。特に学術論文では、いわゆる“テクニカルターム（Technical Terms）”と呼ばれる“特別な意味を持たせた単語”が使われます。学問分野が異なれば同じ単語が異なった意味を持っていたり、同じ意味が異なった単語で表現されます。この違いをカバーする技術として“オントロジー（Ontology）”があり、これ自体がAIの研究テーマにもなっているほどです。大企業では、企業内用語も存在するといわれています。したがって、原理的に、汎用性の高いニューラル機械翻訳システムは存在しないと考えてよいでしょう。たとえば、学術論文には大抵、本論の前に要点を説明する200－300語程度のアブストラクト（Abstract、概要）を置きますが、英日翻訳をグーグル翻訳に掛けると、ヘッダーの“Abstract”が“抽象”と訳されてしまいます。“概要”や“あらまし”が正しい訳ですので、言語としては正しいのですが誤訳です。

　また、マイナーな言語間でのニューラル機械翻訳は対訳データが少ないか得られませんので、困難です。この場合は、一度英語に翻訳してから目的言語に翻訳するという手段が妥当だと思います。これは、人による同時通訳でもよく使われる方法です。80年代から90年代には、言語に独立な“抽象的意味表現”に置き換えることによって、多言語翻訳を実現することを目指した機械翻訳の研究が盛んに行われましたが、それらの試みがどうなっているかは把握しておりません。どこかで続けられているのではないでしょうか。参考までにアルファ碁のネイチャー論文の概要部分から1文を拾ってグーグル翻訳にかけた例と、誤訳の内容、

Chapter 2　ディープラーニング—多層（深層）ニューラルネットワークによるデータ分類機

訂正訳文および論文調の訳文の例と正解を図2.49に示しましょう。単に分野依存という理由ではない重要な誤訳を行っていることが明らかです。

原　文：We introduce a new approach to computer Go that uses value networks to evaluate board positions and policy networks to select moves.（アルファ碁のネイチャー論文 [Silver2016] のアブストラクトより）

グーグル翻訳：バリューネットワークを使用してボードのポジションとポリシーネットワークを評価して移動を選択する、コンピュータゴーの新しいアプローチを紹介します。(evaluate の係り受けが完全な誤訳、Go は対localミス、move は囲碁用語で着手または"手")

訂正訳（上野）：バリューネットワークを使用して盤上の石の配置を評価しポリシーネットワークを使用して着手を選択する、コンピュータ碁の新しいアプローチを紹介します。

論文調の訳（上野）：我々は、バリューネットワークを使った盤面評価とポリシーネットワークを使った着手選択に関する、コンピュータ碁の新しいアプローチを紹介する。

図2.49　グーグル翻訳の誤訳例（2018年11月25日試行）

　このような弱点があることを念頭に置いて使えば、ニューラル機械翻訳システムは有用なツールだと思います。ただし、意味理解機能を持っていませんので、機械翻訳技術としては未完成の技術であり、将来、より優れた技術が現れて置き換えられるのではないでしょうか。

2.6 まとめ

　本章ではディープラーニングの基本的な概念、ニューラルネットワークの構造、バックプロパゲーションアルゴリズムによる"データからの学習"、生理学的所見との整合性、PDPグループが目指したニューロンモデルによる"高次認知機能"としてのAI実現の試み、画像認識への応用、および系列データを取り扱うリカレントニューラルネットワークとその応用である"ニューラル機械翻訳"を紹介し、それぞれの説明の中で特徴、限界、およびAIとの関係を論じてきました。多少重複しますが、いくつかの重要な点をまとめることにしましょう。

1) ニューラルネットワークモデルは人の脳神経回路とは異なる「計算モデル」です。

特に、最も重要な学習アルゴリズムが"バックプロパゲーション法"ですが、これは生理学的な整合性は全く見られないということが脳科学者の意見です。マスコミはインパクトのある表現を使う傾向がありますので、"人間の脳のような"という表現がよく見られますが、誤解しないでください。新聞社やテレビ局の科学技術部の職員がどこまで分ってこのような表現を使っているのかは定かでありません。

2) ディープラーニングはAIではありません。人の認知機能は低次から高次まで様々なレベルがありますが、バックプロパゲーションによる学習と認識の仕組みや能力は、低次認知機能に相当することが明らかです。80年代のラメルハートやヒントンを中核としたPDPグループは「ニューラルネットワークモデル、つまりコネクショニズム、でこそ高次認知機能としてのAIが実現できる」と主張していましたが、現在のディープラーニングはその頃の目標を見失ったか、一時的に脇に置いているとしか考えられません。

3) ディープラーニングモデルによる推定結果（推論結果に相当）は、単に分類ラベルの確率を算出したにすぎず、結果の意味を把握しているわけではありません。たとえば、手書き郵便番号認識システムが結論として選んだ"2"は、我々が理解している数字の2ではなく、単に"2"という名称の「分類ラベル」を推定したにすぎません。写真に写っている動物の"猫"を認識できたとしても、単に1,000の分類の中の"猫"ラベルをいい当てただけのことです。"猫ラベル"が我々が知っている猫であることは、我々人間が"知識"によって判断できるからです。つまり、ディープラーニングは人の知識を前提とした"データ学習"機能付き"分類マシン"と考えることが妥当です。なお、個人の顔画像認証にはディープラーニングは使えません。認証は"特定"することでありますので、分類とは異なります。

4) ディープラーニングは"ブラックボックス"です。これは既に広く知られていますので"いまさら"と感じられることでしょう。畳み込み深層ニューラルネットワークが教師データから"畳み込みフィルタ"や抽象表現を自動学習する能力は大変優れています。この仕組みを考えついた福島邦彦氏やヒントンには深い敬意を払いたいと心から思います。今でも改良しながら使われてきていることは、よほど優れた洞察力によるものと思います。ただ、このままでは目標とするAIとは道程が異なります。新しいブレークスルーが待たれます。ブラックボックスをホワイトボックスにする研究が行われているようですが、他人の頭の中の考えが見えないのと同じように、不可能ではないでしょうか。説明ができるような深層ニューラルネットワークのモデル化が可能なら別ですが。

5) ディープラーニングは応用が限定的です。ディープラーニングは数値に置き換えることのできるデータの分類、予測、推定に広く使えると思いますが、逆にいえばこのような問題にしか応用できないということが"限定的"であるという意味です。一方、我々人間は数値化できない状況下でも判断、理解、意思決定、問題解決などの「知的能力」を発揮できます。ビッグデータの収集・管理がIoTの進歩によって驚くほど進歩しましたので、ディープラーニングの応用可能性が急増しています。ただし、データの大部分は"ゴミ"であり、教師データとしては使え

ません。ディープラーニングの対象とするには、それなりの工夫と努力が必要です。ディープラーニングのツールやGPUを搭載したクラウドシステムによって簡単に試すことができるようになりましたが、しっかりした理論武装が必要です。それは統計学やデータサイエンスに精通することとは違うと思います。「困ったら基礎に戻れ」という格言がありますが、そろそろブームから距離を置いて「AIの基礎」をじっくり研究もしくは勉強することが肝要と思います。

6) ディープラーニングは推論システムつまり"知識ベース"と統合してこそ能力を発揮すると思います。現在は、人がモデリングを行い、パラメータを設定し、結果を判断していますが、70年代から90年代にかけて研究された知識ベース型AIシステムこそがこれを担えます。ヒントンも解説論文の結論の中で今後の展望として「推論システムとの統合」を予想しています[Hinton2015]。私から見ると当然といえます。知識ベース型エキスパートシステムが盛んに開発されていた頃は未だインターネットもクラウドシステムもIoTも存在していませんでしたが、今こそ当時の概念、技術やアプローチが可能になると思います。ディープラーニングとの統合化は大きな可能性をもたらすでしょう。第4章で論じる予定です。

Chapter **3**

アルファ碁
－ディープラーニング、
モンテカルロ法と強化学習

Chapter 3 アルファ碁－ディープラーニング、モンテカルロ法と強化学習

　本章では、アルファ碁シリーズである、アルファ碁、アルファ碁ゼロ、および
アルファゼロをディープラーニング型AIの視点から説明します。画像認識用に
開発された畳み込みニューラルネットワークにディープラーニング、モンテカル
ロ法と強化学習を応用して、最も難解なボードゲームである囲碁において世界
トップレベルのプロ棋士を凌駕する棋力をデモしたことによって、ディープラー
ニングが注目されるようになり"AIブーム"が起こったことは広く知られた事実
ですが、AI的視点からしっかり解説された本はあまり見当たりません。そのた
めに、ディープラーニング型AIへの誤解や過大な期待が生まれたものと思いま
す。この章では、アルファ碁について、概念や技術をできるだけ分かりやすく説
明しますので、これを通してディープラーニングについて正しく理解していただ
けるものと思います。また、アルファ碁の改良版としてアルファ碁ゼロが開発さ
れ、さらに高い棋力をデモし、もはやプロ棋士とは異次元の囲碁を見せつけまし
た。アルファ碁ゼロは、モンテカルロ法による強化学習だけで実現されていると
いうことが驚きです。さらに、アルファ碁ゼロの技術を汎用化してアルファゼロ
が開発され、ルールや性格の異なるチェスや将棋にも応用され、それぞれその時
点で世界最強のゲームプログラムに勝利しました。アルファ碁シリーズでは、畳
み込みニューラルネットワーク、モンテカルロ法と強化学習が主役です。ただし、
留意していただきたい点は、「AIはヒトの高次認知機能のコンピュータによる実
現」を目指した学問分野ですが、アルファ碁はプロ棋士より強いといっても「プ
ロ棋士の認知科学モデル」とは全く異なります。この区別は非常に重要です。以
下、詳しく説明しましょう。

🎬 アルファ碁とAI

　"アルファ碁(AlphaGo)"は、グーグル傘下の英国のベンチャー企業である
ディープマインド社によって開発されたコンピュータ囲碁(囲碁の対局プログラ
ム)で、"ディープラーニング(Deep Learning)"の応用によってそれまでのモン
テカルロ法によるコンピュータ囲碁の性能(棋力)をアマチュア6段レベルから
トッププロを凌駕するレベルへと飛躍的に強化させました。2016年3月に行わ
れた李セドル九段(韓国のトッププロ棋士)との5回戦のインターネット公開対局
において、事前の予想を覆してアルファ碁が3連勝し、一般紙の1面やテレビで
広く報じられたことにより、多少大げさにいえば、囲碁やAIに全く関心のなかっ
た一般の人々だけでなく産業界にも衝撃をもたらし、にわかにディープラーニ

164

ングがAIの新しい旗手として華々しく登場しました。第4局で李九段が勝った
ときは「人間でも勝てる！」というような不思議な喜びと希望をもたらしました。
「これでアルファ碁の弱点が分かった」といって対戦した第5局は、李九段が勝ち
の見込みがないと判断して途中で投了してしまいました。

　囲碁は複雑で難しいボードゲーム（盤上のゲーム）であり、AIの歴史において常
にチャレンジングな目標とされてきました。モンテカルロ法によるコンピュータ囲
碁は2006年頃に登場し、コンピュータ囲碁の棋力をそれ以前のアマチュア10級
程度から一気にアマチュア有段レベルに引き上げ、毎年改良されて2015年頃はプ
ロと4子局（先番の黒番があらかじめ決められた盤面上の4点に黒石を置いて対局
するハンデキャップ戦）で対戦できるレベルに達していました。当時は、プロレベ
ルに達するには少なくとも10年はかかるであろうと予想されていました。

　私は2つの理由で衝撃を受けました。1つは、画像認識技術であるディープ
ラーニングがどうして"高度な戦略"と"ヨミ（囲碁用語で着手候補の優劣または
生死を頭の中でシミュレーションして判断する能力）"を必要とする囲碁に応用
でき、しかも瞬く間にトッププロ棋士を凌駕するほどの棋力を獲得できたのか、
という点です。もう1つは、ネットワークの学習に使われた教師データがイン
ターネット囲碁サイトであるKGSに登録されていた16万局（2,940万の局面デー
タ）の"アマチュア高段者"（6〜9段）の"棋譜"（対局記録）であったことが論文
[Hassabis2016]に明記されていたことです。しかも、約35％は"置き碁"の棋譜
であったことです。つまり、「アマチュアの棋譜で学習した囲碁プログラムがトッ
ププロ棋士を負かした」ことに驚きました。AI研究者による色々な解説に"プロ
棋士の棋譜で学習させた"とありますが、これらは間違いであり、多分、原著論
文で確認していないことと、「教師データで能力が決まる」というディープラーニ
ング専門家の"思い込み"があったからだと思われます。私は、アルファ碁が
採用した"強化学習（Reinforcement Learning）"にその秘密があるのではないか
と予想しました。ただ、原著論文にはこの点が強調されていないように感じまし
た。

　なお、100万局面がテスト用に使われましたので、学習用には残りの2,840万
局面のデータが使われましたが、囲碁の盤面は左右の回転や反転しても意味が同
じですので、2,840万×8＝22,720万組のデータが教師データとして使われたよ
うです。"データ増幅法"は画像認識でも使われていたことを思い出してくださ
い。ニューラルネットの規模が大きく重みパラメータの数が約400万個にもなり

ましたので、このようなデータ増幅法によって教師データの数を増やす必要が
あったようです。

　私はシンボリズム型AIを主に研究してきましたし、コネクショニズム型AIに
は興味より、むしろ「これでAIが実現できるのか」と懐疑的でしたが、仲間には
コネクショニズム型AIに詳しい研究者はおりました。アルファ碁の登場によっ
てにわかにAIブームが起こり、それがディープラーニング型AIであり、しかも
「知識ベースやエキスパートシステムは過去の失敗である」と切り捨てられてい
る風潮に疑問を感じ、アマチュア有段者（4段）でもありますので、これを機会に
アルファ碁を通して“ディープラーニング型AI”を勉強し、評価し、その結果を
広く知っていただきたいと思い立った次第です。第3章の「ディープラーニング」
で私から見たコネクショニズム型AIとしてのディープラーニングの概念と仕組
みを紹介し、特徴と限界を論評し、知識ベース型AIとの統合の必要性に触れま
した。知識ベースについては、第4章で説明し論ずる予定です。実はアルファ碁
は囲碁知識（ドメイン知識）を使っていますので、エキスパートシステムとして
の性格も併せ持っています。この点は、仕組みの中で説明しましょう。

　本章では、アルファ碁についてこれまでと同じようなスタンスで説明し、論評
したいと考えています。つまり、囲碁を知らない方、ディープラーニングの技術
解説書では納得できない方、いまさら統計学を勉強するのは億劫であるが技術の
本質は理解して実応用に生かしたい方、などを主な読者として想定しています。
多少は技術的説明が必要ですが、その部分に関心のない方は適当に拾い読みされ
ても内容が伝わるように配慮してあります。若い方には、専門書や論文を読むた
めの予備知識になると思います。

　アルファ碁は、モンテカルロ法とディープラーニングが組み合わされたコン
ピュータ囲碁です。アルファ碁で使われているディープラーニングは、“畳み込
み深層ニューラルネットワーク”がベースであり、これに“教師あり学習”と“強
化学習”が応用されています。畳み込みニューラルネットと教師あり学習につい
ては、第2章の「ディープラーニング」で説明しましたので詳細は省きますが、ア
ルファ碁が採用している強化学習は“ゲーム特有の学習法”という側面もありま
すので、少し具体的に説明しましょう。モンテカルロ法については、アルファ
碁の中核技術の一つですので理解が不可欠であり、“囲碁とは何か”について説
明した後に、少し詳しく説明しましょう。“モンテカルロ法”は応用が広い技術
ですので、この際勉強しておかれるのは意義のあることだと思います。ただし、

コンピュータ囲碁で使われているモンテカルロ法は"二人ゼロ和完全情報ゲーム (two-person zero-sum game with perfect information)"といういわゆる"ボードゲーム"に必要な"先ヨミ"を行う技術である"モンテカルロ木探索法 (Monte Carlo Tree Search、MCTS)"と呼ばれる囲碁用に開発された特殊なゲーム木探索技術です。応用できるような問題はあまりないのではないかと思いますが、判断力を養うための常識として理解していただければよいと思います。

また、本章では、ネイチャー誌の論文 [Hassabis2016] をもとにしてアルファ碁の説明に重点を置きますが、その後開発されたアルファ碁ゼロ (AlphaGo Zero[Hassabis2017a] およびアルファゼロ (AlphaZero) [Hassabis2017b] についても、その違いや要点を説明しましょう。アルファ碁ゼロの"ゼロ"は教師データを全く利用しておらず、「ゼロから自学した」という意味で名付けられたようです。特に、アルファゼロは囲碁に関する知識を全く利用しておらず、囲碁に加えて、将棋やチェスでも、その時点の世界最強のコンピュータプログラムより強いことをデモしました。日本では、アルファ碁が現れる前は加藤英樹氏が開発したゼン (Zen) と呼ばれるモンテカルロ法によるコンピュータ囲碁が、世界トップをフランスのクレイジーストーン (Crazy Stone) と争っていましたが、アルファ碁の論文を参考にしてディープラーニングを取り込んで"ディープゼン碁 (DeepZenGo)"を開発し、日本トップ棋士の井山九段に勝つなどの成果を挙げ、日本棋院が協力して世界トップを目指しましたが、その後発表されたアルファ碁ゼロがあまりにも強く、しかも囲碁の知識をほとんど活用していないことが分かり、さらにその後まもなく発表されたアルファゼロは全く異次元の領域に入ってしまいました。グーグルが公開した棋譜はトッププロでも"目が回る"ような布石だそうです。つまり、プロの常識や発想を超えた着手が次々に打たれ、あぜんとしてしまうようです。このような状況になり、連携プロジェクトを断念してしまいました。

なお、本章で説明するアルファ碁の仕組みは、厳密には論文で説明されている方法とは多少異なっていますが、原理と特徴を理解していただけるように工夫したものですので、本質的には違いがないと考えていただいてよいと思います。論文で説明されている方法はかなり込み入った仕組みであり、ソフトウェアの専門家でないと分かりにくいと思います。技術の詳細を勉強されたい方は大槻知史氏の解説書 [大槻2018] を推薦します。詳細な技術までは興味ないと思われる方には斎藤康己氏の解説書 [斎藤2016]、李セドル九段との全対局を彼の友人の金ジ

ノ九段によって書かれた[洪2016]は、「李九段がアルファ碁を完全に人間のトップ棋士を相手にしたかのように対局した様子」がリアルに描かれており、プロ棋士から見たアルファ碁を興味深く伺えることができます。アルファ碁との対局は日本のプロ棋士の実況解説を聞いたり、解説書を読んだりしましたが、アルファ碁はプロ棋士と同じように"高度な戦略"と"深い先読み"の能力を駆使して、"人のように"対局すると感じられるようで、この点からも興味深く感じました。実際のアルファ碁にはこのような能力は全くなく、ただ単に"その時点の局面に対して最も勝率期待値の高い「次の一手」を決める"だけの繰り返しにすぎないにも関わらず、です。なぜこのように錯覚させるのかは、アルファ碁に関する私の説明を読んで推量してみてください。いわゆる"囲碁AI"は人とは全く異なるメカニズムで動作しますが、"人のように"と錯覚させるのはなぜなのでしょうか。この素朴な疑問に答えられるようにしたいというのが、私の狙いです。これをある程度でも理解していただければ、AIへの妄想や恐怖心は消えると思います。AIは極めて有用な技術ですので、正しく理解し、適切に使うことが肝要です。

　この章で私がいいたいことは、アルファ碁がトッププロ棋士を凌駕した恐るべき能力をデモしたこととディープラーニング型AIの有用性は分けて考えるべきである、ということです。つまり、「アルファ碁はすごいな。ディープラーニングもすごいな。ディープラーニング型AIもすごいに違いない」は短絡的思考です。囲碁は一定のルールの下で行われる"勝負が明確"な二人ゲームですが、社会における広義のゲームは、より複雑で、得られる情報も不完全で、勝負の判定が不明瞭で、一方的な勝ちよりも長期的なウィン−ウィンが重要であり、サステイナビリティ（持続性）がより重要であるからです。アルファ碁はプロを凌駕する棋力で「次の一手」を決めることができますが、アルファ碁には対局しているという意識は全くないのです。画像認識で数字の"3"とか"自動車"を認識しているのは、ただ単に"教師データ"によって分類できるようにニューラルネットの"パラメータチューニング"が行われた学習結果を適用しただけで、何を分類したのかさえ分かっていません。意味を理解できる人間が"意味付け"しているにすぎないのです。繰り返しますが、高次の認知機能についての研究は「ミンスキー博士の脳の探検」に見られるようにまだほとんど学問的成果がありません[ミンスキー2006]。

　では、囲碁とは何かについて簡単に紹介し、モンテカルロ囲碁、アルファ碁、アルファ碁ゼロ、アルファゼロの順序で説明しましょう。

❖❖ **3.1 囲碁とは**

囲碁を既にご存知の方は、この節を読み飛ばしても構いませんが、アルファ碁の予備知識も入っていますので、拾い読みしてください。

❖ **3.1.1 はじめに**

「囲碁」は19×19路盤の361の交点に黒石－白石の順序で碁石を置き、終局で互いに囲った"地"の大きさを競うという単純なゲームです。まず、簡単に囲碁の歴史と現状を眺めてみましょう。囲碁は、インドで起こったボードゲームの一種であり4,000年の歴史を持っているといわれています（中国で起こったという説もあります）。中国を通って日本へ渡ってきたのは奈良時代頃といわれており、平安貴族を虜にしたようです。その後、高度な戦略、大局的思考力、様々な戦術（手筋）、形勢判断能力や"読みの力"を必要とするために、戦国時代（16世紀）には武将の間で戦術能力を磨くために愛用されるようになり、江戸時代になると囲碁を専門とする"家元制"と"碁所"が置かれ、本因坊、井上、安井、林の家元4家が囲碁で扶持をもらうようになり、将軍の前で対局する"御城碁"が行われるようになって互いに棋力を競うようになり、最も強い囲碁家に"名人位"が与えられました。現在の6大棋戦に本因坊線と名人戦があるのはここからきていると思います。江戸時代に日本の囲碁は発展し、ほぼ現在の形を形成したといわれています。特に江戸時代末期に現れた本因坊秀作は天才棋士であり、現在のプロ棋士もいわゆる"秀策流"を勉強しているそうです。

この間、中国では碁が廃れてしまいました。蒙古に支配された元の時代や、満州族に支配された清の時代に様々な中国文化が廃れましたが、生け花、茶、とともに囲碁が含まれています。1980年代になって日本棋院が中国と韓国に囲碁の普及活動を行い、3か国による国際戦が始まりました。当初は圧倒的に日本が強く優勝が続きましたが、90年代になって中韓のプロ棋士の実力が急速に向上し、2000年代に入ると日本代表の棋士は一回戦で敗退してしまうほどに棋力差が生じてしまいました。現在（2018年）、世界ランキングのベスト50位には井山九段（最も権威のある6つの棋戦で同時に6冠を取得して国民栄誉賞を受賞したことで広く知られている）一人が、やっと入っているほどに差がついています。中国と韓国では、合宿形式で才能のある子供たちを集めて囲碁のトレーニングをして

いることが、逆転をもたらした原因であろうといわれています。日本の義務教育制度ではこのようなやり方は難しいので、形勢の逆転は当分無理であろうというのがプロ棋士の悲観的意見のようです。一方、将棋は同じくインドで起こったようですが、ヨーロッパではチェスに姿を変え、日本では将棋に姿を変えたそうです。世界的に見るとチェス人口が最も多いらしく、囲碁人口も日本では将棋の約600万人に対して約400万人ですが、国際的囲碁人口は増え続けており、現在では4,000万人を超えているといわれています。この際囲碁を趣味として学びたいと思われる方は、入門書や入門者向きの囲碁ソフトをお勧めします。

　囲碁や将棋は論理性の高いゲームですが、意外なことにプロ棋士の対局時の脳活動を測定してみると、論理を司ることが知られている左脳ではなく、パターン認識や絵・音楽などを楽しむ"右脳"が活発に働いていることが分かっています。どうやら囲碁や将棋のプロ棋士は、駒や石の配置を"絵"や"風景"のように感じ取っているようです。対局において"次の一手"の候補は、ほぼ瞬間的に"見える"そうですが、才能と研鑽と経験から会得された知的能力であろうと思います。また、心の中で描いた理想的な"絵"を描くために、駒を動かし、石を置く、ようにも思われます。当然、勝負に直結する"戦いの局面"では、論理的に"深読み"をすることとなり、棋力の高い方、あるいは粘り強い方が"読み勝つ"ことになります。対局の過程で、常に"形勢判断"をしますが、有利であると判断すれば"ミス"を避けるために慎重な"手"を選び、その分だけその駒や石の"働き"が悪くなり、いつの間にか形勢が逆転するということは、よく見られることです。"勝ち切るのは難しい"とよくいわれます。コンピュータ囲碁やAI囲碁は、この点はどうなのでしょうか。読者の皆さんの判断にゆだねます。

　ちなみに、アマ4段クラスの私は、読み損なったり、勘違いしたりして、勝っているはずの碁を負けるということが頻繁にありますし、生きていると楽観していた石の集団がその後の展開で予想外の苦境に陥り、まるごと取られてしまうということも少なくありません。このようなことは、プロの対局でも時々見られます。アマチュアよりはるかに高いレベルでないと分からないことですので、プロ棋士である解説者の驚きを通して"なるほど"と理解するわけですが。また、一般に上段者の打つ手は予想するのが困難であり、"置き碁"のハンデはいつの間にか消えてしまいます。

　さて、囲碁は19×19路盤上に黒番－白番が交互に石を置き、互いに囲った"地"の大きさを競うという単純なゲームですが、いわゆる石を置いてよい"合法手"

の数、つまり"ゲーム木の探索空間"が10の360乗というとてつもなく大きなゲームです（厳密に数え上げることは困難ですが、一手の合法手の数が平均250とし、終局までの手数が200手と単純化したとき、250の200乗が約10の360乗になるというわけです）。参考までに、表3.1に、チェス、将棋、囲碁の探索空間の大きさを示します。囲碁の探索空間がいかに広いかがお分かりいただけると思います。なお、初心者教育には19路盤は複雑で対局に時間もかかりますので、7路盤で基礎を習得し、9路盤、13路盤を経て19路盤に至る、という教育プログラムが開発され、使われています。

表3.1 チェス、将棋、囲碁の探索空間の大きさ

	探索空間の規模
チェス	10^{120}
将棋	10^{220}
囲碁	10^{360}

3.1.2 ルールと打ち方

"囲碁ルール"と打ち方について説明しましょう。

基本的な囲碁ルールは次のようなものです。

1) 碁盤の線の交差部分に黒と白が交互に打つ（碁石を置く）。
2) 地（自分の領域）の多い方が勝ちとなる。
3) 相手の石は上下左右を囲うと取れる。
4) 禁止手（自殺手）がある。
5) コウという特別ルールがある。

"囲碁の対局"とは、黒が先番となって、お互いに"合法手"（ルールで許された着手、手、打つ、石を置くこと）を打ち、互いに合理的に"打つ手"がなくなったときを"終局"といいます。終局において、自分が取った石を相手の地に埋め、相手も同じように取った石で敵の地を埋めて、残った地の目数の多い方が勝ちとなります。自分の石で囲まれた交点のことを"目"（メ）と呼び、自分の地の中に目が2つあれば相手に取られることがありませんので、この石の集団は"生きている"といいます。囲碁の対局を簡単にいえば、"自分は目を2つ作って取られな

いように戦い、相手の地には目を2つ作らせないようにして戦うとともに、終局において地が相手より大きくなるように戦う"ことです。自分の石（あるいは石の集団）が前後左右の線とつながっている点のことを"呼吸点"（そこを通して石が呼吸をしている？）と呼びます。呼吸点が1つの状態で相手にそこに打たれると、その石（石の集団）は取られてしまいます。この状態を"アタリ"といいます。自分の石がアタリのときは、そこに石を打って呼吸点を増やすか、取られるよりももっと大きな価値を持つ着手点が他にあれば、そちらに打つこともよく見られます。

　また、わざと目がまだ1つしかない自分の石の集団を囲んでいる相手の石の集団を、目を2つ作らせないようにその外側から攻めることによって、無理矢理に自分の石の集団を取らせる戦法を"捨て石"戦法と呼びます。捨て石によって、相手の石の集団の外側に自分の石の集団（"壁"）が形成され、その後の戦いが有利になり、勝負に勝てるという"形勢判断"と戦略に基づいています。捨て石作戦を得意としているトッププロ棋士がいます。さて、先番の黒番が一手分だけ有利ですので、このハンデキャップを埋めるために6目半の"コミ"を白番に与えるというルールになっています（中国ルールでは7目半。半は「ジゴ」と呼ばれる引き分けを避けるため）。

　アマチュアの場合は、棋力の差を解消する方法として段級位の差を"置き碁"で調整するようになっています。アマチュアの段級位は、30級、29級……1級、初段、2段……9段となっており、対局は"ハンデキャップ戦"が原則です。ハンデキャップのつけ方には、統一ルールはありませんが、ほぼ次のようなルールが採用されています。たとえば、9段と6段のアマチュアが対局する場合は、6段が3子（石の数）を"星"と呼ばれる規定の場所にあらかじめ置いて、上段者である9段が白番となって先着するというものです。ちなみに、プロ同士の対局には置き碁はありません。プロテストと呼ばれる入段テストを受け、入段候補者同士で対戦して、上位5名が初段となってプロ棋士の資格を得るという制度が日本棋院にあります。プロ棋士になった後は、いわゆる公式戦での勝ち数（勝率ではない）が一定の基準をクリアすれば昇段できますが、6大タイトル戦の挑戦者リーグに入ったり、タイトルを取ったりすれば、"飛び級"のように昇段できます。現在の日本のプロ棋士は約450名です。

　では、"囲碁ルール"を、簡単な事例を使って9路盤で説明しましょう。

アタリ

"アタリ"一手で石を取る（あるいは取られる）最も基本的な"緊急な場面"、つまり呼吸点が1つの場面です。その例を図3.1に示します。アタリの状態を解消する（逃げる、助ける）には、アタリにされている石（石の集団）がつながるように、打つことによって呼吸点を増やすことです。

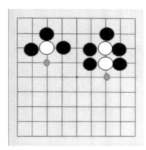

小さな丸印の位置に白が打てば呼吸点が3つとなり、"助ける"ことができる。

図3.1 黒石が白石をアタリにしている例

禁じ手と合法手

図3.2に"禁じ手"と"合法手"を示します。左上は、黒の中に白石を置く（打つ）ことはできませんが、一手で取れる場合は合法手になります。右下は、黒石の呼吸点は1つですので、そこに白を打つことによって、黒石6個を取ることができ、白には6目（モク）の地が生じます。取った黒石は、終局のときに黒地を埋めることができますので12目の地に相当します。つまり、敵の石を取ると二重の効果が得られますので、石の取り合い（戦い）がよく見られます。

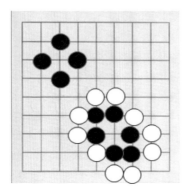

図3.2 禁じ手と合法手の例

生きている石とナカテ

　独立な目が2つある石の集団は、ルールとして同時に2カ所に石を置くことができないので取られることがなく、"生きている"といわれます。したがいまして、自分の石の集団が取られないように目を2つ作り、相手の石の集団を取るために目が2つできないように打ちます。"ナカテ"とは、先着した方は相手の石を取るか、自分の石の集団が生きるかが決まる石の配置をいいます。図3.3は、生きている石の集団と、3目ナカテの例を示します。左上は目が2つありますので生きています。右上は3目の黒地ですが、真ん中に黒が打てば生き、白が打てば黒は2目を作ることができなくなりますので、黒石全体を取ることができます。左下は、たとえ白に先着されても、その後直ちにその隣に黒を打てば、黒は目を2つ作ることができますので、生きています。

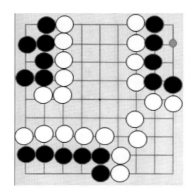

図3.3　生きている石とナカテの例

コウと禁止手

　"コウ"とは、特別な石の状態における禁止手のルールをいいます。図3.4の左のように、黒石がアタリになっているとき白石でその黒を取って右図になったとき、今度は白石がアタリになっている状態ですが、すぐにその白石を取り返すことは禁じられています。これがコウであり、黒は別の場所に打った後には"取り返す"ことができます。コウは高度な戦術の一つですが、これを使いこなせればアマチュアでは高段者です。プロの対局にはよく見られますが、コウをうまく使える棋士は少ないと思います。モンテカルロ囲碁はコウに弱いといわれ、アルファ

碁もコウに弱いと思われていました。しかしながら、アルファ碁同士の自己対局による"強化学習"を繰り返すことによって、トッププロでも勝てない、コウに強い囲碁プログラム、いわゆる"AI囲碁"が実現しました。"ディープラーニング神話"が生まれた瞬間といえましょう。

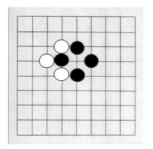 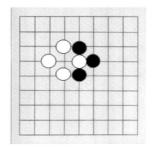

コウでは取った石をすぐに取り返すことは禁じられている。

図3.4 コウと禁止手の例

シチョウとシチョウアタリ

"シチョウ"とは、アタリから逃げる手を打ったとき、相手がまたアタリにできる状態になり、これを繰り返しても、結局は逃げ続けた石の集団全てが取られることになる"石の形"をいいます。シチョウは最も基本的で重要な「手筋」であり、「シチョウ知らずに碁を打つな」という格言があるほどです。シチョウの形に持ち込む方法や、相手の意図を読んでシチョウアタリ（シチョウを防止する手）を打てるようになると、アマチュアでも有段者でしょう。

図3.5に、最も典型的なシチョウの形と手順、図3.6にシチョウアタリを示します。シチョウの形を作ることや、シチョウが成り立つかどうかを判断するにはかなりの棋力と経験を必要とします。もし取り損なえば、そこら中に"両アタリ（2カ所同時にアタリが生じる）"というとても悲惨な状況が起こり、黒の勝ち目がなくなるでしょう。19路盤の端の方で生じた"シチョウらしい形"が本当に成立しているかを正確に判断するのは、容易ではありませんので、不成立である可能性を心配してシチョウに行かず、不利になることが少なくありません。

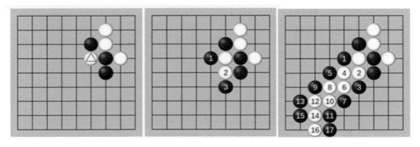

左の黒番がシチョウの形で、中のようにアタリを逃げてもアタリとなり、盤面の端まで行くと逃げられなくなって全ての石が取られる。

図3.5 シチョウの例

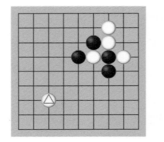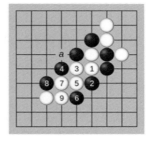

左で△の白石があると、右のようにシチョウが成り立たなくなり、白が a に打てば両アタリとなる！

図3.6 シチョウアタリの例

3.1.3 囲碁の対局について

　最後に、19路盤を使った"対局"とその例を紹介しましょう。一般に、対局は「序盤」、「中盤」、「終盤」の3段階に分かれており、序盤ではお互いに地の形成の基礎（"模様"）を築き合い、中盤ではお互いに地の拡大や相手の地の縮小と石の取り合い（"攻め合い"という）が行われ、終盤では「寄せ」と呼ばれる細かな地の拡大と消し合いが行われて、終局に至ります。寄せは、1～2目や半目を争う神経戦で、集中力と技術と、読みの力が問われますが囲碁知識として集大成されています。序盤での模様の構築に失敗すると、この段階で形勢の優劣に明らかな差

が生じてしまい、中盤で無謀な手を打って挽回を試み、失敗すれば大きな石の集団が取られたり、大きな陣地が築かれたりして、一方がギブアップする"中押し（チューオシ）"で終わるということになります。プロ棋士の対局のほぼ4割は"中押し"での勝敗になっているというのが、私の感想です。アマチュアの場合は、単なる"見落とし"による打ち損じ（ポカ）が多く、大逆転がよく見られます。

図3.7に、アルファ碁と李九段が公開対局をし、李九段が3連敗した次の第4局目の、李九段が白番の序盤と中盤の例を示します。この対局で、あの有名な「神の一手」と呼ばれる第78手が李九段によって打たれて、アルファ碁が負けたのですが、詳しくは後の章で説明しましょう。この局面を見ると、人間のプロ棋士同士の対局に見えてしまいますが、それは、アルファ碁がアマチュア高段者（6―9段）の16万局の棋譜、約3,000万局面を使って「教師あり学習」を行わせ、さらに"自己対局"による「強化学習」を行わせた効果だと思います。つまり、深層ニューラルネットワークが"人のような"打ち方を習得したのです。ただし、アマチュアがトッププロに勝てるはずがありませんので、アルファ碁同士の自己対局による「強化学習」が、いかに強力で有効なAI技術であるかをデモしたといえます。

実は、アルファ碁は科学論文としてあの有名な「ネイチャー（Nature）」に掲載され、プロ棋士であるファン・フイ二段に5連勝したことと、その全棋譜が論文の付録で公開されており、それを見た李九段は"負けるはずがない"と判断したようです。結果は予想と違って1勝4敗で負けたのですが、多分論文を投稿してからかなり多くの（100万局以上？）の自己対局と強化学習をさせたのではないでしょうか。これによって「AI＝ディープラーニング」という短絡的な"AIブーム"が起こったわけですから。

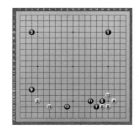 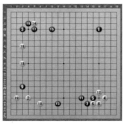 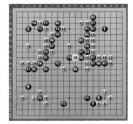

アルファ碁（黒）vs 李セドル九段（白）戦、第4局

図3.7 序盤（左）、中盤開始（中）と中盤（神の一手、右）の例（[洪2016]より）

Chapter 3 アルファ碁－ディープラーニング、モンテカルロ法と強化学習

　これには続きがあり、この対局を見た世界トップ棋士の中国の柯潔九段が（非公開の）対局を約1年後に行い、柯潔九段が3連敗してしまいましたが、この1年間に、さらに強化学習が行われ、李九段の1勝から得られたヒントでプログラムの改良も行われたようですが、詳細は企業秘密だそうです。さらに続きがあり、その後開発されたアルファ碁ゼロ（AlphaGo Zero）と、チェスや将棋にも応用されたアルファゼロ（AlphaZero）によって、関係者は完全にノックアウトされ、グーグルのビジネス戦略は現時点で大成功を収めているといえましょう。

　「対局」について少し補足しましょう。囲碁の対局は、序盤（布石）、中盤（戦い）、終盤（寄せ）に大まかに分かれていることは少し説明しましたが、序盤では「一手の効率」と「中盤での戦いをいかに有利に行えるようにするか」に、大局観と戦略に基づく石の配置が重視され、いわゆる「古来からの経験の蓄積に基づく」局所的なバランスを取る"定石"や、棋士のいわゆる"棋風"（好みや得意）で違ってきます。布石に失敗して中盤で形勢が悪くなり投了（中押し）で終わるケースが多い理由がここにあります。なお、代表的な棋風には、"地に辛い"、"戦いを好む"、"中央志向"、"足早な展開"や、"厚み指向"などがあり、いずれも感覚的なものといえるように思いますが、私にはプロ棋士の性格がこのような棋風に現れるように感じられます。

　"棋風"が実際の対局にどのように現れるかといえば、たとえば、いわゆる"厚み志向"同士の対戦では、一手の"石の効率"（働き）が重視され、白番は6目半のコミを守るように打ち、黒番はコミを覆すようにより積極的に打ち進め、取るか取られるかの"攻め合い"を避けるために、終盤の"寄せ合い"という神経戦に持ち込まれ、「半目」差で勝敗が決まることが多く見られます。これには正確な形勢判断能力（自分と相手の終盤における地の目数の推定値の計算能力）が求められ、アマチュアには手の届かない領域であるといえます。一方、"地に辛い"棋風の棋士は碁盤の4辺や4角を重視して地を増やすように打ち進め、相手が"攻め合い"に持ち込もうとしても、それに引き込まれないように打ち進める傾向が見られます。しかし、途中で形勢が悪いと判断した方が無理に"戦い"に持ち込むことも多く、失敗して投了に終わるケースが少なくありません。このような打ち方はアマチュア高段者同士にも見られます。

　対局でよく見られる"打ち方"（戦術、手筋）として、"定石"、"シチョウ"、"もたれ攻め"、"振り替わり"、"コウ"、"利き"、"捨て石"などがありますが、これらは歴史上の先人によって発見された対局の工夫や経験が、囲碁知識として体系化されたものといえます。なお、勝負を決めるために多少無理して強引に見

178

える"一手"のことは"勝負手"と呼ばれ、勝負を振り返ってみて勝ちをもたらした"一手"のことは"勝着"、逆に負けを招いた原因の"一手"は"敗着"と呼ばれます。例の、アルファ碁が韓国の李セドル九段と公開対局をして、3連敗の後の4戦目で勝ったときの"神の一手"と呼ばれるようになった第78手は、李九段の"勝着"であったといえます。この対局は同僚が詳しい解説本にまとめていますが[洪2016]、それを読むと李九段はアルファ碁が人間のプロ棋士であると思って対局したようです。つまり、人間のように、構想を立て、打たれた手から相手の意図を読み取り、高度な手筋を駆使して打つ、というやり方です。実はアルファ碁は単純に"その時点の盤面"に対して、最も勝率期待値の高い"次の一手"を打っているだけなのですが、AI的視点から見ると大変興味深い点ですので、その仕組みを後の章で分かりやすく説明しましょう。ディープラーニングの特徴を正しく理解する助けになりますので。

3.2 モンテカルロ法とは

アルファ碁が出現する前は、コンピュータ囲碁とは「モンテカルロ囲碁」でした。また、モンテカルロ法はディープラーニングでもニューラルネットの重みパラメータの初期値設定や対局シミュレーションに使われており、アルファ碁の重要な構成モジュールの一つでもありますので、ここでは基礎知識として説明します。

3.2.1 はじめに

「オペレーションズリサーチ (Operations Research、OR)」と呼ばれる学問分野があり、学術団体として日本オペレーションズリサーチ学会があり、科学的経営法の理論や技術の研究が行われていますが、本来の意味は作戦 (Operations) の科学的研究という軍事分野の用語です。つまり、ORは軍事から起こり、その後産業へと展開されていきましたので、日本では"経営科学"と訳されていることもあるようです。モンテカルロ法は、第2次世界大戦においてイギリス軍が開発した軍事技術で、敵の軍艦を空爆によって撃沈するために発明された確率・統計学的方法であると若い頃に学んだことがあります。当時は誘導ミサイルが存在しませんでしたので、空爆は一発必中ではなく、敵の軍艦の周辺に多数の爆弾を落とすとその中の何発かが命中し、一定の数が命中すれば敵艦が沈没するという

Chapter 3 アルファ碁―ディープラーニング、モンテカルロ法と強化学習

考え方と方法でした。「無駄を少なく、確実に撃沈するには、何発の爆弾を落とせばよいか」という"確率モデル"に置き換えられたようです。落下された爆弾は敵艦の周辺にばらついて落ちるはずですから、命中には偶然性が生じ、確率モデルで研究できるというわけです。当時はまだコンピュータは存在しませんでしたので、"手回し計算機"を用いて人海戦術で実行されたようです。その成果についての学術的論文があるかもしれませんが、私は現時点では確認していません。しかしその後OR（オーアール）は中核技術の一つとして大きく発展しましたので、かなりの効果を上げたと判断できます。

　日本に入ってきたのは、1955年に自衛隊の中にORを担当する部門が設立され、若い自衛官が米国に派遣されてORを勉強したときモンテカルロ法もカリキュラムに含まれており、そこで学んだことを帰国後に学問として普及させ、コンピュータシミュレーション技術の一つとして発展し、今日に至っていると考えられます。ただし、モンテカルロ法という名称はカジノで有名なモンテカルロにちなんでJ.F.ノイマンが名付けたといわれています。ルーツに関しては別の意見もあります。前置きはこの程度にしてモンテカルロ法のポイントを簡単に説明しましょう。

　"モンテカルロ法"は、「乱数を使ったコンピュータシミュレーション」の技術の総称です。コンピュータシミュレーションとは、実物で試す代わりにそのコンピュータモデルを使って試す方法の一般名称です。たとえば、自動車の開発を想定してみましょう。性能だけでなく、それ以上に安全性が必要ですが、試験車両を作って様々なテストを行うことは、実験の困難さとコストの問題に加えて、現実的に不可能なこともあります。たとえば、危険な環境での運転や事故による運転者や同乗者への影響をテストすることは不可能です。コンピュータシミュレーションでは様々な実験が可能となり、その結果を性能が高くて安全な自動車の実現に生かすことができます。同様のことが、航空機、新幹線、船の開発にも応用でき、さらには台風や地震などの自然災害の研究や対策にも応用できます。ビジネス分野へも当然応用でき、応用されています。複雑な問題のシミュレーションには高性能のスーパーコンピュータが必要になり、問題の複雑化や要求の高度化に伴ってさらに高性能のスーパーコンピュータが求められます。最近の天気予報は極めて正確ですが、これはスーパーコンピュータによる精密なモデルを使ったシミュレーションで将来を予測できるからです。

　対象とする問題が"ランダムな現象"を含むとき、つまり確率的に起こる現象を対象とするときに"乱数"（ランダムナンバー）が必要となります。テニスの試

合で使われる先攻か後攻を選択できる権利者を決めるときに使われる"コイントス"は、1か0を各50％の確率で生じさせる1-0乱数（2進乱数）であり、"すごろく"で使われるサイコロは、1から6までの数値がランダムに得られる"乱数発生器"といえます。精密に作られたサイコロの場合は、60回程度の試行では"たまたま"出る目が"偏る"こともあるでしょうが、たとえば600万回も繰り返すと、どの目もほとんど同じ頻度（確率）で生じることが統計的に分かるはずです。このような実験はモンテカルロ法と呼べるものですが、試行回数が少なければ偏り（誤差）が大きく、試行回数が増えるとともに誤差が小さくなることが理論的に証明されており、直感的にも納得できるでしょう。"確率的現象"から得られるデータを多く収集し、数学的に分析してその性格を引き出す方法が"統計学"であるといえます。モンテカルロ法は、コンピュータシミュレーションと確率論と統計学に渡る学際的研究分野であるわけです。得られる結果は"近似値"です。モンテカルロ法は、ランダムな現象だけでなく、理論的に計算できる問題にも比較的容易に近似解を得られるという利点により、応用されています。関心のある方は専門的な入門書を読んでください。

さて、敵戦艦の爆撃作戦にモンテカルロ法が使われたことを説明しましたが、この場合は一定の面積を持つ敵戦艦に一定の数の爆弾を命中させるための作戦研究でした。これを逆に使えば面積を求めることができ、その方法で円周率πの近似値を求めることもできます。このような問題は確率現象ではありませんが、数学的に複雑な問題を正面から解く代わりに、モンテカルロ法によるコンピュータシミュレーションで簡単に"近似解"を得ることができます。このためには、ランダムな現象をコンピュータプログラムでシミュレートするために高品質の"乱数"が必要です。もし、"いびつ"なサイコロのように"偏り"のある乱数が使われれば、シミュレーションの結果は期待される値とは異なったものになります。モンテカルロ法によるコンピュータシミュレーションのことを"モンテカルロシミュレーション"とも呼びますが、モンテカルロシミュレーションには高品質（偏りのない）の乱数が不可欠なのです。モンテカルロシミュレーションに使われる乱数は「疑似乱数」と呼ばれる「乱数生成アルゴリズム」で人工的に作られた乱数です。また、ランダム現象といっても全てが同じ確率で起こるものだけでなく、色々な"偏り"のある現象があることが分かっています。理論的な偏りを持たせた疑似乱数生成法もあります。

囲碁は盤面が19×19＝361の交点ですが、一手ごとに交点の数は減少します。

Chapter 3 アルファ碁－ディープラーニング、モンテカルロ法と強化学習

しかも、碁のルールによって"ある局面"では「打つことが禁じられている交点」（禁じ手）がありますので、モンテカルロ法といっても、囲碁用に大幅に変えられています。乱数についても高品質はそれほど必要ではないと思います。この点も理解していただきたいと思います。

そこで、まず乱数とその作り方を簡単に説明しましょう。

3.2.2 乱数とその作り方

"ランダムな現象"をコンピュータでシミュレートしようとするとき、その現象をランダムに発生させるために"乱数"が必要となります。ランダム現象の発生とは異なりますが、コンピュータが未だ存在しなかった頃は、乱数表と呼ばれる数表が使われて"平文"の暗号化と復号化が行われていました。第2次世界大戦では日本軍の暗号表が米軍に盗まれただけでなく、無線電信で送られた暗号文の傍受とその暗号文の解読も行われていたことが戦後に判明しました。ガダルカナル島の海戦で主な空母のほとんどが米空軍に撃沈されたことが、日本の敗戦の始まりであったことが知られ、その原因が分析されて本にもなっていますが、組織論としての問題だけでなく、暗号文が解読されていたという事実が直接的なダメージであったといわれています。

教養として知っていた方がよいと思いますので、暗号文の解読の話をしているのですが、暗号文の元は"平文"と呼ばれる自然言語文です。実は自然言語文から作られた暗号文の解読と、機械翻訳には共通の性質があります。暗号文は翻訳文と違って文法規則に従っていませんが、元となった平文という自然言語文の文法規則や語の並びという性質を維持しています。この性質を利用して解読が行われたのです。最近の暗号技術は極めて巧妙になっていて当時のように人力で解読することはとてもできないようになっているはずですが。各文字が1つの暗号に対応するという簡単な例を考えてみましょう。解読の手順を簡単化して説明すると次のようになります。日本語の文章として作戦司令で使われる文章を大量に入手できれば、統計分析によって文字の出現頻度が分かります。この結果を暗号文に当てはめると、最も多く使われる文字の暗号を推定できます。また、どんな語がよく使われるかだとか、語の並びに関する統計的性質も分析できます。これらを使って、少しずつ"文字単位"、次に"語単位"、次に"文章"を推定できます。この結果を使えば、暗号表の作成が可能となります。ガダルカナル島海戦の前に、米軍の暗号解読部隊では既に暗号表を作成していたらしいといわれています。解

182

読されることを防止するために暗号表の切り替えが頻繁に行われたようですが、航空機や船舶で機密裏に全ての部隊に届けることは至難の業であったはずです。

現在でも、政治、ビジネス、軍事の世界で文書をやり取りするためには"暗号技術"が使われていますが、暗号技術の高度化とともに"解読技術"も高度化されており、暗号技術はITの先端技術でもあるわけです。既にかなり前に"公開鍵暗号方式"が制定され、機密文書の通信に使われていますが、音声会議やビデオ会議がインターネットで行われる現在では、チップ化された暗号化・復号化ユニットが広く使われているようです。それでも政治や軍事の世界では機密保持が不十分であるといわれ、量子暗号方式が最も解読困難な暗号技術といわれていますが、当然コストも高くなり、通信距離が短すぎるという課題もあるようです。

モンテカルロシミュレーションで使われる乱数は、目的も性格も全く異なり、情報の機密性という側面は全く必要ありません。通常は"乱数発生アルゴリズム"によって作られた疑似乱数です。ランダム現象としては、たとえば、映画館やレストランへの客の到着間隔、事故や災害の発生間隔、ある交差点での車両の通過間隔、などが挙げられます。一般に乱数は均一で偏りのないランダムな数字の系列ですが、ランダム現象はそれぞれ問題によって確率現象としての"偏り"が起こりますので、その偏りを再現するような乱数列である必要があります。たとえば、予約制でない一般のレストランでは、客が集中する時間帯と閑散とする時間帯があり、確率分布としては"ポアッソン分布"が当てはまることが知られています。この分布は、客の到着間隔が短いほど多く、長いほど（閑散とするほど）少ないという性質を持ったものです。したがって、この現象のモンテカルロシミュレーションには、ポアッソン分布に従う"偏りのある"乱数列が必要となります。事故対策や災害対策にモンテカルロシミュレーションを活用する場合には、過去の事例の統計分析だけでなく、リスク回避のためにより納得できるランダム現象を想定した乱数の生成が必要となるでしょう。

「疑似乱数」を作るコンピュータアルゴリズムはいくつかありますが、偏りの少ない"一様乱数"を作る最も簡単で古典的な例として"平方採中法"というフォン・ノイマン（Von Neumann）によって発明された方法を説明しましょう。これは、たとえば4桁の疑似乱数列を得るには、4桁の数値を初期値とし、その初期値を平方（2乗）した値の"中央"の4桁を乱数1とし、それの平方した値の中央の4桁を次の乱数2とし、同じことを繰り返して乱数3、乱数4、……、というように4桁の"疑似乱数列"を得るという、極めて簡単な方法です。図3.8に例を示しましょ

う。この例では、初期値を"3586"としてあります。これらの値を10,000で割れば、0.0〜1.0間の乱数が得られます。囲碁の場合は1〜361の一様乱数が必要になりますので、この値になるように変換すればよいことになります。また、石が置かれている交点と重なったり、"禁じ手"に当たる交点になった場合や、勝負として明らかに不利であると判断できる交点に相当する場合は、次の乱数で試してみればよいことになります。

なお、色々な疑似乱数を作るアルゴリズムが提案されていますので、興味のある方は調べてみてください。

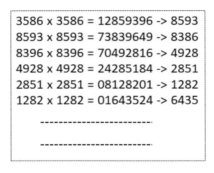

図3.8 平方採中法による4桁の疑似乱数列の例

3.2.3 モンテカルロシミュレーションとは

最後に、モンテカルロ法の簡単な応用例として、モンテカルロ法による(乱数を使った)"コンピュータシミュレーション"で円周率 π の近似解を求める方法を説明しましょう。$\pi = 3.1415924\cdots$ という数値であることは読者の皆さんは誰でもご存知だと思います。半径が r の円の面積と π の間には次の式が成立することもご存知と思います。

半径 r の円の面積 $= \pi r^2$

この式より、半径 r を1.0とすれば、一辺の長さが1.0の正方形に内接した円の面積が π の値であることが分かります。したがって、モンテカルロ法で π の近似値を求めることが可能となります。まず、横軸を X、縦軸を Y とし、1.0の正方形を作ります。次に0.0から1.0までの疑似乱数一組、たとえば、($x = 0.354$、$y = 0.645$)で1つの位置が決まり、それをその正方形内にプロッ

トし、これを繰り返します。このとき、全体のプロットのうち半径1.0の円の中に入ったプロットの数の割合を求めると、その値がπの近似値になるというわけです。

　プロットの数が少ないときは誤差が大きいですが、プロットの数が多くなるにしたがって誤差は小さくなります。図3.9にその例を示します。乱数で求められたプロットの数が26個（左）のときはπの近似解が3.07ですが、69個に増えたら3.13と、より正しいπの値に近づいていることが分かります（4を乗じてあるのは4分円であるからです）。

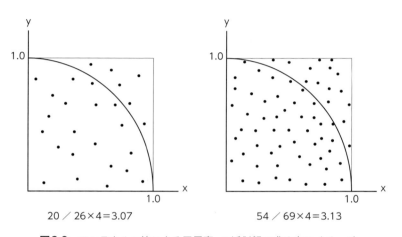

図3.9　モンテカルロ法による円周率πの近似解の求め方のイメージ

3.2.4 モンテカルロ囲碁

　まず、"モンテカルロ囲碁"の考え方について説明しましょう。囲碁は、人と人が戦略と技術（布石、定石、手筋、読み）を駆使し、かつ相手の意図を見抜いて対応し、勝負を決める高度頭脳ゲームですから、各「手」にはそれなりの意味と必然性があるはずであり、モンテカルロ法とは一見関係なさそうですので不思議に思われることでしょう。ところが、コンピュータプログラムとしての技術的視点からモンテカルロ法を改良した「モンテカルロ木探索法（MCTS）」がフランス人のクーロン（Remi Coulom）に2006年に発明されて論文で公開されました[Coulom2006]。また、この技術を使ったコンピュータ囲碁であるクレイジース

トーン（CrazyStone）がこの分野にブレークスルーをもたらしました。この論文では9路盤が対象でしたが、その後19路盤へと拡張されていきました。

さらに、モンテカルロ木探索法（MCTS）を中核として、より強化するために、アルゴリズムの改良や囲碁知識の活用法が工夫され、2015年頃には日本で開発された「ゼン（ZEN）」が日本棋院のトッププロ棋士に4子局（ZENがあらかじめハンデキャップを補うために星と呼ばれる位置に4つの黒石を置いてプロ棋士が先手、つまり白番、で対局する方法）でほぼ勝負が均衡する程度まで強くなりました。当時のコンピュータ囲碁はモンテカルロ木探索をベースに改良され、少しずつ強くなっていましたので、プロ棋士のレベルに到達するには、少なくともあと10年はかかるであろうと見られていました。この予想はディープラーニングを取り入れたアルファ碁が2016年に出現したことで砕かれました。これを契機としてAIブームが再来したわけです。

"モンテカルロ法"とは、乱数を使うコンピュータシミュレーションの総称であることは、前の項で説明しました。人間と人間の対局についても既に説明しました。ここで、人間とコンピュータ囲碁とが対局していると想像してください。人間は、相手（コンピュータ囲碁）が人間であると想定して「次の一手」を打ちます。コンピュータ囲碁の番では、"有望な候補手"の各々について、複数回のモンテカルロシミュレーションを行い、各シミュレーションで勝敗を確認し、最も勝率の高い候補手を「次の一手」に選んで、打ちます。これを、終局まで続けます。この説明では分かりにくいと思いますので、補足しましょう。

まず、乱数には、盤面の交点である1〜361の値を取る"一様乱数"を疑似乱数発生器（プログラムモジュール）で発生させたものを使います。発生させた乱数で求めた位置に既に石が置かれていたり、禁止手に相当する位置の場合は、次に発生させた乱数を使います。つまり、その乱数の位置が「合法手」に相当すれば、採用されるというわけです。さて、モンテカルロシミュレーションでは、その盤面から、コンピュータ囲碁同士が互いに乱数を使って手を進め、終局まで打ち進めて、「地」をカウントして、勝敗を確認します。同じ候補手からスタートしても、互いに次の手は乱数で選びますので、勝敗は終局まで打ち進めないと分かりません。この、終局までモンテカルロシミュレーションを行うことを「プレイアウト」（あるいは「ロールアウト」）と呼びます。高速コンピュータを使って、たとえば10個の候補手について、各100回のプレイアウトを行えば、100回中の何回勝ったかを示す"勝率"が得られます。そこで、10個の候補手の中で最も高い勝率を

得た候補手を、"評価関数"が最も高い候補手と考えて、「次の一手」に選びます。次に人間が「次の一手」を打てば、盤面（局面）が移ります。コンピュータ囲碁は、その盤面から、上と同じことを行って、「次の一手」を打ちます。これを繰り返すことで、人間とコンピュータ囲碁（モンテカルロ囲碁）との対局ができます。モンテカルロ囲碁が、モンテカルロシミュレーションで実行されることがお分かりいただけたと思います。

図3.10は、モンテカルロ法による「次の一手」の選び方のイメージを示します。この例では、黒の手番（コンピュータの手番）で候補が3手あり、それぞれ7回のプレイアウトをしたとして、最も勝率の高い第3の候補を「次の一手」に選んで指します。次に白番（人間）が打つと、黒番は同じようにして候補を選び、プレイアウトを複数回行って、「次の一手」を決めて指します。プレイアウトの数が多いほど「次の一手」は適切な手になると考えられますが、ランダムシミュレーションですので、正しいという保証はありません。正しい手は、たまたま選ばれなかった、という可能性もあります。なるべくプレイアウトの回数を増やすしかありません。

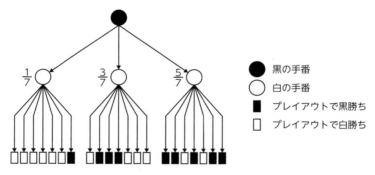

図3.10 モンテカルロ法による「次の一手」の選び方のイメージ

しかしながら、このやり方では極めて多数回のモンテカルロシミュレーションが必要となります。たとえば、上の例とは逆ですが、人間が黒番（先番）で第一手を打てば、白番のコンピュータから見れば、候補手の数は360個（361－1）になり、各候補につき100回のプレイアウトを行えば、合計36,000回のシミュレーション（プレイアウト）が必要となります。この数は対局が進むにつれて減りますが、終局までには膨大な数のシミュレーションが必要となります。このようなモンテカルロ法による囲碁プログラムのことは、"原始モンテカルロ囲碁"と呼

ばれておりますが、この方法では、とても強い囲碁プログラムは実現できません。

ところで、人間の打ち方で考えてみると、各盤面において"有望手"の候補は限られています。序盤の"布石"、中盤の"戦い"、終盤の"寄せ"には、様々な囲碁の知識が活用されます。図3.11にアマチュア高段者同士が対局した布石の例を示します。この段階で、黒と白はそれぞれ将来"地"にすることができそうな石の配置（地模様）が形成されている、ことが分かりますね。左上角、右下角は、ほぼ黒の地になると思われます。このようにがっちり固められた地模様を"確定地"と呼びます。一方、白は石の配置がばらばらで、まだ確定地といえそうな地模様がありませんが、左上には中央での戦いが強そうな石の並び（"壁"といいます）ができており、右辺には、未だ確定地とはいえませんが、比較的大きな地になりそうな"模様"が形成されており、今後の可能性を考えると、両方のバランスは取れているように見えます。また、この段階で、黒27は、ここに白が打たれると右辺に大きな地ができそうであるのを"消す"働きがあり、同時に下辺に地模様を作りたいという意図がありそうです。白28は相手のこの意図を読んで、黒27の働きを消すとともに、左下角に地模様を作ろうとしていると思われます。

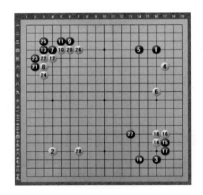

図3.11 人間同士の布石の例

このように、相手の"意図を読む"という知能はAIの基礎となる認知科学（認知心理学）の課題でありますが、囲碁という高度な頭脳ゲームにおいては、アルファ碁でさえも未だ実現されていません。しかし、アルファ碁と対戦したトッププロ棋士の李セドル九段は、アルファ碁がトッププロ棋士であるものと思って対局していることが、「アルファ碁vs李セドル」（[洪2016]）に真に迫るように書かれて

います。このことは、アルファ碁が人間のトップ棋士と同じように、高度な囲碁の知識を持ち、戦略的で、相手の意図を読みながら打っている、と思わせる"秘密"があることを示しています。この"秘密"は、AIを使ったシステムに共通の問題を含んでいますので、後の章で詳しく説明しましょう。実は、"知能"としては決して優れたものではありません。この点が理解されないと、現在のレベルのAIに過大な想像と期待を持ってしまうことになり、誤解を生み、様々な混乱をもたらすでしょう（既に"誤解"をうまくビジネスに活用している状況ではありますが）。コンピュータ囲碁の話に戻しましょう。とはいえ、コンピュータも何らかの方法で"囲碁の知識"を使うことができれば、候補手を絞ることができ、無駄なシミュレーションを減らすことができます。

　囲碁プログラムを強くするための工夫は、他にもあります。もし過去に打った手をゲーム木の形で表し、この各ノード（接点）に有望度を表す何らかの評価値を付けることができれば、それを使って有望度の高い候補に重点を置くようにプレイアウトを調整するなど、より効率よく、合理的にシミュレーションして、より適切に「次の一手」を決めることができます。このような考え方で改良されたモンテカルロ法が、"モンテカルロ木探索（Monte Carlo Tree Search、MCTS）"です。では、MCTSの考え方とおおよその仕組みを説明しましょう。

3.2.5 モンテカルロ木探索法

　"モンテカルロ木探索（MCTS）"は、コンピュータ囲碁のために発明されたモンテカルロ法の改良版であるといえます。これは、ゲーム木探索とモンテカルロ法を組み合わせたものです。ここでは、MCTSを活用したプログラムのことを、便宜的に「モンテカルロ囲碁」と呼ぶことにしましょう。まず、考え方を説明します。

　モンテカルロ囲碁では、ゲーム木が中核となります。ゲーム木については第1章で説明しましたが、少し復習しましょう。普通、木は根が地中にあり、下から上に伸びながら枝を張りますが、ゲーム木では、図1.8で示しましたように、根（ルート）を頂点にして、下の方に枝を張るという形にします。枝分かれの部分や先端に当たる部分を節（ノード）と呼びます。簡単なゲームでは、図1.9で示しましたような"ミニマックス探索"や、効率のよい"アルファベータ探索"が使われますが、囲碁のような複雑なゲームには応用できませんし、将棋のような"評価関数"も使えませんので、モンテカルロ法によるプレイアウトを組み合わせたゲーム木探索法が発明されました。それが、モンテカルロ木探索（MCTS）なのです。

Chapter 3 アルファ碁—ディープラーニング、モンテカルロ法と強化学習

　MCTSのアルゴリズムで作られるゲーム木のノード（節）が、候補手に相当します。囲碁の対局（ゲーム）の開始時点では、"ルートノード"（根ノード）があるだけですが、初めてモンテカルロ囲碁の手番になったとき、ルートノードから1つ下に候補手に相当する複数のノードが生成され、どの候補手（ノード）が最も有望な"次の一手"であるかが、モンテカルロシミュレーションによるプレイアウトの結果を使って、評価されます。ここで使われる評価尺度が、"UCB1"値と呼ばれるものです。次の手番は人間ですが、人間に手番を渡す前に、今作られた2段のゲーム木の各ノードに、UCB1値を含む3つのパラメータが付加されます。人間が打って、次に再びモンテカルロ囲碁の手番になったときは、このゲーム木を使って（評価して）、木をルートから下方へたどりながら、最も有望な先端ノード（リーフノード）を選んでプレイアウトを行い、その結果によって「次の一手」を決めるとともに、UCB1値を含むパラメータの更新を、木全体に対して行います。また、ある条件を満たせば、そのリーフノードが2分割されて、木は下方へ1段伸びます。次に、人間の手番となり、その次が再度モンテカルロ囲碁の手番となります。そのたびに、木が評価され、下へ伸び、各ノードのパラメータも更新されます。これを繰り返して、終局に至り、勝敗が決します。以上は、かなり大まかな説明ですが、MCTSの詳しい説明の前に、UCB1と呼ばれるアルゴリズムについて、簡単に説明しましょう。なお、UCBとは、"信頼上限（Upper Confidence Bound）"と呼ばれる指標です。

　「UCB1」は、機械学習の分野で研究されている「多腕バンディット問題」と呼ばれる、一種のゲーム戦略の理論的アルゴリズムです。では、簡単に図3.12を使って説明しましょう。多腕バンディットとは、スロットマシンの別称で、複数の腕を持つ架空のプレイヤーを想像してください。スロットマシンは、コイン1枚を投入してレバーを引くと回転し、止まったときに"運がよければ"コインが出るという簡単なゲームマシンです。多分、ゲームセンターなどで使われた経験がおありでしょう。多腕バンディット問題とは、複数の、それぞれコインの出る確率の異なるスロットマシンに、手持ちのコインを何個ずつ投入すれば、最も高い報酬が得られるかを決めるアルゴリズムです。ここで、コインは1枚ずつ投入してその結果を確認しつつ、マシンを変えながら繰り返し、最終的に最大の報酬を得るという問題です。スロットマシンのコインの出る"確率"（真の確率）はそれぞれ決まっていますが、ゲームをする人はこの情報を知らないこととします。少しずつコインを投入しながら、成功と失敗を繰り返し、各マシンの真の確率を推定しつつ、できるだけ大きな報酬を得ようとするゲームです。

190

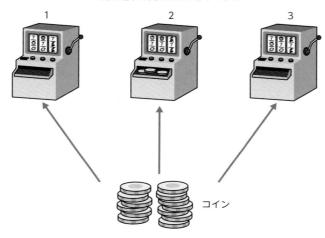

図3.12 多腕バンディット問題

多腕バンディット問題における報酬の期待値、すなわちUCB1値は、図3.13にある式で与えられます。

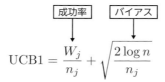

$$\text{UCB1} = \frac{W_j}{n_j} + \sqrt{\frac{2\log n}{n_j}}$$

W_j：腕 j の成功回数
n_j：腕 j の試行回数
n：総試行回数

図3.13 UCB戦略を決める式とその意味

この式は、次のような巧妙な意味を持っています。UCB1値は、主に第1項の成功率で決まります。つまり、マシン $j(j = 1, 2, \cdots)$ にコインを投入する試行の結果もし成功すればそのマシン j の成功率は高くなり、次の試行でもマシン j が選ばれますが、その試行が失敗すればマシン j の成功率は下がり、次の試行ではより成功率の高いマシンが試行される可能性が高くなります。このようなことを繰り返すと、1回も試行されない可能性のあるマシンが出ますが、ひょっ

とするとそのマシンの"真の確率"は高く、たまたま選ばれなかったからかもしれません。これでは、結果として最も大きな報酬を得る可能性が低下します。成功率だけで「次の試行」を決定すると、このような欠点が生じます。

この欠点を補うのが第2項の"バイアス"です。第2項は、次のような働きをします。コインの投入数が多くなったとき、j番目のコイン投入数が少ないと、分母の値n_jが小さくなり、逆に分子の総試行回数nの値が増え、結果として第2項の値が相対的に大きくなります。その結果、それまで"たまたま"見過ごされていたマシンが選ばれるということになり、もしその試行で成功すれば、そのマシンの成功率が高くなり、その後も選ばれる可能性が高くなります。このように、"UCB戦略"は、簡単ですが巧妙に働きます。

表3.2に、スロットマシンを2台(腕が2つ)にして、10回の試行を行ったとき、UCB1値がどのように変化し、その結果として、どのマシンが選ばれるかを、各試行との関係で、示します。この実験はランダム性を持っていますので、再度10回の試行をすれば、異なった結果になることが、ご理解いただけると思います。また、試行回数を増やしていけば、理論的に最大の報酬が得られるような試行に収斂することが証明されています。

表3.2 腕が2つの「多腕バンディット問題」に対するUCB戦略の試行例 [大槻2017]

試行回数	選択	成功／失敗	腕1 (真の確立80%)			腕2 (真の確立50%)		
			成功回数／失敗回数	成功率	UCB1	成功回数／失敗回数	成功率	UCB1
1回目	腕1	×	0／1	0.0	<u>0.00</u>			0.00
2回目	腕2	○		0.0	0.00	1／1	1.00	<u>1.41</u>
3回目	腕2	×		0.0	0.78	1／2	0.50	<u>1.78</u>
4回目	腕2	○		0.0	0.98	2／3	0.66	<u>1.09</u>
5回目	腕2	×		0.0	1.10	2／4	0.50	<u>1.17</u>
6回目	腕1	○	1／2	0.50	<u>1.18</u>		0.50	0.94
7回目	腕1	○	2／3	0.66	<u>1.48</u>		0.50	1.09
8回目	腕1	×	2／4	0.50	<u>1.52</u>		0.50	1.20
9回目	腕1	○	3／5	0.60	<u>1.28</u>		0.50	1.28
10回目	腕1	○	5／6	0.83	<u>1.31</u>		0.50	1.24

"UCB1戦略"の考え方は、以下のようなものです。

- 期待値（UCB1値）の高いマシンにより多くのコインを投入する。
- コインの投入がまだ少ないときは、運悪く期待値が低くなってしまう可能性があるので、投入コイン数の少ないマシンを優遇する。

この考え方に基づく"UCB1アルゴリズム"は次のような簡単なものです。

1. 全てのスロットマシンに、コインを1枚ずつ投入する。
2. 各スロットマシンについて、UCB1値を求め、最大値を持つスロットマシンにコインを1枚投入する。
3. 制限時間が来るまで2を繰り返す。

　さて、このアルゴリズムを"囲碁"に置き換えて考えてみますと、各スロットマシンを"合法手"と考え、1枚のコインの投入とレバー操作をプレイアウトと考えると、"多腕バンディット問題"をMCTSに置き換えることが可能となる、というわけです。つまり、一手ごとに更新されるUCB1値が、有望な「次の一手」の"評価尺度"になるというわけです。私は、この着想を得た研究者に敬意を表したくなります。多分、色々試しては失敗し、次の可能性を仲間と議論している中で得られた着想なのではないか、と思います。コンピュータ囲碁クレイジーストーンがMCTSの能力の高さを、コンピュータ囲碁大会で優勝することによって実証した後は、一斉にMCTSが採用され、改良されて、毎年強くなっていったのですが、フォロワーがアルゴリズムを改良するのは相対的に簡単なことです。では、UCB1戦略を使ったMCTSのアルゴリズムを説明しましょう。

🎬 モンテカルロ木探索法による囲碁プログラム

　「MCTSアルゴリズム」は、ゲーム木を生成しつつ、自分（モンテカルロ囲碁）の手番が来ると、その都度ルートから下へ向かってUCB1値の大きなノードを降りていき、リーフノードに至ったとき、プレイアウトを行ってその結果を評価し、最も勝つ可能性の高い「次の一手」を打つとともに、木全体のUCB1値を更新する、ことの繰り返しです。MCTSアルゴリズムは、「選択」（Selection）、「展開」（Expansion）、「評価」（Evaluation）、「更新」（Update）の、4つのステップで構成されています。

- ステップ1（選択）：ルートノードから始め、UCB1値（勝率＋バイアス）を最大化

するノードを選びながら下へ進み、リーフノードへ至る。
- ステップ2（展開）：このリーフノードの訪問回数が閾値以上になったら、そのノードの下に2つのリーフノードを作る。これによって、ゲーム木が下に展開される。
- ステップ3（評価）：プレイアウトを実行する。
- ステップ4（更新）：プレイアウトの勝敗（勝：＋1、負け：0）の結果をもとにUCB1値を更新し、さらにルートへ向かって、関連するノードのUCB1値を更新する。

以上の処理を時間の許す限り、何回も実行して、時間が来たら、最後に選ばれた最も有望な候補手を「次の一手」と決めて打ち、手番が人間に渡されます。時間が来るまで実行していつでも止めることができますので、"エニタイムアルゴリズム"と呼ばれることもあります。つまり、高速コンピュータを使うほど有利になるアルゴリズム、といえます。

では、「モンテカルロ木探索法（MCTS法）」のアルゴリズムを単純化した図で説明しましょう。人間が白番で、モンテカルロ囲碁が黒番としましょう。モンテカルロ囲碁が先番となって対局が始まります。黒石がルートノードとなってゲーム木が作られますが、白の有望な候補手が3手あるとしましょう。ここで、図3.14に示されるように、各候補手に対して複数回のプレイアウトが行われ、それぞれの候補の勝率が求められます。

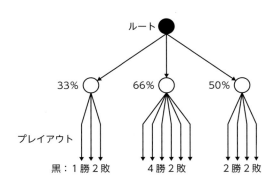

図3.14 最初の選択処理

図3.15は、その後のプロセスである、展開、評価、および更新処理を示しています。

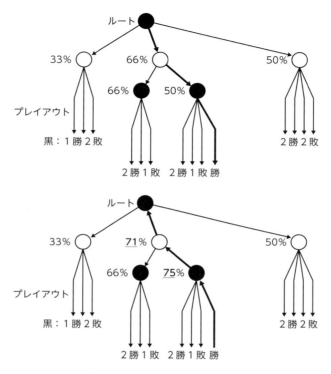

図3.15 展開、評価、更新処理

　この図で、上は"展開"（真ん中のノードの下）、および"評価"（プレイアウト）と"更新"処理を示します。この図には、図が複雑になるためにUCB1値は示してありませんが、図3.13で示した式によってUCB1値を求めて付加してあり、更新処理も行われると考えてください。

　MCTSとUCB戦略を組み合わせただけでは十分強いモンテカルロ囲碁は実現できなかったので、その後色々な改良が加えられました。既に知られている"手筋"などの"囲碁知識"が活用されるように、パターン化したり、ゲーム木が左側から評価されるという性質に合わせて、有望な候補のノードが左側に来るように木をソートすることや、シチョウのような人間なら一目で分かる配石のパターンをうまく活用したり、プレイアウトでも単純なランダムシミュレーションではなく、できるだけ合理的な手をテストするように乱数を調整する、などです。また、対局の視点から見れば"つまらない"候補手であっても、まだ評価されたことが

なければ、そのノードのバイアス値が無限大となり、UCB1値も無限大となってしまい、不自然な手が選ばれてしまいますので、これを避けるために、バイアスの初期値を適当な値に設定してしまうことも必要となります。

"UCB1値"は、コンピュータ将棋における"評価関数"に相当すると考えることができます。制限時間いっぱいこの処理を繰り返して、最後に「次の一手」を決めて打ち、手番が人間になります。人間によって、最良と思われる手が打たれ、再びモンテカルロ囲碁の手番になります。このとき、既に作られたゲーム木の各ノードに付加されているUCB1値がチェックされ、最も値の大きなノードが最も重要な候補とされ、このノードに対してプレイアウト（モンテカルロシミュレーション）が行われ、その結果によって、最も勝つ可能性の高い"次の一手"を決定するとともに、UCB1値が更新されます。これが繰り返されて、終局に至り、勝敗が決まります。このプロセスの過程で、ゲーム木は図で説明しましたように、下へ向かって伸びますが、幅も広くなります。

少し補足しましょう。MCTSの各プレイアウトでも勝敗が決まりますが、これはあくまで、"次の一手"を決めるための、いわゆるセルフシミュレーションにすぎません。しかも、乱数を使ったランダムシミュレーションですから、その勝敗は参考情報にすぎません。プレイアウトのたびに勝敗の"目数"が出ますが、一般に、単に"勝敗だけ"がカウントされます。1目の勝敗と20目の勝敗を同等と見なすのは不合理ではないか、という疑問を持たれるでしょう。目数を無視する方が、アルゴリズムが簡単になるばかりでなく、より強い"モンテカルロ囲碁"になることが、実験的に確認されています（実は、この戦略がMCTSの性格を決めますが、これについては後で説明しましょう）。

ここで、19路盤による対局の視点から、少し補足しましょう。第一手の候補手の数は、碁盤の交点の数である361ではなく、序盤の布石でよく打たれる交点に絞ることが重要です。碁盤の四角の星（4－4）が4カ所、その下の、いわゆる"3－3"と呼ばれる位置が4カ所、碁盤の中央の、いわゆる"天元"など、高々十数カ所程度に絞るのが、合理的でしょう。また、布石では、その後の戦いを有利に進めるために、お互いに自分の陣地を想定した配石（いわゆる"模様"）を構成するのが、ほぼ原則です。したがって、この原則に沿って、布石の段階では候補手を絞ることが合理的です。したがって、ゲーム木がいきなり広がることはなく、無駄にプレイアウトが行われないような仕組み（戦略、アルゴリズム）になっていると考えてください。これは、囲碁の知識の活用の一例です。ゼンやクレイ

ジーストーンを商品化した囲碁ソフトが市販されていますが、私が所有している
囲碁ソフトの棋力は、アマチュア7段クラスだといわれており、とても私では勝
てませんが、棋力を設定する機能があり、それを使えば、自分の棋力に応じた対
局を楽しむことができ、囲碁の個人学習に広く使われています。モンテカルロ法
だけでアマチュア7段の棋力を発揮できるはずはありません。囲碁では、序盤の
布石（3連星、中国流など）や定石、中盤の手筋、終盤の寄せ、および戦いにおけ
る"詰碁"など、膨大な"囲碁知識"が体系化されており、プロ棋士はこれらの知
識を記憶していることに加えて、ほぼ全てのプロの公式対局の棋譜を研究材料と
して日々研鑽しているといわれています。これらの知識がモンテカルロ囲碁に組
み込まれていますので、ランダムに手を選んでいるのではなく、一定の"合理性"
の下でのモンテカルロシミュレーションが行われていると考えてください。

　私が市販の囲碁ソフトを使った経験では、人間と対局しているような印象を感
じます。ただ、コンピュータ囲碁側が途中で不利な状態になると、とたんに着手
が不自然になりますが、この理由は、不利な状態では"勝つための手"が見つか
らなくなるからであろうと思います。また、逆に、コンピュータ囲碁がかなり優
勢な状態になると、人間ならより大きく勝つことを目指しますが、モンテカルロ
囲碁は、いわゆる"緩い手"を打って、優勢の度合いが減少します。これは、プ
レイアウトで"目数"を評価せず、単に"勝ち負け"のみを評価するというアルゴ
リズムになっていることが、その理由だと思われます。この性格は、アルファ碁
にも表れていたようです。また、"コウ争い"は極めて高度な戦術ですので、モ
ンテカルロ囲碁はコウに弱いことが指摘されていました。しかしながら、改良に
よってこの弱点は克服され、"アルファ碁"はコウにも強いことが実証されまし
た。コウを認識して打っているはずはないのですが、なぜコウに強いのかは皆さ
んで考えてみてください。

　"アルファ碁ゼロ"や"アルファゼロ"の登場によって囲碁プログラムがプロ棋
士よりはるかに高い棋力を獲得してから、人による評価は困難になってしまいま
した。現在では、アルファ碁の棋譜を勉強したプロによって、色々な"新手"が
試されるようになっています。千年を超える囲碁の歴史に基づく"布石"、"定石"、
"手筋"に新たな地平をもたらしつつあるように思われます。この状況は、プロ
棋士によって歓迎されているようです。新しい手のヒントをアルファ碁ゼロやア
ルファゼロが与えてくれると受け取られているようです。

3.3 アルファ碁の概要と仕組みーディープラーニング、モンテカルロ木探索と強化学習

本章のメイントピックであるアルファ碁シリーズの説明に入りましょう。

アルファ碁シリーズは3つのバージョンで構成されており、開発者によってそれぞれ"アルファ碁（AlphaGo）"、"アルファ碁ゼロ（AlphaGo Zero）"および"アルファゼロ（AlphaZero）"と命名されています。それぞれが論文として公開されていますし、ニューラルネット、学習法やアルゴリズムが改良されていますので、別々の節で説明することにしましょう。なお、最初に開発され「ネイチャー」に掲載された論文[Hassabis2016]のバージョンは、論文中でアルファ碁と呼ばれていますが、李セドル九段と対局したバージョンやインターネット囲碁サイトに現れたマスター（Master）がアルファ碁の改良版であるとグーグルによって公表されました。その後、論文のバージョンがアルファ碁ファン（AlphaGo Fan）、李九段との対局バージョンがアルファ碁リー（AlphaGo Lee）、マスターがアルファ碁マスター（AlphaGo Master）と呼ばれるようになりました。ただし、論文以外の技術情報は公開されていませんので、どこが改良されたのかは知る由もありません。ただ、何といっても2016年3月に行われた韓国のトップ棋士の李セドル九段との公開対局で3連勝したことが新聞やテレビで大きく報道されたことが、大きいでしょう。

ついでに説明しますと、「ネイチャー」の論文に掲載されているファン・フイ二段との5局の棋譜を確認した李九段は、"負けるはずはない"と判断したようです。また、李九段との公開対局を観た柯潔九段は、"私なら勝てる"と判断したといわれています。これらの対局にはそれぞれ約1年の間隔がありますので、その間にディープマインド社はアルファ碁の改良を行ったわけです。技術情報が公開されていませんので推測することしかできませんが、私は主として"強化学習"を繰り返したのではないかと推量しています。ただ、その後に開発されたアルファ碁ゼロは全くといっていいほど概念、ニューラルネットの構造、学習の仕組みが異なっていますので、アルファ碁の設計にも手を加えているのかもしれません。

グーグルがアルファ碁で採用したディープラーニングのことをAIと呼びましたので、新しいAIはディープラーニングであると理解され、それまでの画像認識や機械翻訳への応用が改めて注目されるようになり、IoTやビッグデータとの相性のよさから、「AI＝ディープラーニング」と誤解されるようになったことは、前にも

述べた通りです。私は、たまたま第5局（最終戦）のインターネットオンライン中継を日本棋院で、王メイエン九段の解説付きのオンライン放映を視聴しました。前半は李九段が優勢であるという解説でした。前日の第4戦で李九段が勝ったことにより、アルファ碁の性格や弱点を発見できたはずであるから、第5戦も勝つに違いないという予想が出ていましたので、対戦の行方に関心を持っていました。李九段の優勢との解説も納得いくものでした。私が見とき、右中央で石の群れが取るか取られるかの"戦い"が始まり、一手を争う攻防が繰り広げられていました。この攻防戦に関して王九段が李九段有利と解説しました。ところが、アルファ碁は形勢不利と判断して、いわゆる"捨て石作戦"に変更して、他の有利な場所に"先着"したのです。先着とは、どちらかが先に石を置くことで、地を形成する上で大きな得を得られる配石の状態で着手することをいいます。たとえば、捨て石のよって15目の損失があったとしても"先着の得"が20目であれば、差し引き5目得したことになります。囲碁の対局では"先着を維持する"ことが勝利の鉄則ともいえます。これで形勢が逆転してアルファ碁が優勢となり、その後李九段はいわゆる"勝負手"と呼ばれる多少無謀な手を打って形勢の逆転を狙いました。ところがアルファ碁は正しく対応し、逆転不可能と判断した李九段が投了して"中押し"で決着がつきました。少なくとも王九段の解説を通して、私はこのように理解するとともに、歴史的瞬間に立ち会えたことで、内心興奮したことを思い出します。

　実は、これから説明しますのは、「ネイチャー」の論文[Hassabis2016]をもとにして、分かりやすいように多少改定したアルゴリズム（プログラムの論理構造、つまり"仕組み"）です。論文には中国プロ棋士でヨーロッパチャンピオンになったファン・フイ二段との公式対局である全5局の棋譜が添付されており、着手の順序が分かるように番号が石のマークに付されていますので、誰でも碁盤を使って対局を再現してみることができます。第1局の棋譜を図3.16に示しますので、囲碁セットをお持ちの方は試してみてください。論文誌が発行されたのは2016年1月であり、公開対局が行われた3月までの間にグーグルから100万ドルの賞金付きの公開対局が韓国棋院に打診され、棋譜で棋力を確認した上で李九段が「負けるはずがない」と判断して受けたと報じられています。ところが、第1局に負けて本人だけでなく周りも騒然としました。第2局では、一般的ではないと考えられる布石を選んで対局したようですが、これも負けてしまいましたので、ショックの強さは相当なものであったと推量されます。さらに第3局でも負けて、新聞やテレビで報道され、大げさにいえば世の中は騒然となりました。

Chapter 3 アルファ碁－ディープラーニング、モンテカルロ法と強化学習

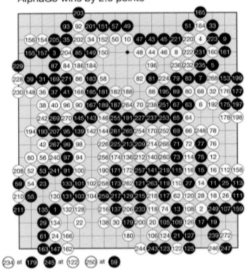

ファン・フイ二段が先番（黒番）でアルファ碁が2目半勝ち

図3.16 アルファ碁vsファン・フイ二段の公式対局第1局の棋譜（[Hassabis2016]より）

　勝負はついてしまったのですが、特別な計らいで全5局の公開対局を行うことになり、その第4局目の李九段第78手目が「神の一手」と呼ばれるようになった形勢を逆転させる一手で、李九段が勝利しましたが、「アルファ碁は神ではなかった」などと大げさに「人間の勝利」が称賛されました。今度は、「なぜアルファ碁は負けたのか」に関心が集まり、ほとんど全てのプロ棋士が公開対局の棋譜を教材として研究したはずです。プロ棋士による解説は日本棋院の月刊誌「碁ワールド」に掲載されましたが、著書としても出版されています。特に、公開対局を現地で解説した李九段の友人である洪ミンビョ九段の解説は日本語にも翻訳されており、多くの囲碁ファンに読まれていると思います[洪2016]。私も読みましたが、第4局の解説の中で、「ここで登場したのが黒25の一手だ。この手を見て（アルファ碁の）意図を知ることができた」や、「私の予想とは異なりアルファ碁の驚くべき感覚が再び登場する。黒47のカタツキである。アルファ碁はカタツキが相当好きなようである」など、アルファ碁が人間プロ棋士であるという感覚の下で対局していることを思わせます。"意図"、とか"好き"などの表現は人間が人間

に持つ感覚であることが明らかです。また、"驚くべき感覚"という表現から、"黒47のカタツキ"はトッププロには悪手と思われていた"手"であったようです。私の知人のプロ棋士も、このカタツキにはかなり驚いたそうです。ついでですが、最近のプロ棋士はカタツキを好んで打つようになったようです。

　これからアルファ碁のオリジナル版の概念と仕組みを説明いたしますが、アルファ碁の最大の特徴を簡単に説明しますと、「その時点の局面に対して、学習で学んだニューラルネットが計算して求めた"手の候補"の中から最も勝率期待値の高い手を選択する」ことの単純な繰り返しであり、戦略とか構想という概念はありませんので、"意図"や"好き"という感覚をトッププロが感じるのは大変興味深いことです。読者の方々もこの感覚には関心を持たれると思います。"AIだから"と片づけないで、なぜそのような感じを持たせられるかを理解していただけるように解明してみたいと思います。なお、"勝率期待値（expected winning ratio）"とは、数多く試行（シミュレート）して求めた勝率あるいは確率論で求めた推定値ではなく、アルファ碁がニューラルネットとモンテカルロシミュレーションで得られた"勝率の予測値"のことをいいます。囲碁のゲーム木はとてつもなく大きいですので、"勝率"を求めることは不可能です。

3.3.1 アルファ碁の構成要素

　「アルファ碁」は、次の4つの構成要素によって成り立っています。

- ポリシーネットワーク（Policy Network）
- バリューネットワーク（Value Network）
- モンテカルロ木探索（MCTS）
- 高速ポリシーネットワーク（Fast Policy Network）

　ポリシーネットワークとバリューネットワークは、"畳み込み深層ニューラルネットワーク"です。モンテカルロ木探索は、モンテカルロ囲碁とほぼ同じゲーム木探索法でモンテカルロシミュレーションによるプレイアウト（ロールアウト）を含んでいます。この3つは、いずれもある局面が与えられたとき「次の一手」を決定するために働きますが、それぞれ次のような役割を分担しています。

　"ポリシーネットワーク"は、「次の一手」の候補として、学習で学んだ結果をもとに"教師（つまり高段者）が選ぶ手はどれか"という候補を確率分布で提案します。1番目に高い確率の手、2番目に高い確率の手、……というように、ルー

ルに適合した全ての手（合法手）の確率の合計値が1.0（あるいは100％）になるように調整して提案します。後で少し詳しく説明しますが、1番目に高い確率の手（トップ1）と教師（アマチュア高段者のテストデータ）の手との一致率は約57％だそうです。トップ5の候補の中に教師の手が99％程度含まれたそうです。

　バリューネットワークとモンテカルロ木探索は、どちらも「次の一手」の勝率期待値を求める働きをします。これは、コンピュータチェスやコンピュータ将棋における“評価関数”と同等の機能を持っていることであり、“先読み”の機能を持つものです。この2つの違いは次の通りです。バリューネットワークは、与えられた局面のデータからニューラルネットによる計算（推論）だけでその手の勝率期待値を求めることができるのに対して、モンテカルロ木探索では、モンテカルロ木探索法つまりモンテカルロシミュレーションによるロールアウト（プレイアウト）で勝ちか負けかを確かめることを多数回行った結果として、統計的に勝率期待値を求めるのです。バリューネットワークの評価（計算）は1回で済みますが、モンテカルロ木探索法は推定精度を上げるために制限時間内にできるだけ多くのシミュレーションを行うという方法を取ります。2つの結果の平均値を勝率期待値としているようです（多分気づかれたと思いますが、ポリシーネットワークが提案した第一候補を使うだけで対局することもできます。論文ではこの方法の性能評価もされています）。

　なお、ポリシーネットワークの計算には3ミリ秒を要したので、モンテカルロシミュレーションによるロールアウトをできるだけ多数回行うために、候補手を高速に推定するための“高速ポリシーネットワーク”と呼ぶ囲碁の知識を使った簡易ネットワークが使われたようです。テストデータとの一致率（予測性能）は約24％と低いですが、計算に要する時間は約3マイクロ秒であり、約1,000倍の速さだそうです。ただし、このネットワークはアルファ碁ゼロやアルファゼロでは使われていないようです。計算速度の問題はそれほど本質的ではないと思いますので、説明では省略しますが、どんな囲碁知識（ドメイン知識）が使われたかは後の節で紹介しましょう。

　以上を簡単にいえば、一手ごとに盤上の石の配置は変化しますが、その局面の石の配置を“画像データ”として取り込み、「次の一手」の候補をポリシーネットワークで絞り、この候補の中の最も勝率期待値の高いものを「次の一手」として決定する、というわけです。これを、初手から始めて、勝負がつくまで繰り返すのが、アルファ碁の“打ち方”であるといえます。実際の対局では、アルファ碁はコンピュータプログラムですので、コンピュータの画面上に碁盤が表示され、オペレータがコンピュータの指示によって碁盤上に石を置き、対局者がそれに対

応して盤面上に石を置くと、オペレータがそれを目で確認してコンピュータ画面上の盤面にその位置を入力する、という方法で進みます（コンピュータビジョンやロボットアームは使われていません）。

3.3.2 アルファ碁の学習と対局

「アルファ碁」は、次に述べる2つのモードで動作します。

- 学習モード（教師あり学習、および強化学習）
- 対局モード（実戦）

「学習モード」は、さらに2つのステップに分かれています。まず、第1ステップで、ポリシーネットワークの"教師あり学習（Supervised Learning）"によってポリシーネットワークの重みパラメータのチューニングが、バックプロパゲーションによって行われました。つまり、教師データである対局の記録から得られた教師（つまりアマチュア高段者）の棋譜データの各盤面とその盤面において教師（アマチュア高段者）が打った"手"の盤上の交点の組（2億2,720万）を使って、勾配降下法によるバックプロパゲーション法で誤差（誤差関数）が最小になるまで繰り返して学習処理が行われました。ここで、少し追記しますが、ポリシーネットワークの出力は「次の一手」の候補を確率分布として出力する役割を持っています。教師データには「正解」がセットになっていますが、棋譜データから、たとえば現在の局面は白番が第80手を打った時点であったとすると、盤上の石は白黒合わせて80個であるわけですが、棋譜から「次の一手」の交点が分かりますので、この交点の出力値を1.0（100%）とし、残りの交点の値を0.0（0%）とした数値の列（ベクトル）が「正解」として使われます。これは、手書き数字認識において、"3"の入力画像に対して出力層のニューロンの出力値として"3"のニューロンの値を1.0とし、他のニューロンの出力値を0.0にすることと同じです。このネットワークは"SLポリシーネットワーク"と呼ばれます。詳しくは後で説明しますが、この学習は複数のグループに分けて段階的に行われ、複数のSLポリシーネットワークも途中結果として生成されます。

次のステップとして、上の方法で最終的に生成されたSLポリシーネットワークと中間生成物である複数のSLポリシーネットワークによる"自己対局（self-play）"によって、"強化学習（Reinforcement Learning）"が行われ、その結果として"RL

ポリシーネットワーク"が生成されます。RLポリシーネットワークは、SLポリシーネットワークの重みパラメータをさらにチューニングして、より能力の高いポリシーネットワークができるというわけです。教師データは高段者とはいえアマチュアが対局した記録(棋譜)を集めたものです。アマチュアが常に適切な"手"を打つとはとても考えられません。1,000を超えるといわれる"定石"、多様な"手筋"の知識が不十分であることに加えて、ポカと呼ばれる"打ち損じ"はよく起こります。囲碁知識の不完全さはお互いにあり、ヨミの能力欠如もお互いにあり、ポカは頻繁に起こりますので、形勢が途中で逆転することは珍しくありません。したがって、このような棋譜を教師データとして学習したSLポリシーネットワークは当然未熟なものであるはずです。強化学習を十分な回数行うことによって、RLポリシーネットワークは洗練されたポリシーネットワークになることは十分に予想できます。論文では、強化学習のための自己対局は数百万回行われたようです。1回の対局の手数が約200手だとすると、数億局面の強化学習用データが得られたはずです。その中からランダムに選ばれた約3,000万局面が強化学習に使われたようです。ランダムに選ぶことによって、教師データには正解を出すが未知の局面では正解を出す確率が低くなるという"過学習"が避けられたようです。

　以上の方法でSLポリシーネットワークとRLポリシーネットワークの学習が行われたことになりますが、その性能はテストデータを使ってチェックされます。ここで十分な結果が得られなければ、ネットワークを改定する必要が生じます。後で紹介するポリシーネットワークは、このような実験と改定を繰り返して得られた最良のものであると考えられますが、論文ではこれに関する議論や考察が記述されていませんので、詳細は分かりません。一般に学術論文の査読では、このような点の考察が不十分であれば改定(説明の追加など)が要求されますが、「ネイチャー」の査読者にはコンピュータ囲碁に詳しい研究者がほとんどいないのかもしれません。「ネイチャー」の論文にしては質が悪いのではないか、あるいは不完全ではないかという指摘が他の解説にも見られます。独創性が高いと評価されると細部にはこだわらないという傾向もありますので、十分に独創性の高い論文であると評価されたのかもしれません。実際、アルファ碁の論文は大きなインパクトをもたらしました。

　次に必要なことが、"バリューネットワークの学習"です。バリューネットワークも教師あり学習であるバックプロパゲーション法が用いられました。ここで重要なことは、上で述べたような教師データが棋譜データベースからは得られないことです。バリューネットワークの役割は、与えられた局面に対して"アルファ

碁の勝率期待値"を求めることでした。これを行うバリューネットワークの重み
パラメータのチューニングのためには、各局面で「次の一手」が打たれたときの
「勝率」が教師データとして必要なわけです。これをどうやって求めるかがポイ
ントとなります。少し複雑ですが、実に巧妙な方法でこの値を求めています。

　勝率を求めることは探索空間が巨大であるのでできませんが、その近似値を求
めるには"モンテカルロシミュレーション"によるロールアウトが有効です。ア
ルファ碁ではポリシーネットワークでシミュレーションの候補を選んで、その候
補について集中的にモンテカルロ法でロールアウトを行ってその勝率を「正解」
として利用しています。具体的には、乱数でU（1〜450）の値を決め、ポリシーネッ
トワークで第1手から（U−1）手まで打ち進め、U手目の盤面を教師データとし
ます。次はこの盤面に対して合法手に絞ったモンテカルロ法でロールアウトを多
数回行い、その統計値を勝率つまり「正解」とすることによって、一組の"教師デー
タ"が得られます。この教師データを3,000万個作れば、これを使った"教師あり
学習"をバックプロパゲーション法で行うことができるというわけです。私はこ
の方法は独創的だと思いますが、Uの最大値を450としているのには疑問を感じ
ます。1回の対局の手数は平均200程度ですし、囲碁の盤面の交点の数は361で
すので、この値を超えることはないと思います。もしUの値として450が選ばれ
たら、ポリシーネットワークで第1手から打ち進めたとき399手の前で勝負が決
まってしまうはずだからです。350の間違いのような気がします。間違いだとし
ても、バリューネットワークの学習法は大変魅力的ですし、実戦においてシミュ
レーションを行うことなく3ミリ秒で勝率期待値が得られるのは素晴らしいこと
だと思います。なお、自己対局は128局を1セットとして、500セットが行われ、
それぞれ中間生成物として蓄えられたようです。

3.3.3 アルファ碁のドメイン知識

　アルファ碁は2種類の"囲碁知識（ドメイン知識）"を使ったエキスパートシステ
ムの機能を持っています。

　多分、意外に思われる読者の方もおられると思いますが、アルファ碁は囲碁特
有の専門知識を使っており、これはエキスパートシステムでいう"ドメイン知識"
（Domain Knowledge）です。論文でも"ドメイン知識"という表現が使われてい
ます。このことは、アルファ碁は知識ベース型AIの機能を内包していると解釈
できることです。ここでその2種類のドメイン知識がどんなものかということと、

Chapter 3 アルファ碁ーディープラーニング、モンテカルロ法と強化学習

何のために使われているかについて説明しましょう。

アルファ碁で使われているドメイン知識の一つは、ポリシーネットワークおよびバリューネットワークの"入力チャンネル"として使われています。チャンネルとは、カラー画像認識における入力データが色の三原色である赤、緑、および青の3チャンネルの画像として入力していることに対応しています。アルファ碁では、盤面の値は、黒、白、および空白ですので、＋1、－1、および0で表すことができます。この値の組が361個でベクトルデータとして入力されますが、ポリシーネットワークでは入力層の前に"48チャンネル"のデータ変換が挿入されています。バリューネットワークでは49チャンネルです。表3.3に、この48チャンネルの"囲碁知識"を示します。この表にある囲碁知識は、通常人間が対局で使っている布石、定石、手筋などの知識とは異なりますが、ポリシーネットワークが「次の一手」の候補を絞るときに有用な、"コンピュータ囲碁"向きに表現された"低レベルの囲碁知識"といえます。これらの囲碁知識はアルファ碁が先行研究の成果を取り入れていると説明されていますので、オリジナルなものではなさそうです。どのように使われているかはポリシーネットワークの説明の中で示します。

表3.3 ポリシーネットワークの入力チャンネルの種類と内容

チャンネルの数	入力チャンネルの種類
1	打ち手の石（打ち手の石があれば1）
1	相手の石（相手の石があれば1）
1	空点（空点であれば1）
1	全て1
8	その交点に石が打たれてから現在までに進んだ手数
8	石の呼吸点（上下左右の空点）の数。その交点の石と連結している石全体（いわゆる"連"）の呼吸点を表す
8	その交点に打ち手の石を打ったとしたとき、相手の石を取れる数
8	その交点に相手が石を打ったとしたとき、打ち手の石を取られる数
8	その交点に打ち手の石を打ったとき、その石と連結している石全体（連）の呼吸点の数
1	その交点に打ち手の石を打って相手の石をシチョウで取れるとき1
1	その交点に打ち手の石を打ってシチョウから逃げられるとき1
1	合法手。その交点に打ち手の石を打つのが囲碁のルールで許されるとき1。ただし打ち手の目をつぶす手は合法手とはしない
1	全て0

206

もう一つの"囲碁知識"は、"高速ポリシーネットワーク"で使われています。その一覧を表3.4に示しますが、合計109,747個の囲碁知識が使われており、これを学習することで学習モードは終了したことになります。高速ポリシーネットワークによる「次の一手」の選択能力はテストデータに対して約24%とかなり低いのですが、ネットワークが単純なために処理時間は3マイクロ秒と極めて高速ですので、モンテカルロ木探索を重視する場合にはロールアウトの時間を多く取れる分だけ有用だと判断されているようです。私には、間違った候補について多くのモンテカルロシミュレーションを行うことの妥当性には疑問を感じます。

表3.4 高速ポリシーネットワークで使われている囲碁知識

内容	種類
直前の相手の手に対応する手か？	1
アタリから逃げる手か？	1
直前手の周辺8カ所のどこかに打つ手か？	8
ナカデを打つ手か？	8,192
応答手＝直前手の周辺12カ所に打つ手か？　12カ所とは、直前手の周辺8カ所プラス、直前手から上下左右に2つ離れた4カ所。12カ所の石の配置パターンと呼吸点の数で分類	32,303
非応答手＝直前手には応答しない手。打ち手の周辺の3×3領域を石の配置パターンと呼吸点の数で分類	69,338
合　計	109,747

以上紹介しましたように、2種類の囲碁知識とも私のようなアマチュアから見ても一般に囲碁知識と呼ばれるようなレベルのものではなく、どちらかといえば"見損じ"を防ぐときのチェックポイントといえるような低レベルの知識であるといえるでしょう。この点から考えると、「アルファ碁はポリシーネットワークとバリューネットワークの重みパラメータとして高次の囲碁知識を学習で獲得し、表現している」と考えることができます。このために、畳み込みニューラルネットワークが、後で説明しますように極めて大規模なものになっているのだと思われます。ただ、残念なことにこの"表現"（特徴マップ）を我々人間に分かるように説明するとか、表示するような機能を持っていません。実戦の対局を通してその能力を評価するしか方法がないのです。深層ニューラルネットワークが"ブラックボックス"であるといわれる理由の一つです。もう一つは、よい手を

Chapter 3 アルファ碁－ディープラーニング、モンテカルロ法と強化学習

推奨しても「その理由を説明する機能を持っていません」ので、この点からもブラックボックスであるといわれているのです。これはディープラーニングに共通の弱点として知られています。

♛ 3.3.4 アルファ碁のニューラルネットワーク

「アルファ碁」は、次の2つの"畳み込み深層ニューラルネットワーク"を主な構成要素として持っています。

- ポリシーネットワーク (Policy Network)
- バリューネットワーク (Value Network)

この2つのネットワークの役割は既に説明しましたが、要点を復習しましょう。

"ポリシーネットワーク"は、与えられた局面の石の配置を入力データとして受け取り、「次の一手」の候補を確率分布として推奨する役割を持っています。アルファ碁が先手（黒番）のとき、第1手は、盤面の全交点の数である361個の候補に確率値（0.0～1.0、合計1.0）を付加したものとなります。最大値を持つ候補"手 (move)"が「最も教師（アマチュア高段者）が打つ可能性が高い手」というわけです。アルファ碁が後手（白番）のときは、対局相手（人間）が第1手を打ちますので、第2手の候補を360個の候補に確率値を付して提示することになります。最も大きな確率値が付された候補手が、同じく、「最も教師（アマチュア高段者）が打つ可能性が高い手」というわけです。「ディープラーニング」の章で説明しましたように、出力層のニューロンの数は361個であり、確率分布を出力するための活性化関数は"ソフトマックス関数"が使われます。

"バリューネットワーク"は、与えられた局面の石の配置を入力データとして受け取り、アルファ碁の「勝率期待値」を確率値（0.0～1.0、あるいは0～100）として出力します。この値が50なら、両者が拮抗している、60ならアルファ碁が"やや優勢"、70ならかなり優勢、90なら"ほぼ勝利確定"と解釈できます。勝率期待値はコンピュータ画面に表示されるようですので、1手ごとに、勝負の状況をアルファ碁がどう予想（評価）しているかが分かるわけです。ただし、この評価値はあくまでも"アマチュア高段者"同士の対局の場合にしか当てはまらないわけです。学習に使われた棋譜データベースはアマチュア高段者同士の対局データであるからです。

208

ここで素朴な疑問が生じます。「ネイチャー」の論文では、ヨーロッパチャンピオンであるプロ棋士のファン・フイ二段と5戦して5勝したことが、その棋譜とともに明記されていることです。アマチュアがプロに勝つということは一般的にはあり得ません。ただ、全日本アマチュア本因坊戦の優勝者ならばNHK杯でプロ棋士に勝っているという実績がありますが、そのような場合はプロ棋士に転向しているようです。アルファ碁がなぜファン・フイ二段に全勝できたかといえば、それは「自己対局による強化学習」を数多く繰り返したことによるのではないか、というのが私の推量です。次の節で"アルファ碁ゼロ"を紹介しますが、このバージョンでは棋譜を使った教師あり学習は一切行われておりません。名前にある"ゼロ"は、何もないゼロから学習したことを意味し、その方法は強化学習です。なお、出力値は1つですので、バリューネットワークの出力層の活性化関数には"tanh（ハイパボリックタンジェント）関数"が使われています。図3.17にtanh関数の式と図を示します。

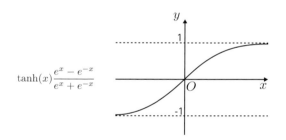

図3.17 活性化関数tanhの式とグラフ

では、具体的に「ポリシーネットワークの構造」を説明しましょう。

ポリシーネットワークは次のような構造の畳み込み深層ニューラルネットワークです。各層の構造は次のようになっています。

- 入力層：盤面データから囲碁知識によって48チャンネルを作成した48の2次元ベクトル
- 中間層1：入力層に5×5サイズの192種類のフィルタとReLU関数を適用。2パディング
- 第2〜12層：19×19×192。3×3サイズの192種類のフィルタとReLU関数を適用。1パディング
- 出力層：1×1サイズの1種類のフィルタとソフトマックス関数を適用

Chapter 3 アルファ碁―ディープラーニング、モンテカルロ法と強化学習

　なお、盤面サイズである19×19の外側に、0を、第1層では2つ、第2～12層では1つ"ゼロパディング"し、各層のサイズが19×19にそろうようにしてあります[*1]。したがって、次の層から見たときの第1層のサイズは23×23となり、第2～12層のサイズは21×21となります。ポリシーネットワークの全体構造のイメージ図を図3.18に示します。なお、画像認識での畳み込み深層ネットワークでは、各畳み込み層と活性化関数の間にプーリング層がありますが、アルファ碁ではこの層は省略されています。活性化関数にReLUが使われているのは勾配消失問題を避けるためと思われます。出力層は盤面の交点の数と同じ361個のユニット（ニューロン）で構成されており、各ユニットの出力がソフトマックス関数を通して確率分布として出力されます。

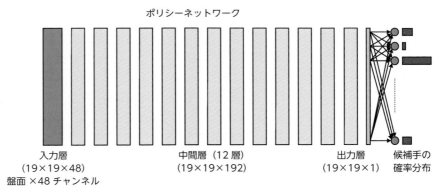

盤面データに対して「次の一手」候補が確率分布で出力される。

図3.18　ポリシーネットワークの全体構造のイメージ

　図3.19は、ポリシーネットワークの入力データと入力層および中間層1、5×5サイズのフィルタ、および2つの"ゼロパディング"（zero-padding、ゼロでベクトルを拡大する方法）の関係を表現したイメージ図です。ゼロパディングによって特徴マップのサイズが19×19に維持されます。この図を通してポリシーネットワークの構造と学習の仕組みのイメージがお分かりいただけると思います。この図の矢印はユニット間接続を示し、各接続に重みが付加されています。入力層から中間層1へは、5×5サイズの192個のフィルタを通して接続されて

[*1]　通常の畳み込みネットワークでは特徴マップのサイズが層ごとに小さくなります。

おりますので、中間層1には192個の"特徴マップ"が構成されます。各フィルタに接続されている重みはフィルタごとに共有（重み共有）されますので、接続の数より重みパラメータの数は大幅に少なくなります。なお、図が複雑になりますので、活性化関数の表示は省略してあります。したがいまして、学習もその分だけ計算量が少なくなるわけです。ポリシーネットワーク全体の重みパラメータの数は、重み共有によって減少しても、約400万個という膨大な数です。バックプロパゲーションによる学習には膨大な教師データが必要となり、計算量も膨大になることがお分かりだと思います。これに加えて、各層の"バイアス入力"があります。ポリシーネットワークは重みパラメータの層数が約400万（含むバイアス）という大規模なものです。

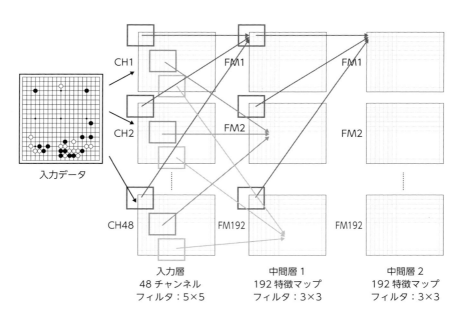

入力層に5×5のフィルタ、2パディングが適用されるので、中間層1のサイズは変わらない。

図3.19 ポリシーネットワークの詳細構造の一部

「バリューネットワークの構造」は、ほぼポリシーネットワークと同じですが、違いは3つあります。1つ目は、入力層が1チャンネル増えて49チャンネルになっていること、2つ目は、256個のユニットで構成される1次元ベクトルが出力層

として13層目に追加されていること、3つ目は出力層の活性化関数がtanh関数であり、出力値は1つであることです。したがって、ネットワークの規模もほぼ同じであり、バックプロパゲーション学習のアルゴリズムもほぼ同じです。「ネイチャー」の論文によると、中間層のユニット数は約55万、ユニット間接続の総数は約6億という大規模なものです。

「高速ポリシーネットワーク」については、簡単に説明します。図3.20にネットワークの構造を示します。この図のように、高速ポリシーネットワークは極めて簡単な構造をしており、教師のテストデータとの「次の一手」の一致率は前述のように約24%だそうです。このように簡単な"囲碁知識"（ドメイン知識）だけでもこの程度の性能が出せるようです。

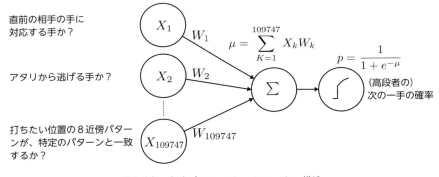

図3.20　高速ポリシーネットワークの構造

3.3.5 アルファ碁システム

前項までアルファ碁の構成要素と学習の仕組みについて説明しました。この項では、「アルファ碁システム」について説明しましょう。

図3.21は、「アルファ碁」の3つのニューラルネットワークの関係と機能をまとめたものです。図の左(a)は、ニューラルネットワークと学習の仕組みを示しています。まず左側の図(a)について意味を説明しましょう。データとしてアマチュア高段者(6～9段)の16万対局の棋譜(約3,000万局面)を入力データとして、ニューラルネットワークの重みパラメータのチューニングをバックプロパゲーション法で行います。ロールアウトポリシーとは、高速ポリシーネットワークの

ことでして、図3.20で示されたような極めて簡単なものです。新しく打たれた石の周辺の状況を簡単な囲碁知識として認識し、高段者が打つであろう「次の一手」を予想する役割を持ちます。一致率は約24%と低いですが、実行時間が約3マイクロ秒という高速であることが取り柄です。モンテカルロ木探索法を使ったモンテカルロシミュレーションをできるだけ多数回行えるという利点から採用されているようです。

同じデータを使ってポリシーネットワークの教師あり学習も行われ、学習によって得られたポリシーネットワークのことは"SLポリシーネットワーク"と呼ばれます（SL：Supervised Learning）。

次に、"強化学習"が行われます。このSLポリシーネットワークの重みパラメータを初期値として、この学習の過程で作られた複数の中間生成物であるSLポリシーネットワーク´との"自己対局"を約3,000万回行って、重みパラメータのチューニングをさらに行って得られたポリシーネットワークが"RLポリシーネットワーク"です（RL：Reinforcement Learning）。RLポリシーネットワークは盤面データを入力して高段者の「次の一手」を予想しますが、強化学習によって高段者の手との一致率はSLポリシーネットワークよりかなり高いはずです（論文では示されていませんが）。

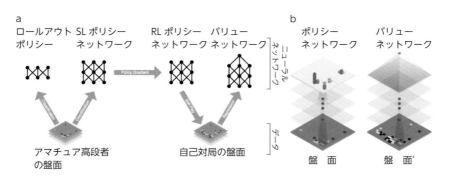

a：3つのニューラルネットワークと学習の仕組みのイメージ
b：ポリシーネットワークとバリューネットワークの盤面認識のイメージ

図3.21 アルファ碁の3つのニューラルネットワークの関係と学習および盤面認識の仕組み（[Hassabis2016]より）

図の右(b)は、ポリシーネットワークとバリューネットワークの"盤面認識"の

仕組みを示したイメージ図です。ポリシーネットワークでは、盤面データを（48チャンネルのデータとして）入力し、畳み込み処理で抽象的な特徴マップへ変換することを繰り返し、最後に高段者が打つであろう「次の一手」を確率分布で出力します。図は各交点のうち"合法手"の"確率分布"を棒の高さで示しています。確率値の合計は1.0（または100%）です。このポリシーネットワークは、強化学習によって磨かれたRLポリシーネットワークです。一方、バリューネットワークは、盤面データを（49チャンネルのデータとして）入力し、畳み込み処理で抽象的な特徴マップへ変換することを繰り返し、最後に高段者が「次の一手」を打った場合の"勝率期待値"を予測して出力します。

　実際の人間との対局では、アルファ碁が先番（黒番）か後番（白番）で多少対局のやり方が異なります。アルファ碁が先番の場合は、盤面上に石がない状態で"最も勝つ可能性の高い位置（交点）"に「第一手」を打ちます。このとき、ポリシーネットワークが選ぶ「次の一手」の候補の確率分布、およびバリューネットワークが推定する勝率期待値は常に同じであるはずですが、モンテカルロ木探索ではモンテカルロシミュレーションによって合法手をランダムに選びながら終局まで打ち進むことを制限時間内で多数回行って勝率を求めるという方法を取りますので、これによって推定される勝率期待値は異なるはずです。したがって、バリューネットワークとモンテカルロ法の予測値との平均値が"勝率期待値"として採用されるならば、たとえ先番の第一手でも異なる手を選ぶはずです。もし、アルファ碁が後番（白番）ならば、人間が第一手を打ちますので、アルファ碁は"盤上に黒石がある状態"で「次の一手」を選ぶことになります。しかし、先番の人間がたとえ「四―4」（最もよく打たれる第一手の位置）に第一手を打ったとしても、モンテカルロシミュレーションによって毎回異なる追手が選ばれるはずです。

　"アルファ碁のニューラルネットワーク"はかなり大規模なものですので、コンピュータのハードウェア技術も見逃せません。「ネイチャー」の論文[Hassabis2016]によると、CPU（通常のパソコンのコンピュータチップ）が1,202個、GPU（画像処理用の高機能コンピュータチップでCPUの約1,000倍の能力）が176個使われて、並列処理が行われたようです。このコンピュータシステムを1週間以上連続運転して学習させたそうですから、豊富な資金がなければ実現できなかった"大型プロジェクト"であったといえるでしょう。実際には、テストデータで性能評価して、モデルを改定しながら実験を繰り返したはずですから、最終的なモデルにたどり着くまでに色々なモデルが試されたものと思われます。

残念ながら、提案されているモデルがなぜ適切であるのかについての合理的な説明が見当たりません。極端にいえば、「このモデルでこれができた」というような報告の論文であり、学術論文としては通常は高い評価が得られませんが、論理的な説明が困難な問題であると考えられることと、ディープラーニングおよび"最後に残された"難しいボードゲームで"ブレークスルーを達成した"点が高く評価されたのではないでしょうか。なお、論文によるとアルファ碁の最終バージョンでは、CPUが45台とGPUが8台であると説明されています。したがいまして、以下で紹介するアルファ碁の様々な結果は最終バージョンによるものであろうと思われます。

3.3.6 アルファ碁のプロ棋士との対局と驚くべき棋力

アルファ碁による対局と、"アルファ碁の棋力"について、「ネイチャー」の論文からいくつか興味深い結果を紹介しましょう。

図3.22は、アルファ碁（黒）とファン・フイ二段との対局から、アルファ碁が「次の一手」を決定した一例を示します。図の右から順に、ポリシーネットワークの推奨した候補、バリューネットワークが評価した勝率期待値、モンテカルロ法が評価した勝率期待値に基づいて、アルファ碁が決定した「次の一手」を示します。次にファン・フイ二段が打つと、その盤面データを入力して、同じようにアルファ碁が「次の一手」を決めます。アルファ碁が打つとき、その時点におけるアルファ碁の"勝率期待値"がコンピュータ画面に表示されるようになっているようです。したがいまして、観戦者にもどちらが優勢であるかを"アルファ碁による推定値"として知ることができます。

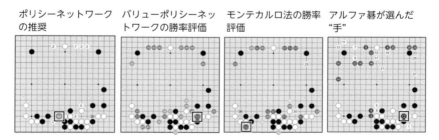

図3.22 アルファ碁（黒）とファン・フイ二段（白）の対局で、アルファ碁が「次の一手」（囲みのある石）を決定した手順の様子（[Hassabis2016]より）＜口絵参照＞

Chapter 3 アルファ碁―ディープラーニング、モンテカルロ法と強化学習

　図3.23は、「ネイチャー」の論文が書かれた時点（多分2015年春）でのアルファ碁の棋力とファン・フイ二段、および主なコンピュータ囲碁ソフトであるクレイジーストーン、ゼンなどとの比較を示しています。棋力はチェスや囲碁などの二人ゲームで広く使われている"イロレーティング（Elo rating）"で表現されています。

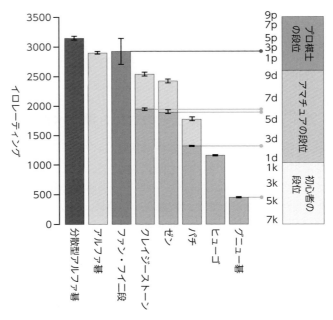

図3.23　アルファ碁の棋力と他の囲碁ソフトとの比較（[Hassabis2016]より）

　この図によると、"アルファ碁の棋力"はイロレーティングで約2,900であり、ファン・フイ二段とほぼ同等です。クレイジーストーンとゼンはモンテカルロ囲碁ソフトですが、2,000〜2,500程度と評価されています。なお、最高位であるプロ棋士の九段の棋力は約3,500であり、論文が書かれた時点ではアルファ碁の棋力の方が低かったと評価されています。李九段との5回戦は2016年3月ですが、アルファ碁が4勝1敗でしたので、その時点でのアルファ碁の棋力は3,700程度であったのではないでしょうか。つまり、1年間でアルファ碁の棋力はイロレーティングで約800向上していたと考えられます。その1年後には世界トップ棋士の柯潔九段に3連勝していますので、そのときのアルファ碁の棋力は3,800〜4,000であったと思われます。

3.3 アルファ碁の概要と仕組み－ディープラーニング、モンテカルロ木探索と強化学習

どのようにしてアルファ碁の棋力が向上したかについては情報が開示されていませんので、様々な意見がありますが、私は"自己対局"による"強化学習"によって棋力が向上したのではないかと推量しています。私がこのように推量する理由は以下の通りです。まず、論文が書かれた時点で既にファン・フイ二段より強くなっていますが、論文では、ポリシーネットワークの学習にはアマチュア高段者（6～9段）が対局した16万局の棋譜が使われています。9段はプロに近い棋力がありますが、9段のアマチュアの人数は少ないですから、大部分は6～8段のアマチュアの対局の棋譜であったのではないかと思われます。棋譜の約35%は"置き碁"であったと説明されています。このような説明からは、自己対局による強化学習によって棋力が向上したとしか読み取れません。自己対局では、モンテカルロ法によるランダムな"手"が使われますので、そのような手の中に"プロをも凌ぐ手"が偶然打たれたはずです。このやり方で強化学習を繰り返すと、偶然が重なって棋力が向上するはずです。最後には柯潔九段よりも強くなったわけですから、強化学習以外の納得できる強化法は考えられません。

なお、論文によると強化学習によってポリシーネットワークが強化され、ポリシーネットワークの最終版と中間で生成されたバージョンとの自己対局が行われたという説明になっていますが、論文が投稿された後でアルファ碁が強くなっていることを考えると、完成したアルファ碁に複数のバージョンがあり、そのバージョン間での自己対局による強化学習でさらに強いバージョンが作られ、これを繰り返して、アルファ碁は"自分で"強くなっていったのではないかと推量されます。一度プロ棋士より強くなってしまうと、対局相手はアルファ碁以外に存在しないはずです。

図3.24は、ポリシーネットワークとバリューネットラークの"畳み込み"のフィルタの数と、それが棋力に及ぼした効果についての実験結果を示しています。128、192、256および384個の"フィルタ"が試されて、最終的に192個の畳み込みネットワークに決定されたようです。この実験結果は畳み込みのフィルタ数と認識能力との関係を示すものと考えることができるという点で、興味深いですが、フィルタ数が多ければ能力が高くなるとは一概にいえないようです。ただ残念ながら、この点に関する理論的な考察は論文には見られません。

なお、"強化学習"をザックリ説明しましょう。強化学習はバージョンの異なるアルファ碁同士を"自己対局"させて勝った方の「手」を「教師データ」として活用し、教師あり学習によってニューラルネットの重みパラメータのチューニングをさらに行う方法であるといえましょう。

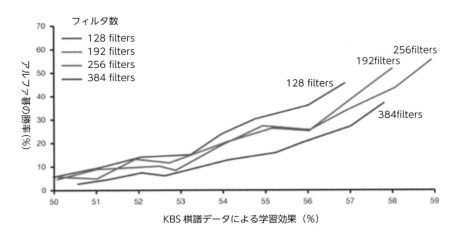

図3.24 畳み込みネットワークのフィルタ数とその効果の実験結果（[Hassabis2016]より）

3.3.7 アルファ碁の考察－アルファ碁はAIといえるか

　最後に、私が関心を持ったことを、私の視点から考察しますので、参考にしてください。なお、この考察は私の研究会論文[上野2012、2018]を改定したものです。

アルファ碁は囲碁をサイエンスにした

　「アルファ碁」は、長い歴史を通して集大成された「経験則」に科学技術的アプローチによって変革をもたらしたといえるでしょう。つまり、「囲碁をサイエンスにした」といえると思います。畳み込み深層ニューラルネットワークによる教師あり学習と強化学習、およびモンテカルロ法という科学的手法でプロ棋士を凌駕する棋力を実現したことは、極めて高く評価できると思います。特に自己対局による強化学習はこれまで人間が見過ごしてきた部分に光を当てたといえます。これは、"囲碁がサイエンスになった"瞬間であると考えることができ、多くの科学技術が通ってきた道でもあるといえます。たとえば、星や月にまつわる旧い伝説や生活に取り入れた人々の英知、経験則に基づいた様々な天気予報や農作物の作付け計画など、長い経験則であったものが、今日では科学技術で解明され、

正確に説明され、生活に生かされています。囲碁はあまりにも探索空間が巨大であるために、千年以上の時間をかけて様々な囲碁知識が発見され、定石、手筋、あるいは格言として体系化されてきました。プロ棋士はこれらの知識をほぼ完全に記憶しているといわれます。これに加えて、プロの対局の全ての棋譜が研究対象として研究会などで分析・評価されているそうです。プロ棋士によると、これまでに分かっていることはまだ"わずか"であるそうです。これらの囲碁知識と自分の性格や嗜好によって対局が行われているようですが、戦略や戦術に加えて、相手の着手から"意図"を読み取る能力が求められます。一瞬にして意図を読み取り、応手の候補を"直感的"に判断し、それに"ヨミ"の能力を適用して、「次の一手」を決めるといわれます。アマチュアも似ていますが、能力が欠如しているために、多くを直感によって打ち進め、いよいよ"取るか取られるか"が明らかになったときに、"しめた"とか"しまった"ということになり、このことが楽しくて碁が止められないという囲碁ファンは多くいます。

　一方、アルファ碁は、上でいうような囲碁知識は全く使っていません。戦略・戦術や着手から相手の意図を読み取るといった"思考能力"も持ちません。48チャンネルやロールアウト知識はいずれも局地的な判断に必要なごく低レベルの囲碁知識です。アルファ碁で使われているディープラーニングやモンテカルロ木探索法は最新の科学技術であるといえます。このアプローチで世界トップのプロ棋士を凌駕する棋力を得たことは驚嘆すべきことであり、「アルファ碁の科学技術的貢献は極めて高い」といえます。グーグルがアルファ碁を豊富な資金力と世界トップクラスの頭脳によって開発したのは、単に囲碁というAIの世界で永くチャレンジングなテーマであった課題に挑戦して達成したというよりも、「ディープラーニングを大きなビジネスチャンスと見て、アルファ碁を通してその能力を社会にデモンストレーションした」、と私は理解しています。また、興味深いことは、アルファ碁の登場によってプロ棋士は失望したのではなく、新しく学ぶことが見つかったことに喜びを感じているということです。これが人間の偉大さなのではないでしょうか。

♟ なぜプロ棋士にはアルファ碁が人間棋士のように感じられるのか

　プロ棋士によるアルファ碁と人間棋士との対局の解説[洪2016]や、棋譜の解説[王2017]、[大橋2017]を読んでみると、アルファ碁が高度な戦略に基づき、大局的視点で、人間棋士の"着手"の意図を読み、先読みを行って、正確に打っ

ており、ほとんどミスらしいものが見当たらないという感想が見られます。これらの解説は「擬人化」してアルファ碁の対局を観ていると感じられます。アルファ碁の仕組みを理解された読者にはこれらは正しくないことは明白ですが、対局者にとっては人間棋士との対局のように考えて打ち進めることは正しいと思います。なぜ人間棋士が打っているように感じているのでしょうか。それは、多分、「人間棋士の棋譜を"教師データ"としてポリシーネットワークを学習させた」ことと、このポリシーネットワークの自己対局によって強化学習させたことによると思います。この"教師あり学習"によってニューラルネットワークの重みパラメータは"教師データ"を"正解"として教師（アマチュア高段者）が打つ手を学習しているわけです。強化学習でもこの"性格"は維持されるはずであり、最終バージョンにもそれは受け継がれていると思われます。

　ただ、「アルファ碁マスター」の棋譜を分析したプロ棋士は、プロの常識とはかなり異なる着手や手筋に驚いたようです。その中の72例が中国棋院の棋士によって取り上げられて、「マスター七十二変」という名称でまとめられて簡単なコメントが付けられ、それがアマチュア高段者の坂井氏によって和訳され、編集されてウェブサイトに公開されています。図3.25にその中の3つを選んで紹介します。いずれもプロ棋士が驚いているようなコメントですが、強化学習によって会得された手筋あるいは定石だと思われます。42番目のケースは、"大なだれ"定石と呼ばれるかなり難解な定石であり、正確に記憶するのは難しいのですが、アマチュアでも高段者はよく使うと思われます。さもなければニューラルネットのパラメータに記憶として定着しないはずです。プロが驚いたのは、マスターがこのような打ち方を習得していたと思われるからでしょう。他の2つの例もプロが感心しています。AIの研究者という視点から私が驚くのは、ハサビスをリーダーとするアルファ碁の開発チームがこのような能力を"自学できるはずである"、というかなり強い確信の下にこのプロジェクトに着手したのではないかと思われる点です。優秀な人材と多額の資金を投入して「ディープラーニングの能力を囲碁の世界でデモする」というのは、自由度の高い大学の研究者ではなく、企業のプロジェクトであることが驚きです。

　これには続きがあり、日本のいわゆる"AI囲碁"開発チームと東大の研究チームと日本棋院が連携して"アルファ碁に勝てる囲碁ソフト"の開発を始めましたが、ハサビスグループがアルファ碁ゼロ、およびそれに続くアルファゼロを立て続けに開発して論文で公表し、それらが異次元の棋力を持つことが分かり、連携

プロジェクトを中止したという報告が日本棋院の"月刊碁ワールド"に掲載されました。ハサビスは、多分アルファ碁の論文を書いている頃にはこのような展開を心に秘めていたのではないかと思います。いわゆるキャッチアップ型研究の弱点をさらした例の一つであり、日本人研究者としては寂しさを感じますが、体制の立て直しは相当に困難だと思われます。世界レベルに強化するには、少なくとも、日本人だけでやろうという狭い料簡は捨てるべきでしょう。

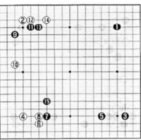

Master黒番

(6)タブーに踏み込む

黒1, 3, 5, 7と最初に展開した後、黒9と小桂馬に掛かるのも、またMasterの好みである。白10と三間に低く挟んだ時、黒11, 13と二手打って手を抜く打ち方は、人間がこれ以前試みなかったタブーであった。

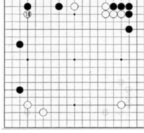

Master白番

(11)単純にして荒々しい

本局はMasterとしての参戦第1局。ミニ中国流や中国流に対し、白18の付けはAlpha Go/Masterの新創造。その効果は別にして、この単純で荒々しい手段は、相手の石にぶつける強い視覚と伸びやかな契機への思考を人間に与える。

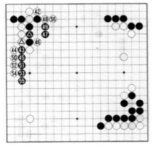

Master白番

(42)大なだれで驚異の変化

左上半昱廷が小桂馬締りの肩を突いてから黒△と押し、Masterは白△と三線に這って、大雪崩形が出現。白42と外に曲げた後、白46の跳ねが驚愕の一手。大雪崩にこのような変化があるとは、百年来の驚きに感嘆するのみ。

左側が棋譜で、右側にコメントが書かれている

図3.25 アルファ碁マスターの打ち方にプロが驚いた例([マスター2017]より)

Chapter 3 アルファ碁—ディープラーニング、モンテカルロ法と強化学習

🎬「神の一手」とその意味

李セドル九段との公開対局の第4局の78手目で打った「割り打ち」によって、アルファ碁の"勝率期待値"が急低下し、それ以降アルファ碁の着手に乱れが生じて李九段が勝利しましたが、この一手を観戦していた中国の棋士によって「神の一手」と呼ばれるようになり、AI研究者の間で高い関心を集めました。私も関心を持ちましたが、かなり難しい局面であり、私の棋力ではプロの解説を聞いても理解困難でした。つまり、第78手を見ても李九段の石の集団が"生きた"とは理解できませんでした。この第4局は李九段が勝った唯一の対局ですし、勝利につながったのがこの第78手、つまり"神の一手"でしたので、人間にとってもアルファ碁開発グループにとっても意義深い"一手"であったわけです。ついでですが、この手をアルファ碁との対局で再現することは不可能です。そのわけは、アルファ碁は一手ごとにモンテカルロ法を使って勝率の予測を行っていますが、ランダムに着手するためにどんな手を試しているのかが分からないからです。完全なログ情報が残してあれば再現可能ですが、そこまでやっていたかどうかは分かりません。考えられる対策としては、アルファ碁の棋力を向上させて、このような手に対しても正しく応答できるようにすることだと思います。

実は、洪ミンピョ棋士の分析[洪2016]によると、アルファ碁には正しい応手があったことを明らかにしています。そこで、この「神の一手」を少し具体的に説明しましょう。図3.26は第78手目の盤面（中央）を示します。図の左の盤面は、白が68手目（右側の四角で囲んだ石）を打ち、黒が69手目を打ったことにより、右中央（濃い線で囲んだエリア）が白地、上中央（薄い線で囲んだエリア）が黒地になる可能性が強く、それぞれの地の大きさから黒（アルファ碁）優勢という状況でした。多分、李九段はこのようになるということを承知の上で白68の手を選んだはずであるという解説です。そこでアルファ碁は黒69と打って中央上の模様を目いっぱい広げました。そこで李九段は白の第78手という「神の一手」を有効にするために、4つの"利かし"の手（白石）を先手で打って準備してから、第78手を打ったそうです。攻防（説明省略）の結果として、取られていたはずの中央上辺の白石の集団の脱出に成功して形勢が逆転し、李九段が勝利したというストーリーです。白が第78手目の"割り打ち"を行った後、アルファ碁の勝率期待値がそれ以前の約70%から急速に低下したそうですが、アルファ碁には有効な手が発見できなかったということのようです。その後の分析により"有効な応手"があることが分かったようですが、これを発見できなかったのはアルファ碁の強

化学習が不十分であったということだと思います。しかしながら、ハサビスは明確な説明を避けて、負けたことが貴重な教訓となったという趣旨のコメントをしたようです。その9カ月後に"マスター（AlphaGo Master）"がインターネット囲碁サイトに現れて40名のトップ棋士たちに60連勝したという事実が、ハサビスチームの能力の高さを実証したといえるでしょう。

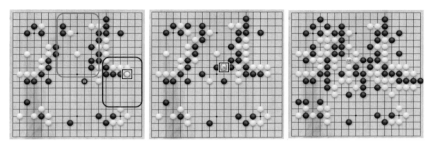

図3.26 「神の一手」（中図の四角で囲んだ石）と呼ばれた李九段の第78手の盤面とその前後
（[洪2016]より）

なお、アルファ碁は形勢不利な局面で"辛抱しながら敵失を待つ"ようには設計されていないようです。勝てる見込みがなくなったとき乱れだすのはこれが原因であると思われます。

勝ちが見えると緩むのはなぜか

「アルファ碁」との対局の経験のある、あるいは対局を観戦したプロ棋士の「アルファ碁は勝ちが見えると打つ手が緩む」というコメントが私の印象に強く残っています。プロ棋士のテレビ対局の実況解説では「緩むと逆転する可能性がある」と、戒めのコメントがよく聞かれますので、ことさらに印象深く感じられます。これは、中盤において10目程度の優勢であるとき、凡ミスを避けるために慎重になり、ミスを避けるような安全な手、つまり"緩い手"を打つ傾向があり、少しずつ優勢度合いが縮小していき、気が付くと負ける可能性になってしまうということが経験則で知られているからです。では、アルファ碁は勝ちが見えると緩むのはなぜかを考えてみましょう。

最もありうる理由は、"強化学習"の論理に潜んでいるということです。強化学習では自己対局によって勝負をつけますが、勝った場合は"勝つように重みパラ

Chapter 3 アルファ碁−ディープラーニング、モンテカルロ法と強化学習

メータをチューニング"し、負けた場合は"負けないように重みパラメータをチューニングする"というアルゴリズムです。この場合、勝ちか負けかが判断基準となり、半目勝ちか10目勝ちかは問われず、重みパラメータのチューニングに反映されないはずです。このようなアルゴリズムはモンテカルロ囲碁に採用されていたことが知られています。このようなアルゴリズムで強化学習されたニューラルネットワークは、当然、結果として「勝てればよい"手"」を選ぶはずです。

このような打ち方は人間から見ると「正しくない」打ち方といえます。優勢の度合いを強化学習に反映させるアルゴリズムは、効果が少なく処理が複雑になるのではないかと思いますが、アルファ碁のネイチャー論文では議論されていないようです。

🐱 ネットワークの構造と対局の仕組みについて

「アルファ碁」では、3つのニューラルネットワークとモンテカルロ法が組み合わされていますが、素朴な疑問を感じる点が2つあります。1つは、高速ポリシーネットワークの利用についての疑問です。ポリシーネットワークのトップ1の"一致率"は約57%であるということが高く評価されていますが、高速計算環境においても計算に約3ミリ秒かかるのに対して、高速ポリシーネットワーク（ロールアウトポリシーとも呼ばれる）では一致率が約24%と低いが計算は3マイクロ秒と1,000倍の速さです。この速さを活用してモンテカルロ法によるロールアウトの回数を増やすことができると説明されています。

この説明は一見合理的に感じられますが、疑問もあります。ポリシーネットワークでの「次の一手」候補の算出は1回限りです。バリューネットワークでは複数の候補の勝率期待値を算出しますので、もし10個の候補について計算（つまり推論）すれば、30ミリ秒かかります。対局の解説[洪2016]によると、アルファ碁は時々長考すると書かれています。3分はアルファ碁にとっては、かなりな"長考"に相当するようですが、これに要する計算としては、バリューネットワークでより多くの候補を試すか、モンテカルロ法でより多くの候補について、より多くのシミュレーションを行うか、であるはずです。このどちらについても、3ミリ秒と3マイクロ秒の違いの有意差はほとんど考えられず、むしろ"一致率"の高さ（有効な候補に絞る）の方が有効に働くはずである、と思います。

ほとんどの着手において、アルファ碁はほとんど時間をかけずに「次の一手」を決定したようです。ポリシーネットワークによる「次の一手」候補が5つの合計

で99%であれば、他の手を試す必要はなく、これらの候補のいずれかに対するバリューネットワークによる勝率期待値が高ければ、この結果だけで「次の一手」を決定して十分に勝てるはずであるからです。この計算に要する時間は1秒もかかりません。

2つ目の疑問は、ポリシーネットワークとバリューネットワークの構造および働きに関するものです。画像認識で見られる多くの畳み込みニューラルネットワークでは、畳み込み処理を"特徴マップ"の中で行いますので、出力層に向かうにつれて特徴マップのサイズは縮小します。これに対して、アルファ碁では特徴マップのサイズを碁盤のサイズと同じ19×19＝361になるように、外側にゼロパディングを2（入力層）あるいは1（中間層）だけ行って"見かけ上"拡大させて処理しています。この理由の説明が論文にはないようですが、多分碁盤のサイズを維持するのが目的だと思われます。ただ、そうであったとしても、局面が進むにつれて"合法手"は限られていきますが、「次の一手」の候補が合法手の中から選ばれるという保証に関する説明がないように思います。

このような"素朴な疑問"を論文査読者は感じなかったのでしょうか。感じていれば、説明の追加を投稿者であるハサビスに求めたはずです。ただ、このような問題があったとしても、論文の価値が十分に高いと判断されたのでしょう。また、ネットワークの構造に関する合理的な説明も見られませんがこれも重要な論点です。

♟ 囲碁AIの研究は終わっていない

「アルファ碁」やその後開発されたディープラーニングを応用したコンピュータ囲碁のことが、我が国では"AI囲碁"と呼ばれています。間違いであるとはいい切れませんが、正しいともいえません。この本の読者にはこのコメントが理解していただけると思います。AI研究者としての私の視点から、2つだけコメントしましょう。

ポリシーネットワークはプロ棋士の"直感"の能力を獲得したAIなのか？

プロ棋士のいわゆる"直感"とは、盤面を観ただけで一瞬のうちに打つべき"手"が分かることをいっているように思われます。テレビ対局の実況解説で、よく"第一感は"という表現が使われます。また、"XXさんはよく手が見える"という解説もよく聞きます。プロ棋士には個性や嗜好の違いがあり、第一感もそれぞれ異

なりますが、候補が1つのときはほとんど迷わずにその手を選ぶようですが、候補が2つのときは、どちらを選ぶかに長考するという状況がよく見られます。また、勘違いや見損じで第一感の手が"悪手"であることは当然あり得ます。年配になればなるほど集中力が欠けて第一感が間違うことが増えるようです。

アルファ碁の論文では、ポリシーネットワークは第1候補の一致率が約57%であったようですが、プロ棋士の第一感にはかなり劣ることは明らかです。機能としては"第一感"に類似しているといえるでしょう。ただし、これをもって"囲碁における第一感のAIモデルが実現できた"という表現は明らかに間違っています。AIでは人の"高次認知機能"のモデル化を目指していますが、ディープラーニングは"分類マシン"であり、人の多様で高度な認知能力を実現した知能マシンとは原理が異なるからです。

アルファ碁の思考法はプロ棋士とは異なる

「アルファ碁マスター（AlphaGo Master）」の棋力を示すイロレーティングはプロ棋士を凌いでいます。また、囲碁はAI研究におけるチャレンジングなテーマであったことも事実です。さらに、アルファ碁はプロ棋士を超える棋力を達成したので十分にAIといえるのではないか、という意見があります。私はこの意見に賛成できません。棋力はプロを超えたことは事実ですが、プロのような思考法ではありませんので、この点からAIとは異なりますし、これをAIと呼べば、一般の人々に誤解を与えることは明らかです。「まもなくAIが人を超えるに違いない」というような心配や誤解は人々に混乱を与えます。

この点からも、AIの基礎研究はまだまだこれからであると断言できます。ニューロンの基礎実験は猫やサルを使ったものですが、これらの動物は、素朴なコミュニケーションのための言語を使っていることは実験を通して明らかになっているとはいえ、ヒトのような高度な言語は使えませんし、抽象的な思考能力は持っていないようです。したがって、ヒトのニューロンの仕組みや機能を詳細に確かめられてはいませんので、深層ニューラルネットワークがヒトのニューラルネットワークとは大きく異なることは明らかでしょう。深層ニューラルネットワークや畳み込みニューラルネットワーク、および活性化関数やバックプロパゲーション学習法は、あくまで人工的なコンピューテーションモデルであると考えるべきです。また、囲碁と日常活動における問題解決とは異なりますので、この違いを理解した上でアルファ碁の成果を活用すべきでしょう。

3.4 アルファ碁ゼロ—強化学習のみの コンピュータ囲碁

「アルファ碁ゼロ（AlphaGo Zero）」は、グーグル・ディープマインド社のハサビスのグループによって開発されたコンピュータ囲碁であり、アルファ碁の研究開発の経験をベースにし、新しい深層ニューラルネットワーク技術を使って開発され、「ネイチャー」に学術論文として掲載されました[Hassabis2017a]。アルファ碁と同じように、学術的な貢献が大きいと判断されたわけです。

アルファ碁ゼロの画期的な点はいくつかありますが、最も大きなことは「強化学習だけでアルファ碁を超える棋力を実現した」という点だと思います。"ゼロ"という名称には"ゼロ状態から"という意味が込められていると思います。アルファ碁ゼロもディープラーニングの応用であるわけですが、ディープラーニングの本質的な問題の中に、"高品質で十分な量の教師データ"が得られることが挙げられます。"高品質"とは、"データと正解のセット"の品質がよいこと、つまり信頼性が高いことです。ビッグデータ時代では、大量のデータを獲得し管理することは比較的容易になってきましたが、「正解とのセット」の教師データを大量に得る状況は限られているという指摘がなされています。一部の巨大IT企業にこのようなデータが蓄積されており、特に個人情報が含まれていることに"危険性"が指摘されています。このような企業が国家より強力な力を持つことが危惧されています。「データを制する者は世界を制する」などと強調されているのはこのためでしょう。

さて、この論文で研究のモチベーションとして強調されていることは次のような点です。一般に高品質な大量のデータを収集することは容易でないこと、また、このようなデータを収集するのが困難な問題や専門家がいない領域があること、その解決策として「データを必要としない強化学習」が有用であるという主張です。そこで、囲碁という巨大な探索空間を持つ二人ゲームを事例にして、この課題に挑戦し、一定の成果を挙げたのがこの論文です。このような問題指摘と成果が、「ネイチャー」というトップクラスの学術誌によって、"学術的貢献"と評価されたのだと思います。したがいまして、アルファ碁ゼロの技術的な仕組みとその特徴のみに視点を当てるのではなく、より広い視点からの考察も行います。つまり、アルファ碁ゼロはなぜ成功したのかという点を理解していただくとともに、

Chapter 3 アルファ碁－ディープラーニング、モンテカルロ法と強化学習

この成功は一般の問題にも成り立つのかという疑問にも触れたいと思います。

アルファ碁の考察で述べたことと同じように、"ディープラーニングの特徴や強さが生かされましたが、本質的限界を解決したわけではない"ことを、あらかじめ提示しておきましょう。この点を頭の片隅に置いて、以下の説明を読んでください。なお、このような視点からの説明とするために、論文の内容を厳密に紹介するのではなく、本質的な考え方や仕組みを尊重する範囲内で、説明を分かりやすくするという工夫をしてあります。技術の詳細に関心のある方には大槻氏の著書[大槻2018]を勧めます。原著論文にほぼ沿っており、かつ書かれていない技術も補ってあります。

3.4.1 アルファ碁ゼロの特徴

まず、アルファ碁ゼロの特徴を、アルファ碁と対比しながら説明しましょう。

「アルファ碁ゼロ」は、アルファ碁と同じく、畳み込みニューラルネットワークとモンテカルロ法によって実現されています[*2]。ただし、ニューラルネットワークとしては、当時の最新モデルである "ResNet (Residual Neural Network、残差ニューラルネットワーク)" が使われており [He2016]、モンテカルロ法であるモンテカルロ木探索 (MCTS) では、終局までランダムに打ち進めるというプレイアウト (ロールアウト) を行わない方法を取っています。プレイアウトは、いわゆる"先読み"を、乱数を使って何回もシミュレーションすることによって"候補手の勝率予測値"を推定する方法ですが、アルファ碁ゼロでは、ニューラルネットワークの推論結果をこの代わりに使っています。ランダムシミュレーションをしないことによってコンピュータの負荷が大幅に減少したようです。また、ResNetを用いることにより、中間層 (隠れ層) を大幅に増やすことができ、40層 (および80層) のネットワーク構造にすることにより、性能向上を実現したそうです。この他にもいくつか工夫されています。

アルファ碁ゼロの主な特徴は次の5つに集約できます。

①教師データを一切使わず、自己対局による強化学習のみで実現した。
②ポリシーネットワークとバリューネットワークを1つのネットワークにまとめた。
③モンテカルロ木探索 (MCTS) のプレイアウトの代わりにニューラルネットワーク

---

*2　正確には、畳み込み深層ニューラルネットワークですが、単にニューラルネットワーク、さらにネットワークと省略する場合もありますので、読み替えてください。

228

の結果を使った。

④囲碁のルール以外のドメイン知識を一切使わなかった。

⑤40層（および80層）というかなり多層の深層ニューラルネットワークを使った。

　この5つの特徴について簡単に説明してから、具体的な考え方と仕組みの説明をすることにしましょう。

　まず①について説明します。アルファ碁では、アマチュア高段者（6～9段）の対局記録である棋譜16万局、約3,000万局面、を教師データとして、"教師あり学習"によってポリシーネットワークの重みパラメータのチューニングを行って、SLポリシーネットワークを生成した後、最後に生成したSLポリシーネットワークと途中で生成したSLポリシーネットワーク間の"自己対局"によって"強化学習"をさせ、RLポリシーネットワークを生成しました。この際、過学習を避けるために乱数によって学習に使うデータを選ぶなどの工夫がされました。これに対して、"アルファ碁ゼロ"では、ネットワークの重みパラメータを乱数で初期化して、同じアルファ碁ゼロ間で自己対局を行わせ、学習用の"教師データ"を生成し、そのデータを使った"教師あり学習"によってネットワークのパラメータ更新を行い、これを繰り返すという方法を取っています。繰り返すことによって、ニューラルネットワークのパラメータは徐々にチューニングされ、アルファ碁ゼロの棋力は向上する、という考え方です。

　全く同じパラメータを持つネットワーク（つまり囲碁プログラム）同士の自己対局である点もアルファ碁とは異なります。なお、自己対局を50万回行わせて教師データ候補を蓄積し、直前の候補データからランダムに2,048個を抽出して教師データとして"ミニバッチ"による教師あり学習を行わせています。自己対局が490万回を超えたとき強化学習を終了させていますが、ミニバッチの教師あり学習は60万回に及びます。この強化学習の終了時点での重みパラメータがアルファ碁ゼロの完成版というわけです。これらの処理は並行処理で行われますので、中断はありません。したがって、「アルファ碁ゼロでは、強化学習の中に教師あり学習が組み込まれている」わけです。図3.27に論文の説明から作成した"アルファ碁ゼロの強化学習"のイメージを示します。詳細に関心のある方は原著論文を読んでください。

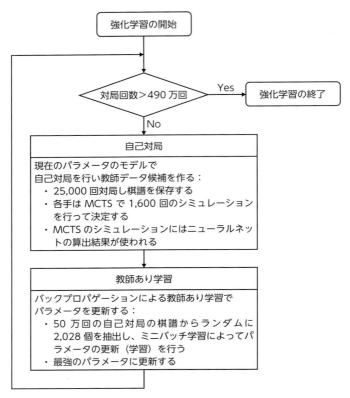

図3.27 アルファ碁ゼロの強化学習の仕組み([Hassabis2017a]より作図)

次に②について説明します。アルファ碁では2つの畳み込みニューラルネットワークが使われました。教師(高段者)の「次の一手」の候補を推定するためのポリシーネットワークと、それらの手を打ったときのアルファ碁の"勝率期待値(勝率の予測値)"を推定するバリューネットワークです。この2つの役割は異なりますが、ネットワークの構造はほとんど同じであることを思い出してください。違う点は2つありました。1つは、ポリシーネットワークが48チャンネルの入力データであるのに対して、バリューネットワークの入力は49チャンネルでした。もう1つの違いは、ポリシーネットワークの出力は"確率分布"であるのに対して、バリューネットワークの出力は"スカラー値(1つの値)"であることでした。このために活性化関数にはそれぞれソフトマックス関数とtanh関数が使われました。この"チャンネル"は"囲碁知識"を表しています。アルファ碁ゼロでは、後で説

3.4 アルファ碁ゼロ―強化学習のみのコンピュータ囲碁

明しますように囲碁知識は一切使われていませんので、入力データは同じになります。出力部分のみが異なりますので、その部分だけを枝分かれさせるようなネットワーク構造になっています。つまり、1つのネットワークを2つの役割で共有するという方法です。これによって、学習の手間や推論の手間が省略でき、計算負荷が減少します。

なお、アルファ碁ゼロの「次の一手」候補は361（盤面の交点の数）ではなく、362となっています。これは、通常の囲碁の対局では、お互いに"パス"したときを終局とするという慣例があり、これを取り入れたものです。お互いに"打つ手がない"とき"パス"します。パスによって終局し、お互いの"地"の目数を数えて多い方が勝ちとなります。引き分けを避けるために後攻の白番に6目半（中国ルールでは7目半）という"半目"のハンデをつけているのです。終局は2通りあり、1つがパスによる地の目数の多い方の勝ちで、もう1つが形勢不利で逆転の可能性なしと判断した方が負けを宣言する"中押し負け（相手が中押し勝ち）"です。実際のプロの対局の約4割が"中押し"で決着していると思います。アルファ碁ゼロでは、勝率期待値が10％程度以下に下がれば"中押し負け"を宣言すると思われます。これはアルファ碁にはなかった機能です。アマチュアの対局では最後まで打たれるケースが多いですが、これは見損じ（ポカ）によって大きな石の集団が取れたり取られたりといった"大逆転"が少なくないからです。これも囲碁ファンの楽しみの一つであるようです。勝負は最後まで分かりません。当然、初級者の対局ほど大逆転の可能性は大です。しかも、初級者は対局の途中での形勢判断ができませんので、勝っていても無理な戦いをして大逆転で勝負が決まるケースが増えます。

次に③について説明します。アルファ碁ではモンテカルロ木探索（MCTS）が重要な役割を担いましたが、アルファ碁ゼロでは役割がかなり異なります。まずアルファ碁でのMCTSの役割を復習しましょう。アルファ碁では、MCTSでモンテカルロシミュレーションによる"プレイアウト"によってどの手の勝率が最も高いかを推定しました。これは"先読み"、つまり候補"手"を打ち進めたときの勝敗の予測、を行うことになります。これを時間の許す限り多数回行うことによって、より精度の高い予測が可能となるというのがモンテカルロ法の原理です。その分だけ計算負荷も大きくなります。アルファ碁ではMCTSは学習と実戦の両方で使われました。「アルファ碁ゼロ」では、候補"手"の評価を行うためのモンテカルロシミュレーションの代わりに、ニューラルネットワークの出力結果で

ある"次の一手の候補"と"その手の勝率期待値"を使っています。モンテカルロシミュレーションは行いませんので厳密にはMCTSとは呼べないと思いますが、ゲーム木の探索法としてMCTSを使っています。この点を、論文では、「MCTSを使った方の結果がよかったから」と説明しています。使った場合と使わない場合を実験で比較したものと思われます。また、MCTSは強化学習時に使われますが、実戦の対局では使われません。実戦の対局では"ニューラルネットワークだけで十分である"という結果が得られたものと思われます。

次に④について説明します。アルファ碁では2種類の囲碁の知識つまり"ドメイン知識"が使われました。ニューラルネットワークの入力に48チャンネル（または49チャンネル）の囲碁知識が使われ、高速ポリシーネット枠には約10万の囲碁知識が使われました。これに対して、アルファ碁ゼロでは一切囲碁のドメイン知識が使われていません。アルファ碁ゼロでは、当然高速ポリシーネットワークも使われていません。このことは、アルファ碁のフレームワークが囲碁以外の"二人ゲーム"であるチェスや将棋にも応用できることを想定していると思われます。実際、アルファ碁ゼロに続いて"アルファゼロ"が開発され、論文として公開されたことが、このことを示していると思います。アルファ碁ゼロでは、新しいアイデアとして、着手の"近い過去の履歴情報"がニューラルネットワークの入力チャンネルとして使われています。表3.5に、17チャンネルの内容を示します。これは、「次の一手」を考えるとき「過去の7手」が重要であるという経験則から導かれてのではないかと思われます。このように考えられる手掛かりとして、論文[Hassabis2017a]の共著者にアルファ碁で公式対局をしたヨーロッパチャンピオンのプロ棋士であるファン二段が含まれていることが挙げられます。所属情報から、ファン二段はグーグル・ディープマインド社の社員になったのではないかと思います。プロ棋士であれば、当然着手に関する履歴情報が重要であることや、このような情報がチェスや将棋にも適用できると考えたことは納得できます。私の経験からも、このことはある程度理解できます。

表3.5 アルファ碁ゼロで使われている17チャンネルの内容

入力チャンネルの種類	チャンネルの数
黒石の位置	1
白石の位置	1
k手前の黒石の位置 (k = 1〜7)	7
k手前の白石の位置 (k = 1〜7)	7
手番 (黒番なら全て1、白番なら全て0)	1
合計	17

　次に⑤について説明します。アルファ碁では13層の畳み込みニューラルネットワークが使われましたが、「アルファ碁ゼロ」では40層（および80層）の畳み込みニューラルネットワークが使われています。一般に層の数を多くするほど画像認識能力が高まると理解されていましたが、逆に計算負荷も増大することが明らかであり、しかも誤差が収束しにくいという課題がありました。この課題を巧妙に解決したのが「ResNet（Residual Network、残差ネットワーク）」と呼ばれる畳み込みニューラルネットワークです[He2016]。ResNetでは、図3.28に示されるように、2つの畳み込み層を1つの"残差ブロック（Residual Block）"として、入力から直接出力へ接続させる"ショートカット"を設定し、このブロックへの入力とこのブロックの出力を足し合わせる構造とし、必要に応じてこのモジュールの働きを生かしたり無視したりするような巧妙な機能を持たせました。これによって、大幅に中間層を増やすことができたそうです。

　論文[He2016]によると、この方法によって152層の畳み込みニューラルネットワークを構築し、共有データであるImageNetによる画像認識の2015年度コンペにおいて誤差3.57%（推定結果のトップ5に正解が含まれない比率）を達成して優勝したそうです。また、論文では1,000層のニューラルネットワークも実現可能と説明されています。2012年にImageNetコンペにディープラーニングが登場して衝撃を与えましたが、そのときの誤差は17%程度であったことを思い出してください。わずか4〜5年で急速に進歩したことが分かります。残念ながら日本人の貢献はほとんど見受けられませんが、中国人の貢献度は極めて高いものがあります。ResNetもグーグル翻訳システムも米国の巨大IT企業による成果物ですが、いずれも中国人によるものです。あの中国は、もはやAIやディープラーニングで背中が見えないほど先に行ってしまったのでしょうか。この差はさらに拡大するのではないかと危惧されます。

Chapter 3 アルファ碁―ディープラーニング、モンテカルロ法と強化学習

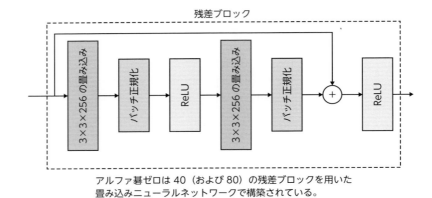

アルファ碁ゼロは40（および80）の残差ブロックを用いた
畳み込みニューラルネットワークで構築されている。

図3.28 アルファ碁ゼロの残差ブロックの構造（[Hassabis2017a]より作図）

　以上で説明しましたアルファ碁ゼロの特徴が"仕組み"にどのように生かされているかについて、次の項で説明しましょう。

3.4.2 アルファ碁ゼロの仕組み

　「アルファ碁ゼロ」では一切の教師データを使っていませんので、システム自身で教師データを生成する必要があります。強化学習はこの目的のために使われています。つまり、アルファ碁ではポリシーネットワークを強化するために使われた強化学習が、アルファ碁ゼロでは教師データ生成のために使われているということです。ただし、当初はネットワークの重みパラメータは乱数で初期値設定されますので、全く意味のない「次の一手」候補を提案します。この候補"手"の勝率期待値もかなりいい加減な値となるはずです。しかし、強化学習とパラメータチューニングを繰り返していくうちに、急速にニューラルネットワークの予測性能が向上したことが論文で報告されています。この仕組みを理解していただくのが本項の目的です。

　図3.29は、アルファ碁ゼロの自己対局によるニューラルネットワークの強化学習の仕組みを示したイメージ図です。上図は、自己対局のイメージを示します。上で説明しましたように、ニューラルネットワークの重みパラメータは乱数で初期化されており、この状態から"自己対局による強化学習"が行われることになります。各自己対局は、盤面に石がない状態から開始され、黒番から始まって、交互に着手（石を置く）されます。つまり、上図の左から、交互に着手され、

3.4 アルファ碁ゼロ―強化学習のみのコンピュータ囲碁

局面が $s_1, s_2, \cdots$ と進み、s_T で終局するとします。その結果勝者 Z が決まります。次に、勝者 Z の各着手と局面を教師データに使ってニューラルネットの学習（パラメータのチューニング）を、下図の手順で行います。その結果、ニューラルネットワークは初期状態から一局分だけ学習した状態に移ります。このサイクル、つまり"自己対局－学習"のサイクルを繰り返すことによって、ニューラルネットワークの強化学習が進み、パラメータは更新されていきます。これによって得られた局面データの集まりが"教師データ"として使われ、ニューラルネットワークの"教師あり学習"が行われることになります。

さて、自己対局において「次の一手」を決定するためにモンテカルロ木探索（MCTS）が使われますが、上で説明しましたように最善手の探索に、アルファ碁ゼロではモンテカルロシミュレーションの代わりにニューラルネットワークを使って求めた「次の一手」候補の確率分布と、その手の勝率期待値が使われます。この部分を図で説明しましょう。なお、詳細な説明は省略しますので概略のイメージだけ理解してください。

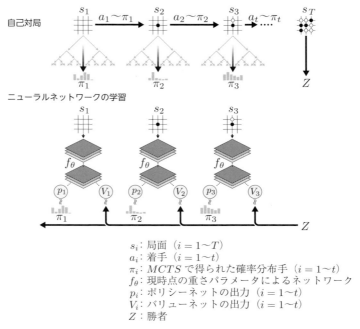

s_i：局面 $(i=1\sim T)$
a_i：着手 $(i=1\sim t)$
π_i：$MCTS$ で得られた確率分布手 $(i=1\sim t)$
f_θ：現時点の重さパラメータによるネットワーク
p_i：ポリシーネットの出力 $(i=1\sim t)$
V_i：バリューネットの出力 $(i=1\sim t)$
Z：勝者

図3.29 アルファ碁ゼロの自己対局と強化学習の仕組み（[Hassabis2017a]より）

図3.30は、強化学習におけるモンテカルロ木探索（MCTS）の仕組みを示しています。原理はモンテカルロ囲碁で説明したものと同じですが、ランダムシミュレーションによるプレイアウトを行って勝率を予測する代わりに、ニューラルネットワークで算出した2つの結果である「次の一手」候補の確率分布 P と勝率期待値 V を使います。この図の「展開と評価」のステップで使われます。論文によると、ニューラルネットワークのパラメータを変えずに、つまりその時点のパラメータを使って、1,600回の試行が行われ、その平均値として「次の一手」としての最善手が決まり、それによって"着手"されます。

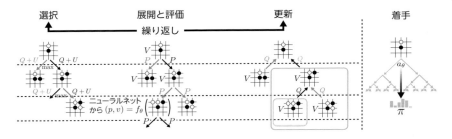

図3.30 アルファ碁ゼロのモンテカルロ木探索（MCTS）の仕組みのイメージ
（[Hassabis2017a]より）

左図の「展開と評価」のステップでニューラルネットワークの出力が利用されています。同一パラメータで1,600回繰り返されて次の着手が決まります。以下はMCTSによるシミュレーションの簡単な説明です。

a MCTSのシミュレーションは、木のノードから開始され、事前確率Pと訪問回数Nをもとに、（アクション値Q ＋ 上限信頼限界U）の最大値を有するノードを選択することによって末端ノード（リーフ）まで下がる。
b リーフノードが展開され、関連する位置がニューラルネットワークの結果（PとV）によって評価され、Pのベクトル値が記憶される。
c アクション値Qが更新される。
d シミュレーションが完了する確率値が確率分布として返される。

次に、「アルファ碁ゼロのニューラルネットワーク」について、簡単に説明しましょう。図3.31は、アルファ碁ゼロが採用している、ポリシーネットワークとバリューネットワークを1つに統合化した、20（あるいは40）の残差ブロックで

構成されたResNet型の畳み込みニューラルネットワークを示します。各残差ブロックは、図3.28に示された構造を持っていますので、畳み込み層が40（あるいは80）層あるニューラルネットワークと同等の性能を持ち、かつバックプロパゲーション法による学習において優れた誤差収束性を持つわけです。

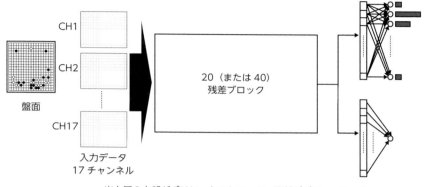

出力層の上部がポリシーネットワーク、下部がバリューネットワークに相当する。

図3.31 アルファ碁ゼロのResNet型畳み込みニューラルネットワーク（[Hassabis2017a]より作図）

　話がややこしくなりますので、仕組みやメカニズムについては、大まかに理解していただければよいと思います。要は、ニューラルネットワークとモンテカルロ木探索を組み合わせることによって、ランダムシミュレーションによるプレイアウトを行わずに、大量の"教師データ"を作り出すための「自己対局による強化学習」が、アルファ碁ゼロの特徴の一つです。

　囲碁の知識を全く使わずに強くなったアルファ碁ゼロは、はたしてプロ棋士が1,000年以上の囲碁の歴史が蓄積された囲碁の知識体系に関する苦学と真剣な対局によって獲得した囲碁知識の集大成である"布石"、"定石"、"手筋"などの高度な知識を自動獲得できたのでしょうか。高度な戦略、先読みや、相手の着手から"意図"を読み取る能力は身に着けたのでしょうか。もしくは、「トッププロよりはるかに強くなったが、囲碁知識は特別に獲得しておらず、打ち方もプロ棋士とは全く異なる」のでしょうか。この疑問を念頭に置いて以下を読んでください。

　アルファ碁は、アマチュアとはいえ高段者の棋譜を使った教師あり学習を行ったことにより、人間的思考法や囲碁知識を獲得しましたので、プロ棋士との対局

Chapter 3 アルファ碁-ディープラーニング、モンテカルロ法と強化学習

では「人間棋士と対局している」という感覚で対局したことが文献[洪2016]によるとよく理解できます。はたしてアルファ碁ゼロとの対局をプロ棋士が行えばどんな感覚を持つのでしょうか。実は、以下に紹介しますようにアルファ碁ゼロの棋力はアルファ碁マスターよりもかなり高いので、プロ棋士との対局は成立しないと思われます。プロ棋士にできることは、アルファ碁ゼロの自己対局を"観戦"し"研究"して何か新しいヒントを得るということではないでしょうか。

　ついでに知っていただきたいことがあります。論文[Hassabis2017a]では"AlphaGo Zero is the program described in this paper.（アルファ碁ゼロは本論文で述べたプログラムである。）"、や"Our new program AlphaGo Zero achieved superhuman performance, winning 100-0 against the previously published, champion-defeating AlphaGo.（我々の新しいプログラムであるアルファ碁ゼロは、本論文で述べられているように、前に公開されたチャンピオンに勝ったアルファ碁に対して100対0で勝利して超人的能力を実現した。）"と述べられているように、論文の著者は、アルファ碁ゼロは（アルファ碁も同じく）"コンピュータ囲碁プログラム"であることを明記しています。アルファ碁を"AI囲碁"と呼んでいるのは"ディープラーニング＝AI"と思いたい人々であるといってよいでしょう。ディープラーニングはAIの構成要素であり、「AI」はもっと広い概念であることを理解してください。この点は繰り返し説明していますが、以後の説明でも表現を変えて繰り返そうと考えています。日本のAI技術者育成政策がディープラーニングだけに集中してしまって、気が付いたら世界の流れから大きく外れていた、という後悔を避けるために。

✤ 3.4.3 アルファ碁ゼロの自学習の成果と特徴－驚くべき進化

　「アルファ碁ゼロ」は、ゼロ状態から、自己対局・強化学習および教師あり学習を繰り返すことによって自ら強くなりました。したがって、"自学習（Self-learning）"システムと呼ぶことができると思います。どのようにして強くなっていったかを、論文からある程度推量することができます。また、プロ棋士より強くなったのですが、プロ棋士のような高度な囲碁知識を獲得して強くなっているのかどうかも、ある程度推察することができます。以下、これらの点からアルファ碁ゼロを観ることにしましょう。なお論文では、「アルファ碁ゼロはこれまでに知られている"囲碁知識"を獲得するとともに、新しい囲碁知識を発見した」というような説明があります。はたしてそうでしょうか。私は直感的に、後半の部分

238

は正しいが、前半についてはかなり懐疑的に感じます。特に、「洗練された高度で複雑な定石や手筋を自ら獲得した」とはとても思えません。獲得したとしても多分数％程度、多くても10％程度、なのではないでしょうか。新しい布石、定石や手筋は、プロ棋士が気づかなかった技術を色々発見したに違いありません。これらは、プロ棋士によって紹介されるでしょう。既にテレビ対局の実況解説では、いくつか新しい布石や手筋の解説とともに、プロ棋士から観たコメントを聞くことができ、大変興味深いものです。

まず、論文より"強化学習"と"教師あり学習"の性能比較を図3.32に紹介しましょう。ここでいう強化学習とは、アルファ碁ゼロで使われた強化学習のことです。一方、教師あり学習とは、比較のためにニューラルネットワークはアルファ碁ゼロと同じものを使い、アルファ碁で使ったKGSサイトの棋譜を使った学習です。ネットワークが同じですから、学習法の比較ができると考えられたようです。実際には、囲碁知識の48チャンネルの効果が大きいと思いますが、これを使ったかどうか述べられていません。なお、比較のためにアルファ碁リーの"イロレーティング"（約3,800）が記入されています。ちなみに、トッププロのイロレーティングは3,600～3,700のようです。図に示されるように、学習速度は教師あり学習がはるかに速いですが、能力が上がらないのに対して、強化学習は20時間頃に追いついて、その後も向上し、イロレーティングが約4,500に達しています。

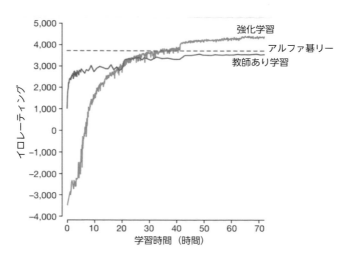

図3.32 強化学習と教師あり学習の比較（[Hassabis2017a]より）

Chapter 3　アルファ碁－ディープラーニング、モンテカルロ法と強化学習

　私の推量では、もしアルファ碁ゼロと同じニューラルネットワークを使って、アルファ碁リーと同じように、教師あり学習の後で強化学習をさせれば、両方ともアルファ碁ゼロと同じレベルに達したのではないかということです。最終的な棋力は、学習法よりもニューラルネットワークの構造によって決まるのではないかと思います。なぜならば、学習によるネットワークの抽象化能力は、ネットワークの構造に依存するはずであるからです。アルファ碁が採用した畳み込みニューラルネットワークは13層ですが、アルファ碁ゼロはResNetを採用したことにより40層（および80層）の畳み込みニューラルネットワークを使うことができました（また、能力評価には80層のネットワークが使われ、イロレーティングが5,000に達しています）。この点の考察が論文でなされていないのは残念な気がします。このことは、将来コンピュータパワーがさらに強化され、高機能チップが安くなれば、容易に"より強力なコンピュータ囲碁プログラム"を誰もが実現できるであろうことを予感させます。現在のパソコンの性能は40年前のスーパーコンピュータに勝るという技術進歩を考えてみますと、ごく自然な結論といえるでしょう。ただし、このことと"AIがヒトを超えるか"という（SF的）設問とは全く別です。

　次に、アルファ碁ゼロの学習に沿ってどのように棋力を獲得していったのかを示す興味深い実験例を、論文[Hassabis2017a]から紹介しましょう。

　図3.33は、アルファ碁ゼロの学習プロセスの中で発見されたプロ棋士が使っている「定石」の例と、それらが発見されたタイミングを示したものと論文で説明されています。上（a）の5つはいずれも典型的な定石として知られているものだという説明には納得できますが、下（b）については疑問があります。特に最初の例では、盤の端っこである"1－19"の位置に黒石が打たれています。これは意味のない場所であり、相手に連続した2手の権利を与えたことと同じです。ゼロ状態からの強化学習ですので、たまたまこの場所が選ばれたものと解釈できます。学習が進行すればこのような"意味のない手"は選ばれなくなるはずです。上の1、3、4、5番目の例は容易に納得できますが、2番目の例が定石なのか私には分かりません。一般に定石とは、盤面の4角で交互に石を置いたとき、ほぼ互角の利益が得られるような配石の形をいいます。たとえば、上の左では、白石の集団が上辺に実利（地になる可能性の高い領域）を得たのに対して、黒はこの時点では実利はありませんが、中央に地ができる可能性や、中央での戦いに有利になるという"利点"がありますので、バランスが取れています。上の3番目の例では、黒

240

が左上の角に実利を得ているのに対して、白は上辺に実利を得て、かつ中央へも発展の可能性を持つという点で、お互いにバランスが取れていると考えられます。このような見方をすれば、下の2番目以降の例も双方のバランスが取れていることを理解していただけると思います。このような定石が"自学習"で獲得されたことは驚かされます。ただし、囲碁を知っている人間には定石と分かりますが、アルファ碁はこれらを定石と認識しているはずはありません。たまたまこのようなパターンがニューラルネットワークの特徴マップの中に形成されたのかもしれません。

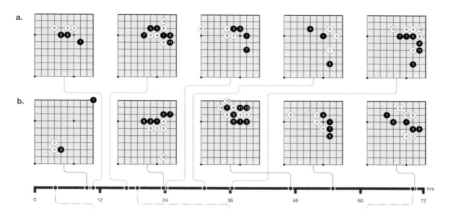

図3.33 アルファ碁ゼロが強化学習の過程で発見した定石とそのタイミング
([Hassabis2017a]より)

図3.34は、同じくアルファ碁が強化学習の過程で会得した"打ち方"の能力の例を、最初の80手で示しています。左は、学習開始後の3時間目に打った盤面です。石が左下周辺に固まっており、お互いに取るか取られるかの"戦い"をしていることが分かります。これは初心者の対局によく見られるパターンです。中央の例は学習開始19時間目の対局の例であり、配石のバランスが少しよくなっていることが分かります。最後の例は、強化学習開始後70時間目の対局の例です。この時点では、既にトップ棋士より棋力が上の状態ですので私がコメントできるレベルを超えています。論文の共著者であるファン二段ならコメントできるのでしょう。

Chapter 3 アルファ碁—ディープラーニング、モンテカルロ法と強化学習

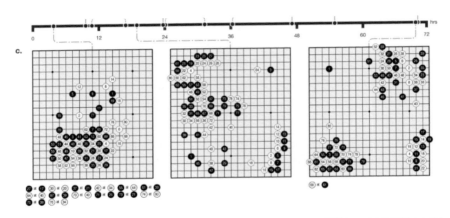

図3.34 アルファ碁ゼロの強化学習の過程で現れた局面とタイミング（[Hassabis2017a]より）

　次に紹介する例は、同じくアルファ碁ゼロの強化学習の過程で現れた"定石"と、そのタイミングおよび出現頻度のグラフです。図3.35は、図3.33で紹介した"アルファ碁ゼロが独自に発見した定石"の中の3つの例を取り上げて、それらが学習のどのタイミングで発見され、その後どのような頻度で使われたかを示しています。左の例は、この定石が10時間目頃に発見され、その後よく使われていることが分かります。2番目の例は、この定石が40時間目頃発見され、しばらくはよく使われていましたが、終わり頃にはあまり使われなくなったことが分かります。これを解釈しますと、「この定石は高段者が好むが、トッププロ向けではなさそうである」といえるのではないでしょうか。最後の例は、定石としてはかなり高度なものであり、私の知識にはありません。この定石は35時間目頃発見され、最後になるほど頻繁に使われています。私に解釈は、「この定石はトッププロおよびそれ以上の棋力の持ち主に好まれており、その分、使うのも困難である」と思われます。

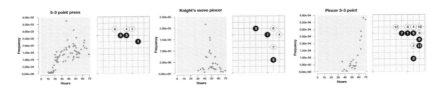

図3.35 アルファ碁ゼロが強化学習の過程で発見した定石の例と出現頻度の経過
（[Hassabis2017a]より）

3.4.4 まとめ

「アルファ碁ゼロ」は、ゼロ状態から強化学習という方法で"自学習"し、たったの3日間でトッププロを凌ぐ棋力を得たことは驚くべきことといえます。これまで長い間、多少大げさにいえば、まさに研究人生をかけてコンピュータ囲碁プログラムの研究開発に取り組んできた研究者たちは、2006年にモンテカルロ木探索（MCTS）が現れてその棋力に衝撃を受け、一斉にMCTSをベースとした囲碁プログラムに力を注ぎ、2015年頃にはプロに4子置くレベルまで到達していました。そこにディープラーニングによる画像認識のために開発された"畳み込み深層ニューラルネットワーク"が出現し、いきなりトッププロを負かせてしまい、プロ棋士や囲碁ファンだけでなく、一般の人々も「あの難しい囲碁でプロに勝ったディープラーニングはすごい」と衝撃を受け、「ディープラーニングこそ新しいAIである」と理解し、ディープラーニング型AIが一世を風靡するようになっています。

一方、「囲碁」の世界では少なくとも2つの影響が現れました。1つは、プロ棋士がアルファ碁に強い関心を持つようになり、アルファ碁対プロ棋士の棋譜を研究し、自分の棋力を高めるために活用する傾向が見られるようになったことです。プロ棋士の間では"アルファ碁先生"と呼ばれ、アルファ碁ならどう打つであろうかということを考えるとともに、「アルファ碁の打ち方を積極的に取り入れる」傾向が見られるようになりました。もう1つの影響は、コンピュータ囲碁プログラムの開発者へ与えたもので、「アルファ碁に勝つプログラムを開発しよう」という雰囲気が強く感じられるようになりました。この影響は翌年まで続きましたが、"アルファ碁ゼロ"が出現したことによって、そのあまりにも強い棋力を前にして挑戦意欲は消えてしまったと思われます。今後の動向が興味深いところです。

さて、「アルファ碁ゼロ」についてですが、2つの点で強い関心を持ちました。1つは、ゼロから自学習によって強くなるプログラムであること、もう1つは、ResNetによってニューラルネットワークそのものが高い能力を内包していると判断できることです。これらは、TPU（Tensor Processing Unit）と呼ばれる高性能コンピュータチップが比較的安価に入手できるようになったことによって実現したわけです。これらの技術的進歩によって、アルファ碁では学習に数カ月を要しましたが、"アルファ碁ゼロではわずか3日で自学習が達成"できています。今後の技術進歩を考えますと、さらに衝撃を与えるようなイノベーションが現れる

Chapter 3 アルファ碁―ディープラーニング、モンテカルロ法と強化学習

可能性があります。私のようなシニアの研究者がどこまでこの進歩を見届けられるかは分かりませんが、AI研究者の一人としては楽しみです。

一方、「AIの視点」から考えてみますと、ディープラーニングとビッグデータの親和性は高いですが、ディープラーニングは一種の「学習機能付きの分類マシン」にすぎないといえます。この点で、AIとは区別すべきであると思います。アルファ碁ゼロはプロ棋士の棋力をはるかに凌駕してしまいましたが、だからといってアルファ碁ゼロはAIとはいえません。論文の著者であるハサビスも論文の中で、「囲碁はAIの歴史を通してのチャレンジングなテーマである」と述べていますが、アルファ碁ゼロについては「コンピュータ囲碁プログラム」と呼んでいます。グーグルのビジネス戦略の一翼を担うハサビスも、「ネイチャー」の論文を書くときはまじめな研究者として振る舞っているのだと理解します。ディープラーニングを主導してきたのはヒントンですが、彼は80年代にラメルハートとともにPDPグループを結成していました。このグループが目指したのは、「ニューラルネットワークモデルで"ヒトの高次の認知機能"を実現する」ということでした。今、どんな思いで研究に取り組んでいるのでしょうか。亡くなったラメルハートの信念と思いを忘れてはいないと思いますので、少し寄り道をしているという心境なのかもしれません。

なお、アルファ碁ゼロをさらに一般化して、チェスと将棋にも対応できるコンピュータプログラムである"アルファゼロ（Alpha Zero）"を開発し、その性能も評価しています[Hassabis2017b]。これはアルファ碁ゼロの強化学習とニューラルネットワークがチェスと将棋にも使えるような一般性の高いものであることを実証するために行ったようですので、詳しい論文ではありません。囲碁と違う主な点は3つあり、囲碁は地を囲うゲームであるのに対して、チェスと将棋は特別な駒である"王"を取るゲームであること、囲碁が上下左右の対称性を持つのに対して、チェスと将棋は向きが決まっていること、囲碁は単に白黒の石を置くだけであるのに対して、チェスと将棋は働きと動きのルールの異なる駒で構成されているので盤面評価の方法が大きく異なることです。また、チェスには"引き分け"があるようです。したがって、アルファゼロはそれぞれのゲームに合わせて多少仕組みを変えてあるようです。論文では詳しい説明がされていませんが、学習の時間はさらに短くなり、しかも棋力はその時点での世界トップのチェスプログラムと将棋プログラムだけでなく、アルファ碁ゼロよりも強いという実験結果が出されています。

244

✤ 3.5 この章のまとめ

　それぞれの節で既に"まとめ"を書いていますので、ここでは「アルファ碁シリーズ」に関する全体的なまとめを簡単に書きましょう。

　まず囲碁ファンの立場から：

　「モンテカルロ木探索法（MCTS）」が囲碁プログラムに有用であることはよく理解できます。"評価関数"と呼ばれる、数手先まで読み進めてそのときの盤面からどちらがどの程度優勢かを判断することはコンピュータ囲碁では困難だったのですが、モンテカルロ法という、いわばサイコロで次の手を決めて最後まで打って勝敗を確認することを数多く試みる方法（シミュレーション）が納得できるからです。MCTSはこれを極めて合理的で効果的に行う方法として、2006年頃から約10年間この分野の研究者たちを虜にし、市販された囲碁プログラムの恩恵を受けたアマチュアはかなり多いと思います。MCTSでは色々な"囲碁知識"（ドメイン知識）を取り込むことによって人間と対局しているような気分を味わわせました。この点で、MCTSベースの囲碁プログラムは"エキスパートシステム"であるともいえます。ただ、"一度形勢が悪くなると打つ手が極端に乱れる"という特徴を持っていました。現在市販されている囲碁プログラムは未だモンテカルロ法によるものであると思われます。ディープラーニングはGPUチップが不可欠であり、まだパソコンに搭載するには高価であるからです。5年先には多分実現するでしょう。

　「アルファ碁」はMCTSからニューラルネットへ切り替えるというブレークスルーを起こしました。イノベーションを起こしたといってもよいでしょう。私は2つの点で大変驚きました。1つは、画像認識の技術である畳み込み深層ニューラルネットワークでなぜ"高度な戦略と深い先読み"の不可欠な囲碁でプロを凌駕する棋力を実現できたのかという点です。この章の説明を書くために多くのディープラーニングの論文に目を通しましたが、今でも納得できません。プロ棋士からはよく"絵を描く"とか"このような絵にしたい"というような意味の解説を聞きます。また、囲碁はイメージを司る"右脳"を使うことが脳活動の計測で分かっています。しかし、戦略を立てたり意図を察知して対応するというような能力と画像認識とは全く異なると思われます。もう1つは、高段者とはいえ、アマチュアの棋譜で"教師あり学習"をしたニューラルネットワークを、なぜ自己

対局による強化学習でプロをも凌駕する囲碁プログラムが実現できたのかという点です。アルファ碁の畳み込みニューラルネットワークの仕組みにこの疑問を解く秘密が隠されているように思われます。また、ニューラルネットワークとMCTSが融合している点は、モンテカルロシミュレーションを取り込んでいるという点で納得できるものです。

「アルファ碁ゼロ」には、再び驚かされました。ゼロ状態から"自己対局による強化学習"だけで、アルファ碁よりもさらに強いイロレーティング5,000を実現し、かつアルファ碁のときよりもはるかに短時間で、かつより小規模なコンピュータシステムで実現できたことが驚きです。また、MCTSを使っていますが、「モンテカルロシミュレーションは使っていない」という点に感心しました。さらに、MCTSは学習モードに使われるだけで、「実戦モードではニューラルネットワークだけで対局している」という点も、大変参考になります。ただ、実戦対局の相手がもはや人間プロ棋士ではなくなってしまうほどの強さになってしまったことは、技術の進歩を強く感じます。「アルファゼロ」は、アルファ碁ゼロが実現したことで、ほぼ想定できるものです。アルファ碁ゼロの棋力の源はResNet（残差ネットワーク）にあるのではないでしょうか。これによって、40層（および80層）の畳み込みニューラルネットワークが実現したのですが、多層になるほど抽象化と特徴表現の能力が向上することは分かっていましたので、アルファ碁を開発した頃にResNetが提案されたということは、ハサビスのグループにとって幸運だったといえるでしょう。今後はより能力の高い囲碁プログラムが開発されると思いますが、人とは異次元の世界から、人は何を学ぶのでしょうか。アルファ碁ゼロは新しい布石法や定石を発見しましたが、これまでの定石を全て獲得しているとはとても思われません。それでも強いということは、「囲碁の奥深さ」を思わせます。定石や手筋の意味が問われるようになると思います。

次に、AI研究者の視点から：

「アルファ碁」のことが"AI囲碁"とか"囲碁AI"とか呼ばれます。プロ棋士だけでなく、れっきとしたAI研究者の中にもこのように呼ぶ人がいるようです。呼ぶのは勝手ですが、AIに対する誤解や妄想、あるいはある種の心配を人々に与えると思いますので、この呼び方は適切ではないと思います。AIには2系統があって、それらは大きく"コネクショニズム型AI"と"シンボリズム型AI"に分類できると説明しました。「AI」の目的は単純化していえば「ヒトのような高度な知能（高次認知機能）を持つコンピュータプログラムの実現」であり、そのアプローチと

して、ニューラルネットワークモデルという脳神経細胞をヒントにしてモデル化された"計算モデル"によるものか、人が様々な問題解決を行うときに学習で学んだ知識か経験で学んだ知識を活用するということにヒントを得た"知識ベースと推論"による"計算モデル"とに分類できます。ニューラルネットワークはいわば知能を脳のハードウェアの仕組みを基盤として実現しようとする試みであり、知識ベースは知能を"心"のソフトウェア的モデリングで実現しようとする試みであるともいえると思います。私はシンボリズムが好みですが、ディープラーニングでAIを実現しようと試みる人たちはコネクショニズムを好んでいる研究者だと思います。両者の長所を統合化することがこれからの課題であることは確かでしょう（この2つのアプローチに加えて、最近急速に進歩しつつあるAI技術に"自律分散システム"がありますが、これは制御システムの知能化の性格が強いと思います）。

　シンボリズム型AIの視点からは、プロ棋士の知能のモデリングに関心があります。ニューラルネットで「次の一手」を予想することは、プロ棋士が行う"直感"をアルファ碁が獲得したと高く評価するAI研究者がいます。私はこれには賛同できません。"プロ棋士の直感に相当する能力"をプログラムで実現したという意見なら賛成します。プロ棋士の直感がどのようなものか、多分プロ棋士自身にも説明困難でしょう。もしプロ棋士の直感がモデル化できれば、そのモデルは他の問題にも応用できると思われますので、この課題に関心のある方はぜひ挑戦してみてください。人は色々な問題を"直感"で解決していますが、"直感のしくみ"についてまだ私が納得できるような説明を聞いたことはありません。直感の能力は"生得的"（生まれながら持っている能力）であるように思います。直感に優れた人と、分析に優れた人がいますが、両方を持っている人は少ないと思います。文化が違うと直感の形や働きも違うと思われます。文化交流や国際連携が必要なのはこの点からも納得できます。"AIのブレークスルー"の多くは米国で起こっています。ただし、いわゆる米国人が起こしたものより、外国出身者が米国で起こしたものが大半であると思います。ヒントンもその一人で英国出身です。現在の日本では、「日本の中で日本人によってブレークスルーを起こそう」という考えが強いように思います。これでは成功しないのではないかと感じます。

Chapter **4**

知識ベースシステム
ーディープラーニングとの
統合を目指して

Chapter 4　知識ベースシステム―ディープラーニングとの統合を目指して

　この章では、ディープラーニング（コネクショニストモデル）と知識ベースシステム（シンボリストモデル）の統合化が「応用AIシステム」を実現する上で重要であり、かつ不可欠であることを説明します。両者は対照的な性格と特徴を持っていますので、お互いに補完的関係にあるからです。また、ディープラーニング型AIで何でもできるとか、現在AIと呼ばれているシステムの多くが実はディープラーニングを使っていないことと、その理由もできるだけ具体的事例を使って説明しますので、AI技術をより正しく理解していただけると思います。なお、私はシンボリストですが、ミンスキーのようにコネクショニズムをほぼ"全否定"するのではなく、エンジニアリングの立場から肯定的に評価することに努めています。ミンスキーは"AIの本来の目標"である人の"高次の認知機能"の探求とモデリングを目指していますので、コネクショニズムに冷淡なのだと思います。ただ、"ディープラーニングの先に《汎用AI》がある"と信じているAI研究者（コネクショニスト）にはミンスキーの著書を読んでほしいと思います。それでも意見を変えないのであれば、納得できるように学術的に議論すべきです。

▓ 4.1　はじめに

　ディープラーニングの有用性が認められるまでは、AIといえば知識ベースシステムとほぼ同義語といってもよいほどでした。つまり、人の高次知能は「知識ベースシステム（知識と推論）」によって実現されるという考えの研究者が中核であり、「AIの歴史は知識ベースシステムの歴史である」といい換えても間違いではないと思います。第1章で紹介しましたマッカーシーの「AIの定義」で、彼は知識ベースシステムのことしか想定していないことを再確認してください。最近の"AIブーム"（正確には日本のAIブーム）は"ディープラーニングブーム"と呼ぶべきだと思います。日本では、「知識ベースによるエキスパートシステムに代表されるAIは"旧型のAI"であり失敗に終わった」というような理解をしている人々が多く、中堅のAI研究者の中にもこのような趣旨の解説や"AI入門書"を書いている人もおり、日経のような一流紙でも同様な視点からの論説や記事が書かれています。このような見方は間違っていると断定してよいでしょう。

　知識ベースと推論機構を組み合わせた「知識ベースシステム」は、現在でもAIの中核を担っていると私は考えていますが、プロローグで紹介した"AI白書

250

2017"に掲載されている主要4カ国の主な企業を対象として行われたアンケートの集計結果でも、日本の異常とも思われる"ディープラーニング型AI"信仰に、違和感以上の、心配すら感じます。人の知的活動について素朴に考えてみると明らかなことですが、我々人間が高度な文明を築いてこられたのは高度な知識を学び、その知識を使って色々な問題を解決してこられたからこそであるといえるでしょう。この素朴な疑問に答えられるような「認知科学モデル」と、このモデルを動作させるようなコンピュータプログラムの研究開発の試みが「AIの歴史」であるといえると思います。

　私はディープラーニングをAIと呼ぶことは適切ではないと考えていると先に述べましたが、AIではないとはいっておりません。「機械学習（Machine Learning）」はAIの歴史を通して中心テーマの一つであり続けましたし、今後も変わらないと思います。欧米のAI研究者たちは、「ディープラーニングは機械学習の一分野である」と位置づけているようです（図4.1）。ただ、学習結果がニューラルネットワークの"重みパラメータの集まり"でしかないという点は大きな弱点であり、人がこの結果を見ても何のことか理解できないということは重大な欠陥であるといえます。これゆえに、ディープラーニング型AIは「ブラックボックス型AI」と呼ばれます。ディープラーニング型AIが導き出した結論がもし誤っていれば、その結論をもとにして選択された意思決定や行動は当然間違いや事故を引き起こします。重要な意思決定にはとても使えません。最近、ディープラーニングに「説明機能」を持たせる研究が行われているようですが、"原理的"に実現困難であると思います。ディープラーニング型AIシステムの研究開発における、問題の選択、モデルの設計、教師データの整備、学習処理と性能の判定、結果の解釈と応用、などは人の仕事です。これらは、知識ベース型AIで置き換える可能性を含んでいると思います。特に、自律システムは"システム自身で判断し行動する"ことが求められますので、この種のAI応用システムには知識ベース型AIとの統合化は不可欠だと思います。

Chapter 4 知識ベースシステム—ディープラーニングとの統合を目指して

図 4.1 人工知能と深層学習との関係
(https://www.sumologic.com/blog/devops/machine-learning-deep-learning/)

　この章では、ディープラーニング型 AI と知識ベース型 AI の統合化をどのように進めるかについて、何らかのヒントになるようなアイデアを提供したいと思います。ページ数を抑えるために、知識ベース型 AI の中心課題である「知識表現」と「推論」については、詳しくは触れません。関心のある方は「知識工学入門」[上野 1985] などを読んでください。なお、知識表現と推論は、いわゆる「伝統的 AI」の中心課題に含まれますが、この種のテーマは現在でも研究されています。80 年代から 90 年代にかけての AI システムは記号処理言語 LISP あるいは述語型言語 Prolog によって実現されており、一般の情報処理システムとは切り離されていました。実用化が期待したように進まなかったのはこれにも原因があると思います。その後は、様々な形で情報システムの中にエキスパートシステムの機能あるいはモジュールが組み込まれていったものと思います。自動化や高機能化には知識ベース型 AI 技術が不可欠ですから。知識ベース型 AI システムは、汎用プログラミング言語である C や Java などで実現されるようになってから、実用的な情報システムに組み込まれるか統合化されるようになっていったと理解してください。現代の情報システムは自動化や自律化が必須の要件であり、AI 的な機能が不可欠なのです。

国際 AI 合同会議のテーマより

　いわゆる "伝統的 AI" の研究が現在でも活発に行われているということを知っていただくために、AI 分野の代表的な国際会議の一つを紹介しましょう。IJCAI

(International Joint Conference on Artificial Intelligence、国際AI合同会議)
は、AAAI（米国人工知能学会）が中心となって毎年開催されている最も歴史と権
威のあるAI国際会議として知られています。IJCAIの論文集に目を通せば、その
当時のAIの研究動向が分かります。そこで、最近の研究動向を確認してみるこ
とにしましょう。IJCAI2019の論文募集（Call for Papers）には、次のような9分
野がリストアップされています：機械学習（machine learning）、探索（search）、
計画（planning）、知識表現（knowledge representation）、推論（reasoning）、拘
束充足（constraint satisfaction）、自然言語処理（natural language processing）、
ロボティックスと知覚（robotics and perception）、マルチエージェントシステ
ム（multiagent systems）。このリストからどのような分野がAIの研究分野であ
るかがお分かりでしょう。ディープラーニングはリストにありませんが、機械学
習に含まれています。また、他の分野にも含まれており、"要素技術"と位置づ
けられているわけです。

　では、実際にどのような研究が行われているのかを審査によって受理された論
文（すなわち論文集に採録された論文）から分析してみましょう。IJICAI2018で
受理された論文をもとに組まれた発表プログラムを見ますと、次のように論文募
集の研究分野構成とは若干異なっております（カッコ内は論文数）。

- IJCAI2018のメイントラック（受理論文数：合計662）
  - マルチエージェントシステム（62）
  - 探索（8）
  - 拘束充足（31）
  - 知識表現、推論および述語論理（85）
  - 機械学習（364、うち約55件がニューラルネット）
  - 自然言語処理（43、うち8件がニューラルネット）
  - 計画（30）
  - ロボットとコンピュータビジョン（11）
  - AIの不確定性（16）
  - 自律システム（12）

　各トラック名について簡単に説明しましょう。"マルチエージェントシステム"
とは、エージェント（Agent）と呼ばれる機能モジュールが連携して問題解決を行
うというAIシステムをいいます。"探索"とは、ゲーム木の探索のような伝統的

なテーマです。"拘束充足"とは、設計や計画のような問題において与えられた拘束条件を満たすようにして最適な解を求める方法に関するテーマです。"知識表現、推論および述語論理"とは、知識ベースシステムやエキスパートシステムにおける基本的なテーマです。"機械学習"とは、データや事例から知識を自動的に獲得するというAIの中心課題の一つです。"自然言語処理"とは、自然言語の意味理解や機械翻訳、質問－応答システム、および自然言語対話などのテーマです。"計画"とは、目的を達成するための最適な手順を求めるというような問題です。"自律システム"とは、システムが人間の介在なしに自律的に判断しながら行動して目的を達成するというようなテーマです。ついでですが、自律型兵器に関して欧米のAI研究者から"人間の介在しないような自律型の殺人兵器の利用を禁止すべきである"というような批判的な意見と反対行動が起こっていることはニュースなどでも一部報じられましたので、ご存知の方もおられるでしょう。我が国のAI研究者は米国のAI研究者からこの活動への参加が年次大会のパネル討論で呼びかけられたとき、あまりにも違った世界のことのように感じられて戸惑ったと聞いています。米国では自律型兵器の開発に大学が深くかかわっていますので、このような技術開発を制限すべきであるという運動が起こることは自然なことです。AI技術は"デュアルユース"技術としての基幹技術の一つです。グローバルな環境の中で研究連携を行うには、素朴な関心だけで取り組む研究者としては、それだけでは済まされない時代に入っています。一方、平和維持や国防に不可欠な兵器や軍事システムに、AI技術が不可欠であることも正しく理解することが求められます。このような研究に参加するかしないかは研究者個人の信念によるというのが、米国を中心とする欧米の民主主義国家の科学技術研究者の自主性であると思います。非民主主義国家には選択の余地がないでしょう。

　さて、IJCAI2018の論文集の各論文のタイトルと著者から次のような興味深いことが分かりました。その第1は、論文の過半数が"機械学習"に関するものであるということです。知識ベース型AIの研究や応用が盛んであった頃から、"知識獲得がボトルネック"であることが指摘されていましたが、この分野の研究がますます盛んになってきたことを意味します。その第2は、ニューラルネット（ディープラーニング）関係の論文が意外に少ないことです。全論文の10%程度しかないことと、機械学習と自然言語処理のトラックだけに限られていることです。ディープラーニングは画像認識技術として発展してきましたので、ロボットやコンピュータビジョンに応用されていると思われるでしょうが、実はこれ

にはあまり向かないことがディープラーニングの仕組みと特徴から分かります。この問題はディープラーニング型AIを適切に理解する上で重要なことですので、後の節で具体的な例を使って説明しますが、ロボットやこれから普及するはずの自動走行車には"高速で正確なコンピュータビジョン"の技術が求められます。この技術は20年ほど前から急速に進歩し、今では専用チップ化されています。ディープラーニングが注目されるようになったのは、画像処理用に開発されたGPU（Graphical Processing Unit）と呼ばれるICチップの存在があったからこそのことです。ただ、このチップを使ってもディープラーニングにかかる情報処理負荷は大きなものであり、実用性も"データの分類"という限定的なものです。コンピュータビジョンは"対象の特定（identification）"が求められる場面が多く、ディープラーニングが不得意とする問題なのです。

　第3は、中国人（らしい著者）の論文が非常に多いことです。機械学習の論文の118件（33%）、自然言語処理の論文の35件（81%）、ロボットとコンピュータビジョンの論文の9件（81%）です。これらのトラックでは中国人の発表が続くということになったはずですので、この3つ（特に後の2つ）のトラックは中国人のためのトラックの印象すら受けます。中国の経済成長には目を見張るものがありますが、AIの研究においても既に日本よりはるかに先行していることがお分かりでしょう。ディープラーニングブームに浮かれていると取り返しがつかないことになってしまいかねません（追記：グーグル翻訳システムの開発チームの中心人物は中国人であり、アルファ碁ゼロで使われた残差ニューラルネットワークResNetは中国人の若い研究者によって提案されたものです。彼らは米国のIT企業で働いていますが、中国企業にスカウトされることになるでしょう）。

Chapter 4　知識ベースシステムーディープラーニングとの統合を目指して

4.2 ミンスキーの問題意識

　シンボリストの巨匠であり「AIの父」と呼ばれているミンスキー（Marvin Minsky、1927－2016）の視点から述べられているAIについて、著書「感情を持つ機械（The Emotion Machine）」（「ミンスキー博士の脳の探検」竹林訳、[ミンスキー2006]）から、この本のテーマと関連する部分を少しだけ紹介しましょう。

　図4.2は、"リンゴ"に関する知識を表現したシンボリストによる"意味ネットワーク表現"とコネクショニストによる"ニューラルネットワーク表現"です。両方ともネットワークで表現されていますが、意味ネットワークによる表現は構成要素とその相互関係が分かりやすいのに対して、ニューラルネットワークによる表現は構成要素（ノード）も相互関係も全く理解できないというのが、ミンスキーの指摘です。ミンスキーの説明を「ミンスキー博士の脳の探検」[ミンスキー2006]から引用しましょう。「左の図は意味ネットワークを表しており、一つのリンゴが持つ色々な特徴や、様々な側面や部分の間の関連を記述している。右の図は《コネクショニストネットワーク》と呼ばれるものの一つを示している。これもリンゴが持ついくつかの側面を示しているが、これには異なる関係を簡単に区別する方法がない。なぜなら、コネクショニストネットワークはそれらの特徴同士がどのぐらい密接に《関連》しているかを表現した数値しか提示できないからだ。（中略）コネクショニストシステムは、パターンの多くのタイプを認識するための学習が、人間がプログラムしなくても自動化できるので、実用的な応用が数多くなされてきた。しかしながら、これらの数値ベースのネットワークには、内省的な思考を行えないという限界もある。（中略）厄介な問題は、コネクショニストネットワークでは、各関係が一つの数値や《強さ》に変換されるので、その数値が得られた痕跡がほとんど残らないことである。たとえば、12という数字を見ただけでは、その数字が5＋7を表現しているのか、それとも、9＋3を表現しているのか、あるいは27－15なのか、また、部屋にいる人の数を表しているのか、その人たちが座っている椅子の脚の数を表しているのかどうかも分からない。要するに数値表現は、より高次の思考路の障害になるのである。それとは対照的に、意味ネットワークは異なる種類の関係を明確に表現することができる。」[1]

---

[1]　"思考路"とは、ミンスキーが「ミンスキー博士の脳の探検」で使っている用語で、人の思考のメカニズムを構成する"基本要素"のこと。原文は、Way to Think。

256

このように、彼は、この例を使ってニューラルネットワークの"原理的な欠点"を指摘しています。リンゴさえも分かりやすく表現することはできないのに、人の心の中で行われているような高度な知的活動をモデル化できるはずがないというのが論点です。"常識"や"考えること"とはどのような"心の働き"か、というような、「AIの基本問題」に関するミンスキーの"考察"に関心を持たれる方は、ぜひ「ミンスキー博士の脳の探検」を読まれることを推奨します。「汎用AI」の時代がすぐ目の先まで来ているなどというような指摘が、"妄想"なのではないかと思われるに違いありません。ミンスキーですら「心の働き」を未だ十分理解できているわけではないのですから。原理を理解しないで行われた壮大な国家プロジェクトが我が国の「第5世代コンピュータ」プロジェクトであり、失敗したのは当然のことです。ディープラーニングという学習機能を持つ「自動分類システム」をAIと呼ぶことによって、社会に過大な期待と混乱をもたらしているというのが私の意見です。ミンスキーの論文や著書を読まれると、解明できたことの説明は少しだけで、疑問の方がはるかに多いことがお分かりいただけるでしょう。彼は、問題提起と解決のヒントを与えることを自認しています。

　現在行われているAIの研究は「かなり簡単な問題」を題材にしていることを知っていただきたいと思います。問題が簡単すぎるとAIの研究とは呼べませんし、複雑すぎるとAIの理解に結び付きません。"ほどほどの問題"を選ぶことが重要であるという指摘は、米国のAI研究の先駆者から常に助言されてきたことです。ただし、「実問題」を取り扱うことがポイントです。ディープラーニングはバックプロパゲーションを手書き郵便番号認識という実問題に、米国の郵便局の協力を得て挑戦し、成功させました。この成果がディープラーニングの研究を活性化させました。実問題は一般に複雑な要素を内包していますので、このような問題に取り組むことによって必然的に"ブレークスルー"が実現するのです。私がディープラーニングとアルファ碁を詳しく解説しているのは、このような問題意識に基づいています。簡単な例を使った技術の解説では"本質"に迫ることはできません。「難しい数式を使わないでディープラーニング型AI技術の本質をお伝えしたい」というのが、この本の目的の一つです。

Chapter 4 　知識ベースシステム—ディープラーニングとの統合を目指して

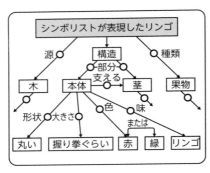
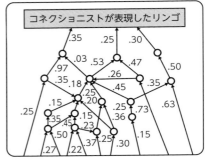

図4.2 　シンボリストとコネクショニストによる"リンゴ"の知識表現の例([ミンスキー2006]より)

　図4.3は、「ミンスキー博士の脳の探検」から引用した"人の高次認知機能"を階層モデルとして説明した、ミンスキーの考えるイメージ図です。彼が発案した用語が使われており、それぞれが多少厄介な概念に基づいていますので、詳細は省略しますが、興味のある方は原著を読んでください(ただし、フレーム理論[ミンスキー1975]と「心の社会」[ミンスキー1985]がベースになっていますので、そちらも読む必要があります)。

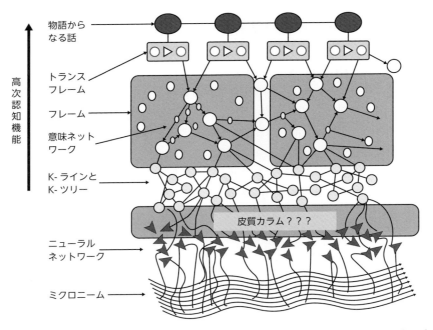

図4.3 　ミンスキーによる人の高次認知機能の階層モデルのイメージ図([ミンスキー2006]より)

4.2 ミンスキーの問題意識

　この図の要点を簡単に説明しましょう。人は"物語"などの文章を読んだとき
とか、友人から経験談を聞いたときなどに「心の中」に情景や物語の展開のイメージが浮かびますが、このようなことは誰にでも起こる高次認知機能の一つですので、AIの分野では「常識(Common Sense)」と呼ばれます。これは、弁護士、医師、技術者のような高度専門家が専門知識として持つべき"常識としての専門知識"とは違います。ミンスキーは常識に関する「心の働き」を解明することに研究者としての生涯を捧げ、その成果を論文や著書で公表してAIの基礎研究を行う研究者たちに問題提起と解決のためのヒントを与えました。「AIの父」と尊称されるのは、考察が深く鋭く、本質を突いていたからだと思います。さて、この図の中間に位置する"フレーム"は彼が「フレーム理論」として1975年に発表した論文で提案した概念です。フレームとは、何かの絵を見たり、文章を読んだときに心の中に生起する一塊の記憶の"枠組み(Frame)"から来ています。たとえば、テーブルの一部しか見えなくても全体が心の中に浮かんだり、猫の一部が見えたとき"猫が哺乳類であること、愛玩動物であること、ネズミを食べること、怒らせると引っ掻くこと"などをほぼ瞬時に想起します。知識をルールや論理式の集まりで表現すれば、このような処理に時間がかかります。このような能力を説明するための"心の働き"として"記憶の塊"や"記憶の構造"を納得できるように説明したのがフレーム理論です。図の一番上に"物語からなる話"(つまりストーリー)があり、その下に"フレーム"があり、その下に"Kライン"と呼ばれる記憶構造があり、その下に"皮質カラム"と命名されたまだよく分からない構造があり、その下に"ニューラルネットワーク"が位置づけられています。

　コネクショニストと呼ばれるAI研究者たちは"この全てをニューラルネットワークモデル"で説明し、このアプローチで「AIシステム」を実現できるという信念を持っていました(「PDPモデル」[ラメルハート1986])。また、同時に"人の脳の仕組みと働きを最も適切に説明できるはずである"と考えました。ミンスキーは、この複雑な"心の働き"をニューラルネットワークモデルで実現できるはずがないと批判していたことは既に説明した通りです。ディープラーニングはニューラルネットワークを極めて単純なモデルで切り取って、画像認識のための「教師あり学習」ができるようなバックプロパゲーションアルゴリズムで実現しています。このような簡単なモデルでは"高次認知機能"は実現できませんが、ビッグデータに対して「分類を機械学習させる」という実用的有用性が高く評価される点は認めるに値します。ただし、繰り返しますが、そのこととAIとは区

別すべきです。「アルファ碁」はプロ棋士より強い棋力を実現しましたが、認知科学的視点からは「アルファ碁はAIではありません」。プロ棋士のような「心の働き」のモデルではなく、単に棋力がプロ棋士を超えたにすぎません。暗算をする能力は高次認知機能の一つといえますが、人がどのようにして暗算をしているのかよく分かっていません。計算能力はパソコンがはるかに高い能力を持っていますが、パソコンのことをAIと呼ぶ人はいないでしょう。アルファ碁も同じです。両者の違いは、暗算は誰でもできることですが、囲碁は特別な才能のある人間が特別な訓練を受けているという違いです。「心の働き」は「脳の働き」と呼び替えることができますが、AI研究者が分かっていることはまだ限りなくゼロに近いといってよいでしょう。「汎用AI」の実現を目指すAI研究者がいることも事実であり、私の知人にもいます。これまでもAI研究者たちは様々な「約束」のもとに研究支援を受けてきましたが、大部分の約束はまだ実現されていませんし、実現の目処すら立っていないといえるでしょう。このことと、研究の価値がないということとは別です。多くの副産物が得られ、活用されています。シンボリズム型AIから生まれたエキスパートシステムや、コネクショニズム型AIから生まれたディープラーニングはこの代表例といえるでしょう。

❖ 4.3 コンピュータビジョンと ディープラーニングの違い

コンピュータビジョン（Computer Vision）はAIの伝統的な分野の一つとして知られています。一方、ディープラーニングによる画像認識（Image Recognition）は、同じ画像を対象とした技術ですから混同されやすいですが、実際はかなり異なっています。図4.4は、両者の関係を簡単に示しています。オーバーラップしているのは、コンピュータビジョンの研究者と画像認識の研究者が類似の研究を行っているからであると理解してください。厳密にいえば、ビジョン（Vision）は"視覚"という意味であり、認識（Recognition）は"識別"という意味を含んでいます。視覚は"測定"に近く、認識や識別は"分類"に近いといえるでしょう。この点で、コンピュータビジョンより画像認識の方がAI的要素を持っているといえるでしょう。"意味（Meaning, Semantics）"という観点から見ると、認識の上位概念が"理解（Understanding）"です。理解には意味処理が必要であ

り、よりAI的な機能が求められます。コンピュータビジョンはロボットや自動運転車などが主な応用分野ですが、セキュリティの分野でも重要な技術です。たとえば、火力発電所に何者かが侵入するのを検知する技術はコンピュータビジョンであり、侵入物が動物か人間かを識別する技術は画像認識であり、その人間が従業員かテロリストかを識別する技術は画像理解といえます。手配されているテロリストであることを識別する技術は、個人の特定（Identification）であり、コンピュータビジョンの高機能版である"顔認証（Face Authentication、Face Identification）"といえるでしょう。個人の特定はディープラーニングが不得手とする技術です。以下に、分かりやすい事例を使ってこれらの違いを説明しましょう。

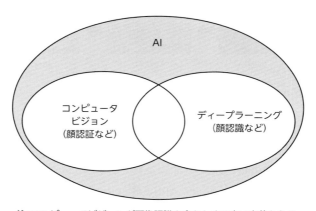

注：コンピュータビジョンが画像認識を含むとする広い定義もある。

図4.4 コンピュータビジョンとディープラーニングの関係

まず、"顔認識（Face Recognition）"に応用されているディープラーニングを簡単に復習しましょう。ディープラーニングは、画像認識技術として発展してきたことは既にご理解いただいている通りです。

図4.5にディープラーニングによる顔認識のイメージを示します。具体的には、畳み込み深層ニューラルネットワークと呼ばれる多層ニューラルネットワークに対して、複数の"畳み込みフィルタ"を使って、バックプロパゲーションという"教師あり学習"法によって、各フィルタの重みパラメータの自動チューニングを行うという方法です。畳み込みフィルタは簡単な $n \times n$ 個のユニット（ニューロン）で構成された2次元フィルタであり、入力層の"数値データ"列（ベクトルと呼ば

れる)が第1段の中間層(隠れ層)で抽象化されます。抽象化された"データの表現"はフィルタの数だけ抽出されますが、これを"特徴マップ"と呼びます。畳み込みフィルタが100種類使われれば、入力画像データから100種類の特徴が抽出されるわけです。顔画像から線などの"要素"を抽出し、要素から目や鼻などの"部品"を抽出し、部品から"物体"を抽出し、シグモイド関数を通して確率分布として出力の分類を得るというのが、ディープラーニングによる顔認識です。出力は"分類"あるいはそのラベルですので、数千に分類できれば上出来です。これではとても個人の特定は不可能です。

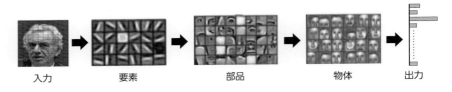

図4.5 ディープラーニングによる顔認識の仕組みのイメージ

　結論は、「ニューラルネットワーク(バックプロパゲーション)による顔認識は顔認証には使えない」、ということです。顔認識(Face Recognition)は、分類システムであり、"人間の顔"を他の対象物から区別することが主たる機能です。個人の特定を目的とする顔認証(Face Authentication)は、コンピュータビジョン技術の役割です。

　図4.6は、コンピュータビジョン技術による"顔認証(Face Authentication)"のイメージ図です。図に示されるように、顔認証では人の顔の複数の"特徴点"を抽出し、それをグラフ(ネットワーク)で表現することが基本となります。各個人の顔写真からその個人特有の「特徴ネットワーク」が構成されるわけです。個人によって特徴点は微妙に異なりますので、多数の特徴点を使った特徴ネットワークの照合(パターンマッチング)を行えば、たとえば99.9%の信頼度で個人の特定が可能でしょう。99.999%の信頼度ならば、「顔パス」に使えるはずです。眼鏡をかけていたり、マスクを付けていても、その領域を避けることによって、かなり高い信頼度で個人認証ができるようです。ただ、意図的に顔の特徴点を隠すような化粧をしている場合や、一卵性双生児にはこの技術が使えないと思います。コンピュータビジョンはこの本の主題ではありませんので、これ以上の議論

は省略しますが、最近パスポートによる本人認証やコンビニの無人化が進んでいるのは、"顔認証技術"が実用化されたことを示します。

顔認証技術はAIですが、ディープラーニングではないことを正しく理解していただくために、両者の技術の比較を行いました。なお、コンピュータビジョンは画像処理の色々なテーマに応用されてきた歴史があり、画像認識も含まれます。

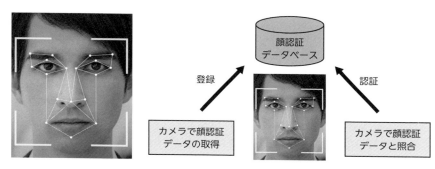

左：顔の切り出し、特徴点抽出およびグラフによる表現
右：顔認証システムの構成

図4.6 コンピュータビジョンによる顔認証の仕組み

バックプロパゲーション法による画像認識は、手書き郵便番号の自動認識でその能力を実証し、その後、アルファベットの手書き文字や顔認識も盛んに行われました。この画像認識法の特徴は、入力画像をピクセルと呼ばれる小さな升目に分割して「数値の配列（ベクトル）」化し、これを多段の畳み込み層によって抽象化し、最後にシグモイド関数によって確率分布として認識結果を出力するという方法です。"教師データ"が手書き数字なら出力も手書き数字の推定値となり、動物の顔写真が教師データなら出力は動物の種類となります。いい換えると、多くのひずみや雑音を持った画像とその正解値の組を教師データに使って"畳み込みフィルタの重みパラメータの自動チューニング"を行わせることによって、類似の画像データが与えられたとき、高い精度で数字や動物をいい当てるというシステムです。つまり、「学習機能付きの自動分類機」といえます。このようないい方をすればディープラーニング推進者には怒られるかもしれませんが、同じ仕組みと方法で色々なデータの自動分類ができるという点が、高い評価を受けている理由といえます。つまり、ビッグデータの有効な使い道を提供してくれたのがディープラーニング型AIであるわけです。

Chapter 4　知識ベースシステム—ディープラーニングとの統合を目指して

　ただし、ディープラーニング型の「AIシステム」の原理的な欠点は、第2章でも説明しましたが、少なくとも4つあります。その第1は、提示された結論の理由を説明できないことです。したがって、「ブラックボックス型AI」と呼ばれます。これをAIと呼ぶのはAIの研究者たちを愚弄することと思いますが、そのAI研究者たちの中にディープラーニングをAIと位置づけている人々がいますし、機械学習はAIのメインテーマですので、この本でもAIと呼ぶことにしました。その第2は、提示された結論の意味がシステムには理解できないことです。数字の「2」が出力されても、動物の「猫」が出力されても、このシステムには理解できません。理解はこのシステムを使う人間の仕事です。たとえば、写った写真に人間と犬と自転車が入っていたとしましょう。これらが教師あり学習によって学習されていたとき、このニューラルネットワークは人間と犬と自転車を識別できるでしょう。ただし、意味的な区別の能力は持ちません。また、一般的には、写真の中から対象物の部分を「切り出す」処理が必要となり、この技術はコンピュータビジョン技術に含まれます。その第3は、どんな構造の畳み込みニューラルネットワークが最適であるかという理論的な根拠が明らかでないということです。これは熟練者の能力に負うところです。私は、"ニューラルネットワーク設計エキスパートシステム"があれば助かる人が多いのではないかと考えています。多分、既にどこかで開発されているか開発されつつあるでしょう。そして、その第4は最も重大なものであります。それは、ディープラーニングで使われているバックプロパゲーションアルゴリズムは人の脳神経回路で行われていると考えられる学習の仕組みとは全く異なるという点です。これは現在のニューラルモデルは"コンピュータ処理のために考え出された機械学習モデル"に基づくものであるという、原理的な問題点です。私は、このようなモデルと原理に基づく限り、コネクショニズムの発展には限界があると思っています。人の高次認知機能を説明できるようなニューラルモデルの提案に期待します。コネクショニストのコミュニティにはミンスキーやラメルハートに相当する研究者はいるはずです。

♟ コンピュータビジョンとディープラーニングによる医学診断システムの例

　最後に、コンピュータビジョンとディープラーニングを組み合わせた興味深い医学診断システムの例を紹介しましょう。DeepGestaltという名称のシステムで、遺伝性疾患を持つ患者のスクリーニングに利用することを目的に開発され、性能テストでは、215種類の遺伝性疾患を対象としたとき可能性の高い疾患候補トッ

プ10に疾患が含まれる確率が91％であり、これは専門医より高い検出率を実現したようです[Gurovich2018]。つまり、DeepGestaltでスクリーニングを行い、トップ10の疾患について精密診断を行えば、91％の患者を救済できるということになります。もともとまれな疾患ですので発見が見落とされがちであり、これは大きな意義を持っているようです。顔画像だけで診断してくれますので、世界のどこからでもDeepGestaltを使えるということも大きな利点です。IEEE（米国電気学会）の公式ウェブサイトでも概要が紹介されていますので、関心のある方はそちらで確認してください。ここで紹介するシステムは、若い頃リウマチ診断エキスパートシステムの研究開発に携わった者として、私には大変興味深いものです。遺伝性疾患はめったに起こらない病気であり、早期発見と早期治療が特に重要であるとされているそうです。特に、幼児の顔に症状が現れるそうで、症例数が少ないために通常の畳み込みニューラルネットワークの"教師あり学習"を行うには教師データが少なくて困難であったようですが、いくつかの工夫でこの問題をクリアできたと報告されています。以下、要点だけを簡単に紹介します。

「DeepGestalt」では、3つのステップで診断が行われています。第1ステップは、与えられた画像から顔の領域を切り出して、次の特徴認識が正確に行われるように、顔の位置調整と特徴点の認識（つまり正規化処理）を行います。第2ステップでは、顔画像に畳み込みニューラルネットワークの手法を応用して特徴を抽出します。最後の第3ステップでは、症候の分類（推定）を行います。畳み込みニューラルネットワークの学習は教師あり学習法が適用されています。

図4.7に、診断処理の全体イメージを示します。入力画像が前処理される部分がいわゆるコンピュータビジョン技術であり、特徴抽出の部分がディープラーニングによる画像認識に当たります。DeepGestaltではディープラーニングにも独特な工夫がなされていることが分かります。前処理が行われた入力の顔画像は、まず上部から下部に向かって複数の画像にスライスされ、それぞれに対して畳み込みニューラルネットワークによる症候の認識が行われ、出力層にシグモイド関数が適用されて症候ごとに確率値が算出されます。最後に、全体が総合的に評価されて"類似スコア"の高い順に並べ替えられて出力されます。上から10番目までを"トップ10"と呼び、この中に正しい症候名が含まれていれば"正しく診断した"と判断されます。

Chapter 4　知識ベースシステム―ディープラーニングとの統合を目指して

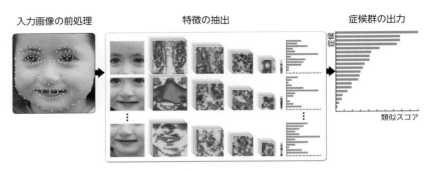

コンピュータビジョンが前処理に使われ、ディープラーニングが診断に使われている。

図4.7　DeepGestaltシステムによる遺伝子症候群の医学診断システムの全体イメージ＜口絵参照＞

　DeepGestaltがIEEEの公式ウェブサイトで紹介されていることは興味深いことです。医学の画像診断にディープラーニングが応用されるのは自然な発想と思いますが、問題の選び方や共用データベースを使った別なアプローチで成功しなかった試みが、この方法で成功したことが高く評価されたのでしょう。ちなみに、共用データベースの名称はFace2Genだそうです。

　上の説明では、ディープラーニング型AIの能力が過小評価（もしくは過大評価）されてしまいますので、アルファ碁の要点を復習しましょう。ディープラーニング型AI技術はコンピュータ囲碁であるアルファ碁に応用されて世界を驚かせました。

　アルファ碁は、「次の一手」の候補を提案するポリシーネットワークと各候補の勝率期待値を算出するバリューネットワークを持っています。まずポリシーネットワークが以下のように働きます。盤面データ（19×19＝361）に5×5サイズの192種類の畳み込みフィルタが適用されて、192種類の特徴マップに変換されます。第2段以降は3×3サイズの192種類のフィルタが使われ、次々に抽象化が行われ、最後の出力層は盤面の交点の数と同じ361個のユニット（ニューロン）から構成される"全結合層"とされ、抽象化された表現が1次元配列の数値データ（ベクトル）化され、これに"ソフトマックス関数"という活性化関数を適用して確率分布として"次の一手"候補が提示されます。この候補のトップ5の中に"教師が打った手"が約99％含まれており、それをバリューネットワークとモンテカルロ法で評価して「次の一手」を選ぶという手法です。教師データには"アマチュア高段者"の16万局の棋譜（しかも約35％は"置き碁"の棋譜）でしたので、当然

プロに勝てるはずはなく、アルファ碁同士の自己対局を数千万局行わせて"勝った方の手を教師データとする「強化学習」"によってプロを凌駕する棋力を得たのでした[*2]。アルファ碁ゼロでは全く教師データを使っていませんので、強化学習がいかに囲碁のようなボードゲームに有効かをデモし、コンピュータ囲碁の開発者の意欲を完全に消し去ったのではないかと思われます。

　また、データの系列に確率関係が存在するような隠れマルコフ過程の性質を持つ自然言語文の処理にも畳み込みニューラルネットワークの拡張版といえるリカレントニューラルネットワークRNNが応用できることも、ディープラーニング型AIの重要な利点であるといえます。グーグル翻訳はRNNと長短期記憶モデルLSTMの応用として実用的に使われています。学習に使われる教師データとして対訳コーパス（corpus、文例データベース）を与えるだけで機械翻訳システムが出来上がってしまうことは、機械翻訳におけるイノベーションといえます。しかしながら、このモデルとシステムは重大な欠陥を持っていますので、さらなるイノベーションが必要となります。その欠陥とは、"意味理解"機能を全く持っていないという点です。人による翻訳は意味が正しく伝わるように翻訳文が作成されますが、専門度の高い論文や技術文書の翻訳にはその分野の専門知識（Domain Knowledge）が欠かせません。伝統的な機械翻訳システムは意味理解と意味表現に注力されていましたが、開発と保守に過大なマンパワーとコストがかかり、実用システムとして成功するまでには至りませんでした。ニューラル翻訳システムは、知識を使う代わりに当該分野の大量の対訳コーパスの統計的性質として意味処理相当の機能を実現できるという考え方です。この欠陥を知った上で使うことが必要です。このような機能もコンピュータビジョンと異なるものです。

　アルファ碁のようなプログラムは、コンピュータビジョンや現在の知識ベース型AIではとてもできません。ただし、繰り返しますが、アルファ碁をAIと呼ぶのは正しくないですし、AIという一般概念から社会の人々に"妄想"や不安を抱かせます。現在のAIブームは妄想をあおっていると考えた方が適切でしょう。ディープラーニングの先に「汎用AI」があるという妄想を抱かせ、その期待が裏切られることは確実ですから、基盤技術としてのAI技術の着実な進歩を阻害することになりかねません。ディープラーニング型AIの推進を行っているAI研究者の社会的責任は重大であると思います。既に新聞やマスコミで使われている

[*2] 「AI白書」などでは"プロ棋士の棋譜が使われた"と説明してありますが、これは間違いです。多分、原著論文で確認しないことによって起こったミスでしょう。

Chapter 4 知識ベースシステム―ディープラーニングとの統合を目指して

「AI」は、ディープラーニングと読み替えられないほど混乱しているように感じられます。企業のAI専門家はビジネスチャンスを逃すまいと利益志向型の行動をする傾向が強いですが、大学人や学者は学術的な立場と責任をより強く意識してほしいと希望します。

4.4 知識の表現と推論

「知識ベースシステム (Knowledge-Based System)」は、知識ベース (Knowledge Base) と推論機構 (Inference Engine) で構成されています。推論機構とは、与えられた問題の解決のために知識ベースから適切な知識を選択して論理を展開し、適切な結論を導き出す仕組みのことをいいます。また、知識の表現モデルと推論機構は密接な関係があります。したがって、知識表現 (Knowledge Representation) が知識ベースシステムの基盤となる技術です。この節では、代表的な知識表現モデルとそれを使った推論法について紹介しましょう。その前に、知識ベース型AIとディープラーニング型AIの関係について、多少重複しますが、再度簡単に説明することにします。

知識ベースとディープラーニングの関係

これまでの説明で、「ディープラーニング型AIと知識ベース型AIは対照的であるとともに補完的である」ことがお分かりいただけたと思います。AIシステムの実現には両者の統合が不可欠であり、しかも自然なことです。ダートマス会議を企画し、AIという分野を提唱したマッカーシーや、「AIの父」と呼ばれたミンスキーは、シンボリストであり、コネクショニストに批判的でした。私もシンボリストの一人として、ニューラルネットワークで人の高次認知機能が実現できるとはとても考えられません。「心の働き」（脳の働き）はとても神秘的であり、計算能力だけで実現できるものではないのではないかと思います。この点、私はシンギュラリタリアン（シンギュラリティ信奉者）ではありません。カーツワイルはコンピュータの性能が上がれば人の知能を超える「人工の知能」が実現すると予測しており、そのベースには「ムーアの法則」によるコンピュータの加速度的進歩がこれからも続くという前提があります。全ニューロンの情報を、20年代に実現するであろうナノボット（細胞サイズの部品で作られたナノサイズのロボッ

ト）を脳に数十億個も送り込むことによって、ニューロンの詳細な情報をダウンロードし、コンピュータ上で人の知能をはるかに超える知能を、2045年には実現できると予言していますが、たとえダウンロードが可能となったとしても、人の脳の上でないと人のような高次の認知処理機能は働かないのではないかと思います。IEEEが2008年に行ったアンケートに対して、米国の著名な認知科学者たちが「シンギュラリティは起こらない」と回答しているのは、私も同感です[IEEE2008]。実は、カーツワイルの予測は2005年に出されていますが、2020年までに実現するというコンピュータに関する予測は既に外れています[カーツワイル2005]。

　ディープラーニングは、ラメルハートやヒントンが中心となったコネクショニストたちのPDPグループ（ニューラルネットワークをベースとした並列処理技術で人の高次認知機能を実現することを目指したグループ）の"副産物"であるバックプロパゲーション学習アルゴリズムの応用です。実用性は認めますがAIとは認められません。グーグルはアルファ碁をAIと呼びましたが、ネイチャー誌のアルファ碁論文では、囲碁がAIの挑戦課題であるという説明はしていますが、アルファ碁をAIであるという主張はしておりません。もしAIであるという主張をしていたら査読で返戻されていたに違いないと思います。また、ヒントンなどによって書かれ「ネイチャー」に掲載されたディープラーニングに関する解説論文（Review Paper）でも、ディープラーニングがAIであるという表現を慎重に避けているように感じられます。しかし、この本ではディープラーニング型AIと位置づけることにし、折に触れてその特徴と限界を説明しましたので、この本の読者は「AIブーム」に冷静に対応されると思います。ディープラーニングがAIにイノベーションをもたらしたことは認めますが、AIを変えたのではなく、「AIに新しい可能性を加えた」と理解すべきであると思います。

　さて、知識ベースシステムの要点を説明する前に、「ディープラーニング型AIと知識ベース型AIの統合化」について簡単に考えてみましょう。図4.8は、ディープラーニング型AIと知識ベース型AIの現在の関係を示したイメージ図です。現時点では、両者にオーバーラップする部分はあまり見当たりません。両者の特徴の比較は第1章で説明していますので、そちらを参照してください（図1.4および表1.1）。

　ここでは、知識の表現と推論というテーマで、3つのモデルを紹介します。プロダクションシステム、意味ネットワーク、および対象モデルです。"対象モデ

ル(Object Model)"は、私が80年代の初期に提案した知識ベースシステムのモデルです。その後、2005年頃までこの概念による知識ベースシステムの研究開発を続けましたが、90年代のあるAI国際会議で招待講演をしたときファイゲンバウムご夫妻が出席されており、高く評価してもらいました。その後、彼のプロジェクトでも研究テーマとして取り上げられましたが、私も彼も研究の第一線から退いたために現状は把握していません。ここでは触れませんが、ミンスキーの"フレーム理論"にヒントを得て考案した"エンジニアリングを対象"とした知識表現モデルです。ミンスキーが日本賞を受賞したときに企画されたワークショップで簡単に紹介したこともありますので、私の論文も読んでもらえたかもしれません。また、論文の問い合わせがたまにありますので、私の指導で学位(情報学博士)を得た修了生や博士研究者(ポスドク)を含めて、世界のどこかで誰かが何か新しい対象モデルをヒントにしたアプローチを試みているのではないかと期待しています。

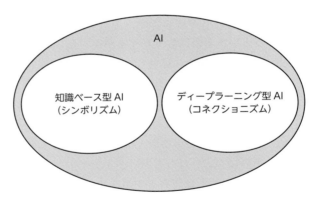

この2つのAIはほとんどオーバーラップしていないが、本来は、両方とも人の高次認知機能のコンピュータによる実現を目指している。

図4.8 現在の知識ベース型AIとディープラーニング型AIの関係

フレーム理論については、限られたページ数で説明することは困難ですので、原著[ミンスキー1975]や「知識工学入門」[上野1985]などを読んでください。ウェブ上でも解説されていますので、参考になるでしょう。

🎲 4.4.1 プロダクションシステム

「プロダクションシステム（Production System）」とは、知識をIF-THENルールで表現した知識ベースシステムのことであり、エキスパートシステム（Expert System）の代表的かつ基本的なAIシステムとして広く応用されました。ルールベースシステム（Rule-Based System）とも呼ばれます。当初は記号処理言語LISPで実現されていましたので、他の情報システムとの接続に難点がありましたが、C言語などの汎用プログラミング言語で実現されるようになってから、「組み込み型AIのモジュール」化が容易となり、現在でも広く使われているのではないかと思います。既に研究者の手を離れていますので、AI論文誌の学術論文としてはあまり見られなくなったのではないでしょうか。先行研究事例としてはショートリフ（Edward H. Shortliffe）の感染症診断システムMYCINが有名で、500ルールだけで感染症を診断するエキスパートシステムを実現し、当時高く評価されました。私は、ファイゲンバウムの化学構造式同定システムDENDRALの方を高く評価しますが、このシステムではIF-THENルールは構成要素の一つにすぎませんが、MYCINはIF-THENルールだけで実現されていますので、分かりやすくて応用可能性も高いと期待されたからでしょう。実は、プロダクションシステムには重大な弱点が潜んでいます。この問題は、説明の後に議論しましょう。簡単な問題への実用性はかなり高いと思います。

「IF-THENルール」には、次の2つのタイプがあります。

- IF　条件　THEN　結論
- IF　条件　THEN　行動

前のルールは"診断"システム、つまり"選択型問題"（あるいは"分類型問題"）に応用されています。後のルールは"合成"や"制御"システム、つまり"合成型問題"に応用されています。選択型問題とは、結論の候補から一つを選ぶ問題のことであり、ディープラーニング型AIによる画像認識はこの問題の例です。DeepGestaltは医学診断に応用された成功例といえます。"IF条件THEN行動"型のルールは簡単な認知科学のシミュレーションにも使われたことがあります。人が"状況認識をして行動する"という概念に基づくシミュレーションモデルです。

図4.9は、IF-THENルールによる風邪の診断の仕組みを簡単に説明したものです。左がIF-THENルールで表現された風邪の診断知識であり、右がその知

Chapter **4**　知識ベースシステム―ディープラーニングとの統合を目指して

識による推論のために構築された“AND／OR木”です。各ルールには“確信度（Certainty Factor）”と呼ばれるルールの確信度を表すパラメータが付されています。AND／OR木の評価法はいくつかありますが、矢印の順に評価する方法が“深さ優先”評価法と呼ばれる最も標準的な評価法です。木の構築と評価が推論機構の働きですし、一つ一つの診断ルールは内科医師ならば簡単に作ることができ、変更や追加もルールエディタと呼ばれるユーザインタフェースによって簡単に行うことができます。このルールを装置やシステムの故障診断の知識で置き換えれば、そのままで故障診断エキスパートシステムができるわけです。また、このシステムは分類機ですので、色々な分類型の問題に応用できます。ただし、ルールが数千になると、ルール間の相互関係が把握困難になるという“弱点”が指摘されています。もし、医師の診断データと診断結果のビッグデータから診断ルールを自動生成することができれば、“知識獲得のボトルネック”を解消できますので、このような目的での機械学習の研究が行われるようになったのです。

ルール 1：IF　鼻づまりがある, OR
　　　　　　　喉が痛む, OR
　　　　　　　咳が出る
　　　　　THEN　風邪の症状がある（CF=1.0）

ルール 2：IF　熱が高い OR 頭痛がある, AND
　　　　　　　風邪の症状がある,
　　　　　THEN　風邪をひいている（CF=1.0）

ルール 3：IF　胃の調子が悪い, AND
　　　　　　　風邪の症状がある,
　　　　　THEN　風邪をひいている（CF=0.8）

ルール 4：IF　高熱が 4 日以上続いている, AND
　　　　　　　風邪をひいている,
　　　　　THEN　肺炎である（CF=0.5）

※CF は確信度

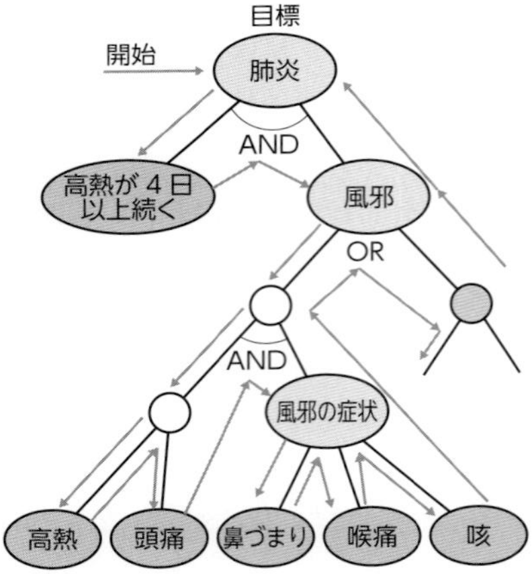

図4.9　IF-THENルールによる風邪の診断知識の表現例と AND／OR木による推論

　図4.10は、IF-THENルールによる合成問題や制御システムのイメージ図です。このようなシステムを“認識―行動サイクル（Recognition-Action Cycle）”型システムと呼びます。この場合は、知識ベースは事実を管理するデータベースと、データベースの内容によって最適な行動（Action）を選択するためのルールからなる

ルールベース (Rule Base) で構成されます。推論は、"認識サイクル (Recognition Cycle)" と "行動サイクル (Action Cycle)" によって構成されます。認識サイクルでは、全ルールの条件部がパターンマッチング法によってデータベースと照合され、合格したルールが "競合ルール (Conflict Rules)" を構成します。このルールからある判定規則を適用して最適なルールを選択する "競合解消 (Conflict Resolution)" が実行され、選ばれたルールの実行部を「実行する」ことによって、データベースが更新されます。認識－行動サイクルを繰り返すことによって、データベースの内容は初期状態から目標状態へと変化します。終了状態を判断するルールによって推論は終了します。

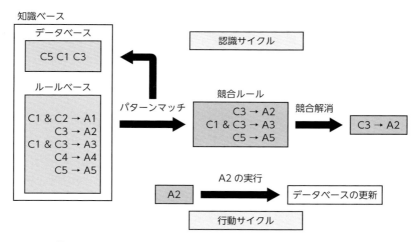

図 4.10 認識－行動サイクル型のルールベースシステムの概念図

認識－行動サイクル型のルールベースシステムによって、"制御エキスパートシステム" を構築することができます。この場合の仕組みは以下の通りです。データベースの内容はその時点の制御対象の状態を表現するように設計しておき、ルールはその状態を判断して最適の制御プログラム（あるいはプログラムモジュール）を起動するように設計します。また、回転速度や圧力などを計測する各種センサを制御対象システムに組み込んでおき、リアルタイムで制御対象の状態がデータベースに反映されるように設計しておきます。この状態で制御エキスパートシステムを起動すれば、センサ入力によってデータベースが更新されるたびにルールの条件部のパターンマッチングと競合解消処理が行われ、最適の制御

Chapter 4 知識ベースシステムーディープラーニングとの統合を目指して

モジュールが起動され、システムが制御され、その結果がデータベースに反映されます。したがいまして、面倒な制御プログラムの開発や保守の代わりに、データベースの変更やルールの変更を行うだけで済むということになります。

"プロダクションシステムの利点"は、診断でも制御でも、使われたルールによって「根拠の説明ができる」ということが挙げられます。この"説明機能"は極めて有用な機能であり、誤診断や誤制御の原因究明と対応を容易にします。ただ、ルールが増えたときの管理が困難になるという弱点が指摘されています。80年代のエキスパートシステム開発ツールは記号処理言語LISPで開発され、実際の情報システムとの連結が困難でしたが、90年代になって汎用プログラミング言語であるCで開発されることにより、「エキスパートシステムを総合情報処理システムに組み込む」ことが容易になりました。「プロローグ」の最後に紹介しました「AI白書2017」のアンケート結果に見られますように、欧米の企業で最も熱心に研究開発が行われているAI関連テーマがエキスパートシステムであるという事実は、我が国の"ディープラーニングこそAIである"という「AIブーム」がいかに的外れであるかを指摘しているといえるでしょう。

企業に読者が多い産業技術系の新聞には、このような事実を適切に報道してもらいたいと思います。「AI人材不足は、深層学習の専門家不足のことではない」のです。自動運転車に代表される自律システムの実現には、IT、IoT、コンピュータビジョン、知識ベース型エキスパートシステムなどの"総合技術"が必要とされます。ディープラーニングの出る幕はむしろ少ないはずです。近年のコンピュータビジョン技術や音声認識技術の進歩は目覚ましく、これらの分野ではもはやことさらにAI技術を強調する必要はないまでに"一般技術化"が進んでいます。サービスロボットや"スマートスピーカー"が普及してきたのはこのような技術進歩の表れです。最近これらもAIと呼ばれるようになってきたのは"AIブーム"によるものでしょう。

4.4.2 意味ネットワーク

「意味ネットワーク（Semantic Network）」は、概念間の意味的関係を明示的に表現するための技術であり、知識ベース型AIにとっては不可欠な基盤技術の一つです。ミンスキーのフレーム理論も意味ネットワークをベースとして構築されています。「自然言語処理では、意味ネットワークなしに意味理解や意味表現を論ずることは困難です」。人は言葉で意味を説明しますが、コンピュータでは"データ構造（Data Structure）"と呼ばれるIT技術によって意味を表現しなければ、意味のコ

ンピュータ処理（つまり自動処理）はできません。"ニューラルネットワークの原理的弱点"の一つは、意味ネットワークを取り扱えない点にあるといってもいいすぎではないでしょう。意味ネットワークで表現された知識や事実関係は、コンピュータにも理解できますし、ヒューマンインタフェースを通して人間にも理解できます。この点が最も重要なことであり、複雑な概念関係をコンピュータ処理に適した構造で表現するために、意味ネットワークに関する研究は70年代から80年代にかけて、AI研究の中心課題の一つでした。重要性は今でも変りません。ここでは、ごく基礎的な概念と表現技術を簡単な例を使って紹介しましょう。

図4.11は、概念の階層構造と"属性継承（Attribute Inheritance）"を表現した意味ネットワークの代表的な一例です。図は"動物"の分類の一部であり、動物の下位概念として"鳥"と"魚"が"ISA（IS-A）"関係で階層的に結ばれており、鳥の下位概念として"カナリア"と"ダチョウ"が同じくISA関係で結ばれています。また、各概念には"属性（attribute）"が付加されており、それらは属性継承によって下位概念に受け継がれます。たとえば、"鳥は動き回る"とか、"カナリアは呼吸する"ことが分かります。「我々が持っている知識にはこのような階層構造と属性継承の関係がある」ということを示した図ですが、皆さん納得されるはずです。

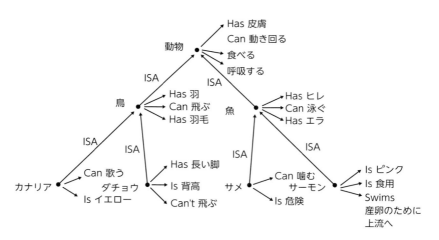

図4.11 概念の階層構造と属性継承（キリアン）

図4.12は、より複雑な概念間の意味ネットワークを表した例です。この例も最も基本的なISA関係による階層構造をしています。この図で、Xは「山田さんはトヨタのカローラDXを所有している」という文に相当すると解釈することができます。

Chapter 4 知識ベースシステム―ディープラーニングとの統合を目指して

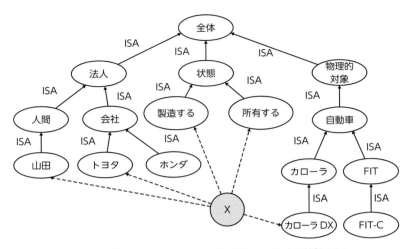

Xは「山田さんはトヨタのカローラDXを持っている」と解釈できる。

図4.12 自動車の所有関係を表した意味ネットワークの例

　図4.13は、おもちゃの積み木で作られた"アーチ(門)"を詳細に意味ネットワークで表現した例を示しています。3つの積み木A、BおよびCが何であるか、それらがどんな位置関係にあるか、それぞれがどんな置き方がされているかが明示的に記述されています。

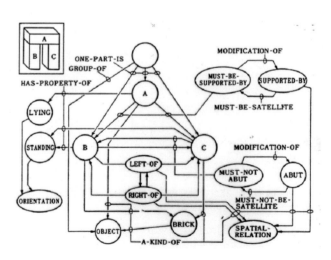

図4.13 積み木のアーチを意味ネットワークで詳細に表現した例（ウィンストン）

「意味ネットワーク」は、概念（あるいは対象物など）の“意味的関係”を、指向性を持つリンクで表現したグラフであり、各“リンクに特別な意味を付加した”ものです。代表的な意味表現リンクとしては、ISA、HAS-PART、PART-OF、SUBSET-OF、ELEMENT-ISなどがありますが、必要によってNAME-IS、COLOR-ISやFREND-OFなど、厳格に定義して使うことができます。これらの“意味リンク”を解釈することによって、意味ネットワークを用いたQ/Aシステム（質問−応答システム）が実現できます。さらに、ある意味ネットの“まとまり”をモジュールとして、モジュール間の意味関係を表現することもでき、これをより大きなモジュールとして、さらに大規模な知識を表現することも可能です。

意味ネットワークの各ノードは“概念名称”ですが、この名称は問題分野や目的によって違いがあることが知られており、この違いが“汎用性の障害要因”となっています。たとえば、コンピュータは計算機と呼ばれたりしますが、スーパーコンピュータはスパコンと略称されたり、超高性能計算機と呼ばれたりします。情報検索システムではこのような同義語や類似語を管理するために“シソーラス（thesaurus）”と呼ばれるデータベースが使われています。知識ベース型AIの分野では“オントロジー（Ontology）”と呼ばれる技術が使われています。オントロジーはAI分野よりもむしろ“情報共有システム”の分野で広く使われていると思われます。情報共有システムとは、たとえば文化財情報の共有データベースのようなもので、学問分野を横断しているために同じ概念が違った用語で表現されることが多いという、“言葉の壁”を解消する対策として有効であるからです。オントロジーに関心のある方は「オントロジー工学」（[溝口2005]）が推奨できますが、専門家向きです。

意味ネットワークについて簡単に紹介しましたが、膨大な研究成果と応用例があり、「知識ベース型AIの研究や実践において不可欠な概念と技術」です。画像理解、自然言語理解、自然言語対話、情報検索、機械翻訳、設計システム、自律システム、ウェブ検索などの基盤技術です。ミンスキーは「常識」を持つコンピュータの研究を生涯テーマとしていたと紹介しましたが、意味ネットワークは不可欠の知識表現モデルとして使っていました。プロダクションシステムと組み合わせることは当然可能です。80年代から90年代にかけての「AIブームはルールシステムのような簡単な知識表現によるエキスパートシステムであったために失敗した」というような、短絡的な説明が見受けられますが、同じように「ディープラーニングこそAIである」ということも安直な誤解に基づく間違いであることに気づいてほしいと思います。

Chapter 4 知識ベースシステム―ディープラーニングとの統合を目指して

♟ 4.4.3 対象モデル

　「対象モデル（Object Model）」は、私が80年代初期に提案した知識表現モデルであり、当時のIF-THENルール志向のエキスパートシステムに対するエンジニアとしての素朴な疑問から生まれたアイデアです（[上野1984]、[上野1985]、[Ueno1986]）。実際には、フレームモデルと意味ネットワークをベースとして概念と手法を構築し、その後このモデルで様々な知識ベース型AIシステムを研究開発して論文で発表しました。開発ツールはフレーム型知識ベースシステム開発ツールであるZERO（LISPベース[Ito1985]）をLISPマシン上に自作して利用し、その後ワークステーション用にC++で作り替えました。2000年代初期にはCで開発したSPAKを利用しました（[Ampornaramveth2004]）。SPAKはオープンソースとして提供しています。

　ここでは、考え方、技術の基礎、応用例の一部だけを紹介しますので、関心のある方のために論文リストの一部を添付しました。これらの論文は、対象モデルの概念とモデリング[上野1984][Ueno1986][Ueno1990a][Ueno1991b]、研究開発ツール[Ito1985][伊藤1988][上野1995][Ampornaramveth2001][Ampornaramveth2004]、プログラムの意味理解と応用[Ueno1989][Ueno1990b][Ueno1995][Ueno1996b][Satou1996][Ueno1998a]、デジタルシステムの故障診断[大森1990][Oomori1991][Ueno1997]、3次元ロボットビジョンと共生ロボット[Ueno1996a][Ueno1998b][Ueno1999][Ueno2000][Ueno2002]、ヒューマン―ロボットインタフェース[Bhuiyan2003][Bhuiyan2004][Zhang2005a][Zhang2005b][Kiatisevi2006]、ジェスチャー認識によるヒューマン―ロボットインタフェース[Hasanuzzaman2006]などです。なお、後で説明しますが、対象モデルによる知識表現と推論機構は、記号処理だけでなく、シミュレーションや数値計算などを含んでいますので、純粋なシンボリズム型AIとは呼ばないと思いますが、知識ベース型AIが中核となっていることは常に意識していました。

　まず、対象モデルの構想時の問題意識を簡単に説明しましょう。

　ミンスキーは、既に度々紹介しましたように"ごく普通の人々"や"子供"が特別な意識もせずに行っている知的行動を説明するための知識と推論のモデルとして「フレーム理論」を提案しました[ミンスキー1975]。この理論は、当時のシンボリストに大きな影響を与えましたが、概念が難しく抽象的すぎて、具体的な応用は困難だろうといわれていました。しかし、その後フレーム理論にヒントを得

た"フレーム型知識ベースシステム開発ツール"が開発されてARPAネットを通して利用できる環境が米国で実現し、色々な知識ベース型AIシステムの研究開発が容易になりました。80年代に入ってゼロックス社などから"LISPマシン"が販売されるようになり、知識ベース型AIの研究や試作がより容易になり、企業がAIを導入したり、ビジネス化するという「AIブーム」が起こりました[*3]。当時ミズーリ大学にいた私は、スタンフォード大学のファイゲンバウム教授がリーダーのAI研究プロジェクトHPP（Heuristic Programming Project）とも交流があり、このプロジェクトが開発したフレーム型知識ベースシステム開発ツールを試す機会があり、ミンスキーのフレーム理論をより具体的に理解することができました。その後帰国してから研究室にAIプロジェクトを立ち上げ、知識ベース型AIの研究に本格的に取り組み始めました。日本の「第5世代コンピュータプロジェクト」が始まった頃です。

　本格的にAIの研究に取り組み始めて間もなくして"素朴な疑問"を感じ始めました。当時のルールベースシステムや意味ネットワークは、"一層"の知識表現モデルに感じられました。また、フレーム理論は「常識」に関心を持つミンスキーのモデルですので、エンジニアのような専門家の知能のモデルとはかけ離れていると感じられました。一方、私は工学者であり"エンジニアリング"へのAIの応用、あるいは応用AIの研究を通して"エンジニアの知能"を解明したいという希望を持っていました。この視点から観た素朴な疑問とは、次のようなことでした。

- "原理的な知識"を持っているエンジニアは問題解決能力が高い。
- 機械やシステムに異常が生じた場合は対象システムの構造と機能を頭に描き、設計図で確認しながら原因を追究する。
- ある機械やシステムには標準的なモデルが存在し、この知識を使って類似の機械やシステムの知識を記憶する。

　一方、当時の「知識表現は個定の問題に特化され、機能の原理や機械・システムの仕組みを知識として表現し活用するという発想に欠けている」、と感じられました。たとえば、「故障診断」を例に取ると、故障現象ごとにIF-THENルールを書き、考えられる現象をカバーするために数千のルールを書いて知識ベース（ルールベース）を構築し、これを使って現場では故障を診断し修理するという方

[*3]　私の印象ではこれが第一次AIブームであり、現在のAIブームは第二次です。

Chapter 4 知識ベースシステム—ディープラーニングとの統合を目指して

法を取ります。予期できない故障には対応するルールがないために対応できないわけです。その機械・システムの設計者ならば、頭の中に重要な"設計知識"を持っていますし、"原理的知識"も当然持っています。したがって、"仕様書"を使って異常であることを確認し、"設計図"によって異常個所を特定し、頭で行う"異常シミュレーション"の能力によって故障ユニットやパーツを発見でき、適切な修理が可能となります。「異常シミュレーションとは、あるユニットや部品が破損していることを想定して頭の中で動作のシミュレーションを行い、外部にどのような"異常現象"が発生するかを確認するためのシミュレーションのこと」です。このような問題解決のやり方をコンピュータで実現しようと考えてたどり着いたのが「対象モデル」でした。つまり、経験則や"もの"の意味関係を知識として表現する代わりに、「対象の機械・システムそのものの知識表現とそれを使った推論法」の提案を試みることにしたのです。

　つまり、

- 設計図やスペック（仕様）を知識化して利用できないか？
- 機能や動作原理を知識化して利用できないか？
- 既に知っている機械・システムの仕組みに関する知識を使って特定の機械・システムの知識を表現できないか？
- 経験則による判断ではなくシミュレーションによる判断はできないか？

というような、素朴で基本的な疑問に応えられるような知識ベースシステムの実現を目指しました。このアイデアは、AI先進国の米国で話しても、大抵賛成され、「来年会ったときはその続きを聞かせてくれ」といわれて、考え方は間違っていないという確信を得たものでした。私が未だ40歳頃のことです。では、具体的な方法について"さわり"の部分を説明しましょう。

　図4.14は、対象モデルの概念による"積み木のアーチ"の対象モデルの概念による意味ネットワーク表現の例です。機械などの「人工物の対象モデリングでは、構造と要素を明確に区別し、かつ階層的に表現すること」が要点です。上位階層で一般概念（プロトタイプ）を表現し、下位階層で特定の対象物（事例）を表現するという考え方です。一般概念であるプロトタイプと特定の対象物である事例（インスタンス）が同じ構造である場合は、事例に関する知識表現は簡略化されます。これは、我々が日常的に行っている対象物の構造に関する知識の認知科学的表現に近いのではないかと思われます。つまり、これは、「知っている知識を使っ

4.4 知識の表現と推論

て特定の対象物を理解する」という考え方を具体化したものです。この例では、上下関係はISA関係で、構造はHASPARTS、RIGHT-OF、SUPPORTS、MUST-NOT-TOUCHなどの"意味リンク"で表現されています。プロトタイプ「アーチ」とインスタンス「アーチ-X」が同じ構造である場合は、HASPARTS関係とISA関係を"まとめて"継承することを表すために二重文字で表現してあります。なお、この図に示されているように、"対象物"そのもののプロトタイプと事例（インスタンス）のISA関係が左側に、構成要素とそれらの"構造表現"が右側に表現されていることにご注意ください。

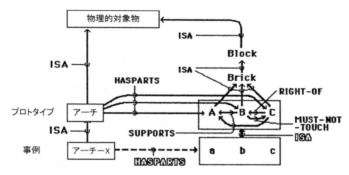

対象物は左側に、構成要素とその関係は右側に、意味ネットワークで表現され、属性継承が成立する。

図4.14 積み木のアーチの対象モデルの概念による知識表現例

対象モデルでは、図4.11で示された一般的な知識の「属性継承」の考え方を"構造を持つ人工的な対象物"の知識表現に拡張して適用しています。より複雑な機械やシステムは、一般的に、「システム―モジュール―ユニット―エレメント」という階層構造を持っています。たとえば、自転車は、車体、車輪、ハンドル、駆動モジュールで構成され、それらはさらにサブユニットで構成され、最後はボルトやタイヤなどの部品になります。つまり、「構造も階層性を持つ」わけです。構造の階層性は、同じ層に、左から右へ展開して表現することができます。認知科学的視点からは、我々が自転車をイメージする場合には、必要に応じて、心（頭）の中に記憶している自転車に対する知識、つまり対象モデル、によって色々な問題解決をしていると考えられます。つまり、対象モデルは「多目的な知識（Multi-

Use Knowledge)」として利用可能となります。したがって、対象モデルではできるだけ客観的な知識を表現し、問題や目的に応じて「解釈の知識（Knowledge of Interpretation）」によって"解釈しながら問題解決を行う"ということが可能となります。システムを構成するモジュール、ユニットやエレメントには"属性データ"を付加することができ、機能的な「仕様（Specifications）」も付加することができます。仕様は、数値や数式で与えることもできます。これらの属性データにも"属性継承"が適用できます。また、対象モデルの表現法によっては、シミュレーションも可能です。たとえば、既に分かっている故障データを使って、あるユニットやモジュールに異常状態を発生させ、それがシステムに与える挙動をシミュレートするという"故障シミュレーション"によって、故障診断用のIF-THENルールを生成することが可能となります。故障シミュレーションは、新しく開発するシステムを実社会で使う前にコンピュータ上で実施できますので、様々な原因の故障の影響を事前評価することも可能となります。

　図4.15は、対象モデルを中核とした「多目的知識ベースシステム」のイメージ図です。たとえば、自転車を対象モデルで表現した場合、自然言語インタフェースによって、自転車に関する"質問－応答"などの自然言語対話が可能となります。コンピュータビジョンなどのグラフィカルインタフェースによって、画像と知識との連携処理が可能となります。故障シミュレーション機能を使うことによって、経験したことのない故障やトラブルの診断が可能となります。また、故障シミュレーションを使った診断用IF-THENルールの生成が可能となります。IF-THENルールの生成は「機械学習」です。これまで、一般的な機械学習は大量のデータによる統計的学習であり、ディープラーニングの場合は与えられたニューラルネットのパラメータを"大量の教師データで自動チューニングする"だけですが、対象モデルによるルールの機械学習では、"意味の説明"が可能となります。しかも、データがなくても可能ですので、原子力発電所のような大災害を引き起こすような大規模プラントの故障予知システムを作成するためにも有用になるはずです。既に、類似のアイデアが生かされた技術の開発が行われているに違いありません。対象モデルという概念と技術を取り入れることによって、アプローチが標準化され、応用の展開が期待されます。つまり、「対象モデルは汎用AI（AGI）のアプローチ」の一つといえます。

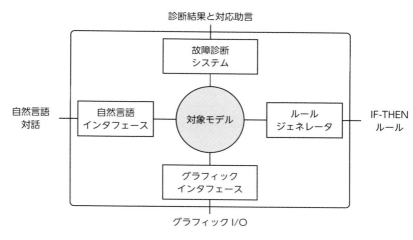

図4.15 対象モデルの概念に基づく多目的知識ベースのイメージ図

　私の研究プロジェクトでは、対象モデルの概念構築とともに、この概念に基づく"知識ベースシステムの研究開発ツール"（汎用ソフトウェア）としてZEROおよびSPAKを開発し、これを使って色々な実験システムを開発しました。これらの研究成果は学術論文として公開しましたので、現在でもネットで入手可能です。論文タイトルを入力して検索すれば、多分フルテキストで入手できます。私は、この本を書くために、1950年代の論文をネットで入手して目を通しました。最近の論文だけでは、発想の源を理解することはできません。特に、ディープラーニングの分野では、便利なツールで試すことが容易ですので、その結果だけで"分かった気になる"人が多いように感じますし、その種の解説本も少なくありません。"コネクショニズム"の概念や"コネクショニスト"が何を目指して研究に取り組んでいたかを知ることがなければ、コネクショニズム型AI、および実用性という視点からその代表的技術である"ディープラーニング"の本質を理解することは困難でしょう。本質を理解しないで応用することは、かなりリスキーであると思います。

　では、「対象モデルの応用例」を簡単に紹介しましょう。

　図4.16は、対象モデルによる「人型サービスロボットハンド」の写真と知識ベースシステムのイメージ図です。たとえば、「赤いコップをプレートに移してください」という要望を自然言語で受け、3次元"ロボットビジョン"によって対象物を認識して"ワールドモデル"に記述し、ロボットハンドを適切にコントロール

して目的を達成するように、"自律的"に動作します。この研究はNHKのハイビジョン番組「サイエンスアイ」で紹介されました。

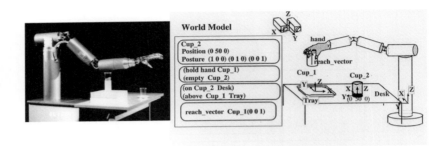

図4.16 対象モデルによる人型サービスロボットハンドの実現例([Ueno1996a]より)

　図4.17は、IBMの委託研究で行った、「コンピュータ（デジタルデバイス）の故障診断システム」を、対象モデルの概念と技術で試作したときのインタフェース画面の例です。キーボードについて実験システムを開発し、有用性を検証しました。実際の故障データは企業機密であるという理由で、日本IBMの大和研究所の協力を得て"可能性の高い故障事例"を想定して実験しました。故障エレメントを絞り込む推論は次のように行います。現在"注目"しているモジュールの"スペック"と実際に計測した値を照合し、もし一致していればそのモジュールのその機能は"正常"と判断します。複数の機能の中の一つが一致しない場合に、そのモジュールのその機能に関連する"故障"が存在すると判断します。この図では、3つの機能のうちの2番目の機能が正常動作をしていないと判断された状況を示します。このとき、このモジュールの当該サブモジュールをこのレベルで表現されている"構造知識"から特定し、そのサブモジュールに"注視点"を移して、同じようにスペックデータとの照合を行います。この例では、異常のあるサブモジュールは2つのサブサブモジュールで構成され、いずれかに故障エレメントが存在するはずであると判断します。まず、前のモジュールのスペックデータを確認し、それが異常であると判断できた場合は、注視点をそのモジュールに移します。「この繰り返しによって、故障エレメントにたどり着く」という方法です。この故障診断法は「エンジニアが設計図とスペック情報を使って故障診断する方法」に近いと思います。この研究は、私自身が若い頃にトランジスタ型コンピュー

タの保守を担当した頃の経験をもとにして、モデル化したものです。つまり「エンジニアリング」における専門知識によるエキスパートシステムです。

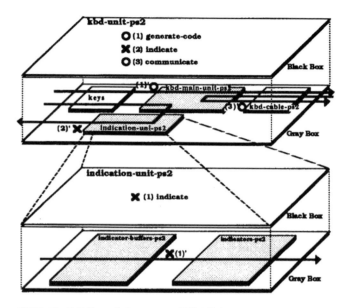

注目しているモジュールのスペックの異常を検出したとき、それに関係するサブモジュールを特定し、そのサブモジュールのスペックと実際の動作を比較することを繰り返して、異常エレメントを特定する。

図4.17 対象モデルによるデジタルシステムの故障診断([Ueno1991a]より)

以上、「知識ベース型AI」の基本的な概念と技術の一部を紹介しました。ページ数を制限するために、対象モデルに関してはごく簡潔に説明しましたので、機会があればもっとしっかり説明したいと考えています。強調したいことは、ミンスキーの生涯の研究テーマであった「常識」のAIモデリングに対して、対象モデルは「エンジニアリング」の視点からのAIモデリングを指向したという違いがあることと、エキスパートシステムの研究開発に生涯を尽くしたファイゲンバウムとはシンパシーが一致したということです。彼は、「チューリングテスト」に対抗して「ファイゲンバウムテスト」を提唱しました[Feigembaum2003]。チューリングテストが、いわゆる「汎用AI」を判定するテストであるのに対して、ファイゲンバウムテストは、「エキスパートシステム」を判定するためのテストであ

Chapter 4　知識ベースシステムーディープラーニングとの統合を目指して

るという違いがあります。現時点では、両テストに対しても合格するようなAI
システムは実現しておりませんし、実現の目処すら立っていないと断言できるで
しょう。本格的なAIシステムに挑戦しているAI研究者は我が国にはほとんど見
受けられないのが残念ですが、安易に"汎用AI"とか"シンギュラリティ"が論じ
られている状況を見ると、私には「AIクラブ」という同好の"グループ活動"に感
じられてしまいます。もっと自分の考え方を主張し、異なった考え方を批判し、
ホットな論戦を行ってほしいと思います。国内でも、国外に対しても。AIは「思
想の研究」という側面がありますので、当然対立が起こるはずです。米国では思
想の対立が起こっており、それがAIの発展を牽引してきました。80年代後半の
日本には「フォローアップ型研究からフロントランナー型研究へ」という意識活
動が見られましたが、平成の30年間を通してこのような意欲が薄れてしまった
ように感じられます。再興するには、「世界のトップランナーをスカウトする」
ことだと思います。グローバル企業が行っているように。

　さて、知識ベース型AIとディープラーニング型AIが全く異なることと、「AI
システム」の実現には両者を統合することが必要であること、を理解していただ
けたと思います。次の節で、統合の考え方を検討しましょう。既に統合システム
化は進んでいると思われます。特に、"軍事システム"においては。我が国の学会、
特に日本学術会議では、"デュアルユース"の研究を避けるべきであるという主張
がありますが、「コンピュータやインターネットなどのITは軍事技術として米国
で開発され、技術が旧くなった時点で民間利用に開放されて、社会の情報化が促
進された」という歴史があります。この状況は、当然ながら現在でも変わりませ
ん。研究者が安心して研究活動に没頭できるのは、「国の安全」が保障されてい
るからこそであることは誰も否定できないでしょう。「研究者も国防に貢献すべ
き義務がある」という意見を持つ研究者は、私を含めて、少なくありません。国防、
大災害対応、テロ対策、情報セキュリティ、資源対策、などに明確な境界線を引
くことは困難です。資源に乏しい我が国の「持続的発展」には、「境界を越えて科
学技術の基礎研究で協力し、成果をそれぞれの領域で分かち合う」べきではない
でしょうか。視野を広げてもっと自由に議論すべきだと思います。特に、AI研
究には視野の広さが求められます。世の中の人々の活動や異なった考え方をより
深く理解するためにも、必要だと思います。

　異った文化、文明や国体を持つ国々との研究開発協力は今後ますます重要とな
るでしょう。これに対応するためにもデュアルユースの研究は避けられないで
しょう。

286

4.5 知識ベース型AIとディープラーニング型AIの統合について

最後に、知識ベース型AIとディープラーニング型AIの統合化について、簡単に考えてみましょう。

図4.18は、IT、ディープラーニング（DL）、および知識ベースシステム（KBS）とAIシステム（AIS）の関係のイメージ図です。ここで、"AIシステム"とは、何らかの知的な能力を持つ情報システムを指します。知識ベースシステムは、エキスパートシステムを含みます。領域知識（ドメイン知識）を活用したシステムは、広義の知識ベースシステムと呼べます。最近、急にAIという呼称が増えてきたことに気づかれる方が多いと思います。ディープラーニング型AIブームが起こり、「データを分類できるだけでAIであるのなら、我が社のシステムや技術はAIと呼べるし、その方が我が社のビジネスチャンスが増える」という発想によるものだと思います。これは、以下に説明しますように、間違ってはおりません。またこれは、ブーム状況下の当然の現象であり、"ブームが過熱し短命に終わる"のはこれが重要な要因の一つであると、過去の歴史が教えてくれます。ビジネスマンはブームに乗ることが必要だと思いますが、学者はブームに距離を置くべきだと思います。ノーベル賞、日本賞、京都賞などの著名な科学賞を受賞されたトップクラスの研究者の意見も同じであろうと、色々な発言から、推察します。

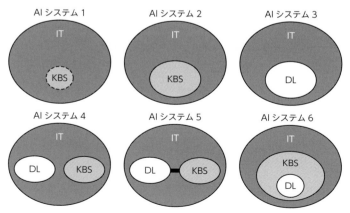

この図で、ITには、ソフトウェア、データベース、IoT、クラウドシステム、一般化した画像処理技術、音声認識技術などが含まれる。

図4.18 AIシステムの6つの実現形態のイメージ

では、タイプ1からタイプ6までの「AIシステム」について、そのポイントを簡単に説明しましょう。

タイプ1は、ITシステムの中にKBS的技術が組み込まれているシステムを指します。使いやすいプログラム（アプリ）の"使いやすさ"の秘密はここにあるはずです。合理化や自動化が進んでいますが、KBS機能は必須だと思います。この視点で周りのITシステムを考えてみてください。いわゆる「AI冬の時代」には、実はタイプ1のAIシステムが進行していました。

タイプ2は、KBS（ES）の実用化版です。"AI白書2017"のアンケートでお分かりのように、米英独の主要企業のAI関連テーマに関する研究開発は圧倒的にESであることがお分かりだと思いますが、我が国ではESがタイプ1の形態で進行していたのではないかと思います。あるいは、"ESは旧い"と切り捨ててしまっていたかもしれません。DLは"データ型AI"とも呼ばれますが、データより知識が重要な場面がはるかに多いことは、考えてみると誰でもお分かりでしょう。

タイプ3は、DLだけを使ったAIシステムを指します。これまでビッグデータの活用は、困難であるか見過ごされるかしてきましたが、DLによって"新しいAI"が開かれました。当初は画像認識技術として進歩し、短期記憶の機能が発明されてからは、高機能情報検索、機械翻訳、自然言語対話、音声対話などに、瞬く間に応用されるようになりました。その切っ掛けを作ったのがアルファ碁でした。ただ、一般の人々は「DLでアルファ碁ができたのだから、DLで人の仕事を奪うAIができるに違いない」という"短絡的理解"に結び付いてしまっています。そこで、この本ではアルファ碁の仕組みと特徴を知ってもらえるように、詳しく、やさしく、解説し、論評しました。"DLはAIではない"と強く否定するAI研究者が知人に何人もいます。私も同意見の持ち主ですが、"AI的側面"を生かすべきだとも考えています。

タイプ4は、KBSとDLを使い分けるように構成されたAIシステムを指します。これも"あり"だと思いますが、高機能のAIシステム、自律型AIシステムの視点からは、不自然な形態だと思います。

タイプ5は、タイプ4の進化版といえますが、これも中途半端で不自然だと思います。

タイプ6は、KBSがDLを内包したAIシステムの形態です。シンボリストとしての私の視点から観ると、このタイプが最も可能性を含んだシステム形態だと思います。理由は簡単です。DLはデータの学習によって分類を学びますが、単に

畳み込みニューラルネットのパラメータチューニングにすぎません。学習が成功したかどうかはテストデータで試す以外にありません。しかも、DLシステム自身には、何を学習し、どんな分類ができたのかさえ理解できません。"カナヅチ"は自分がカナヅチであることが分かりませんが、これを使う人間には分かります。多少乱暴ですが、DLもカナヅチであると考えれば、人の役割がお分かりでしょう。人の役割をモデル化する方法や技術がKBSです。人がカナヅチを使うように、KBSがDLを使うと考えてみてください。現時点では、DLの能力と機能に驚かされていますが、この驚きは長続きしないでしょう。私は、「KBSと統合化されてこそDLは生きてくる」と思います。

🎴 4.6 まとめ

　AIの歴史は60年強ですが、その過程で色々なアイデアが出て、そのほとんどが消えてしまいました。試してみて失敗して消えていったのですが、多くはアイデアそのものが適切ではなかったといえます。発明には失敗がつきものですので、これらの失敗も将来の成功に生かされる可能性はあります。1,000のアイデアの中に一つの成功が潜んでいると考えれば、もし各アイデアを試すために10人の研究者が必要ならば、一つの成功のためには1万人の研究者が必要であることが分かります。KBSのアイデアやDLとして発展したバックプロパゲーションアルゴリズムの発明は、このような環境と背景から生まれたものです。日本がより国際化するとともに、グローバルコミュニティの一員として日本のAI研究者が加わった国際チームリーダーの一翼を担うことを期待します。

　物理学や化学などの基礎科学の分野では、若い研究者が純粋な興味で研究することによってのみ独創的成果が生まれ、その中に将来社会の役に立つ技術の萌芽が芽生える、という主張をよく聞きます。AIはこの思想がそのままには適用できないのではないでしょうか。人の知能をコンピュータで実現することがAIの目標ですが、人の脳の構造や働きを直接計測することは倫理的に認められませんので、研究法は限定されます。サルなどの動物を使ったり、人の行動を観察して「仮説」を立て、シミュレーションによって検証するという方法を取ります。仮説を立てるには"深い洞察"が必要です。この手掛かりとして、人が行う知的な行動を説明できるような「認知科学モデル」の構築が必要となります。「純粋な興

Chapter 4 知識ベースシステム―ディープラーニングとの統合を目指して

味」はこのような AI 研究の特徴と融合するものである必要があり、若い研究者と
シニア研究者の役割分担が不可欠だと思います。一方、ここでいう AI システム
は実用システムですので、本格的な自律型 AI システムに挑戦することが求めら
れます。領域と国域を超えて。

参考文献

第1章の参考文献

- [マッカーシー2007] http://jmc.stanford.edu/artificial-intelligence/index.html
- [ラメルハート1986] PDPモデル：認知科学とニューロン回路網の探索、D.L.ラメルハート、J.L.マクレランド、PDPリサーチグループ、甘利俊一監訳、産業図書、1989
- [上野1985] 上野晴樹、知識工学入門、オーム社、1985
- [脳科学2016] つながる脳科学「心のしくみ」に迫る脳科学の最前線、理科学研究の脳科学総合研究センター、講談社、2016
- [Hassabis2016] David Silver, Demis Hassabis, et.al, Mastering the Game of Go with Deep Natural Networks and Tree Search, Nature 529, pp. 484-489, 2016
- [上野2017] 上野晴樹、AlphaGoのAI情報学的考察－囲碁がサイエンスとなった意義、信学技報 KBSE2017-25, pp.25－30, 2017.
- [上野2018] 上野晴樹、AlphaGoシリーズのAI情報学的考察－ディープラーニングの特徴と限界－、信学技報 KBSE2018-06, pp.25－30, 2018.
- [Kingsland1998] B.H. Athreya, M.L. Cheh, L.C. Kingsland III, Computer-assisted Diagnosis of Pediatric Rheumatic Diseases, PEDIATRICS Vol. 102 No. 4, 1998
- [Rosenblatt1958] Rosenblatt, Frank, The Perceptron: A Probabilistic Model for Information Storage and Organization in the Brain, Psychological Review 65 (6): 386-408, 1958.
- [Amari67] Amari, S., Theories of adaptive pattern classifiers, IEEE Trans, EC-16, pp. 299-307, 1987
- [Quillian1969] Allan M. Collins; M. R. Quillian. "Retrieval time from semantic memory". Journal of verbal learning and verbal behavior 8 (2): 240–247. 1969
- [ミンスキー1969, 1993] パーセプトロン、M.ミンスキー、S.パパート著。中野肇、坂口豊訳(69年版は斎藤正男訳)、パーソナルメディア、1993
- [チョムスキー1963] 文法の構造、ノーム・チョムスキー著、勇康雄訳、研究社出版、1963
- [Feigenbaum1968] Feigenbaum, E.A. and Buchanan,B.G., Heuristic DENDRAL: aprogram for generating explanatory hypotheses in organic chemistry, In Kinariwala, B.J., and Kuo,F.F.(Eds.), Proceedings, Hawaii International Conference on System Sciences ,University o fHawaii Press,1968
- [Feigenbaum1978] Bruce G. Buchanan and Edward A. Feigenbaum, Dendral and

Meta-Dendral: Their Applications Dimension, Artificial Intelligence 11, 5-24, 1978

- [ミンスキー1975] コンピュータビジョンの心理、白井良明、杉原厚保吉訳、産業図書、1979、M. Minsky, A Framework for Representing Knowledge, (Psychology of Computer Vision, ed. P.H. Winston, McGraw-Hill, 1975)
- [Rumelhart1986] Rumelhart, David E.; Hinton, Geoffrey E., Williams, Ronald J., Learning Representations by Back-Propagating Errors, Nature 323 (6088): 533–536, 1986.
- [白井1974] 白井良明、物体認識、計測と制御、Vol.13、No.5、pp.21-29、1974

■ 第2章の参考文献

- [カーツワイル2005] レイ・カーツワイル著、NHK出版編、シンギュラリティは近い［エッセンス版］、NHK出版、2016、（原著は：Ray Kurzweil, The Singularity is Near: When Humans Transcend Biology, Loretta Barrett Books Inc., 2005)
- [岩淵2016] 岩淵俊樹、fMRIによる脳機能計測：基礎と展望、埼玉放射線、Vol.64、No.3、235－243、2016.
- [ラメルハート1986] D.E.ラメルハート、D.L.マクレランド、PDPグループ著、甘利俊一監訳、PDPモデル：認知科学とニューロン回路網の探索、産業図書、1989（原著は1986年）
- [Rumelhart1986] D.E. Rumelhart, G.E. Hinton, R.J. Williams, Learning Representations by Back-Propagating Errors, Nature, Vol.323, pp.533-536, 1986.
- [Rumelhart1986a] J. L. McClelland, D. E. Rumelhart, and G. E. Hinton, The Appeal of Parallel Distributed Processing, 1986.
- [Hinton2015] Y. LeCun, Y. Bengio, G. Hinton, Deep learning, review, Nature, Vol.521, pp.436-444, 2015.
- [Wang2007] P. Wang, B. Gortzel, Introduction: Aspects of Artificial General Intelligence, in Advances in Artificial General Intelligence: Concepts, Architecture and Algorithms, IOS Press, 2007.
- [理化学研究所2016] 理化学研究所脳科学総合研究センター、つながる脳科学：「心のしくみ」に迫る脳研究の最前線、2016
- [甘利2016] 甘利俊一、脳・心・人工知能、講談社、2016
- [横尾2010] 横尾淑子、過去の予測調査に挙げられた科学技術は実現したのか、科学技術動向研究、2010年7月号、2010
- [Singh2017] A. Singh, D. Patil, D. Patil, G Meghana, R, SN Omkar, Disguised Face Identification (DFI) with Facial Key Points using Spatial Fusion Convolutional Network, ICCVW, 2017

- [Minsky2007] M. Minsky, The Emotion Machine, Simon & Schuster Paperbacks, 2007.
- [Minsky1975] M. Minsky, A Framework for Representing Knowledge, in The Psychology of Computer Vision (P.H. Winston ed.), McGraw-Hill, 1975 (白井、杉原共訳、コンピュータビジョンの心理、産業図書)
- [Fukushima1975] Cognitoron: A Self-organizing multilayered Neural Network, Biological Cybernetics, 20, 121-136, 1975.
- [Fukushima1980] Neocognitoron: A Self-organized Neural Network Model for a Mechanism of Pattern Recognition Unaffected by Shift in Position, Biological Cybernetics, 36, 193-202, 1975.
- [Hinton1981] G.E. Hinton, A Parallel Computation that Assigns Canonical Object-based Frames of Reference, Proceedings of 7th International Conference on Artificial Intelligence, 683—685, 1981.
- [Hinton2006] G. E. Hinton, R. R. Salakhutdinov, Reducing the Dimensionality of Data with Neural Networks, Science, Vol.313, pp.504-507, 2006.
- [岡谷2015a] 岡谷貴之、深層学習、講談社、2015.
- [岡谷2015b] 岡谷貴之、ディープラーニングと画像認識－基礎と最近の動向、オペレーションズリサーチ、pp. 198－204、2015年4月
- [岡谷2016] 岡谷貴之、画像認識のための深層学習の研究動向－畳み込みニューラルネットワークとその利用法の発展、人工知能、31巻2号、pp. 169－179、2016
- [福島1979] 位置ずれに影響されないパターン認識機構の神経回路モデル－ネオコグニトロン、電子通信学会論文誌Vol.J62-A, No.10, pp.658-665, 1979.
- [Hubel1959] D.H. Hubel, T.N. Wiesel, Receptive Fields of Single Neurons in the Cat's Striate Cortex, Journal of Physiology, 148, pp.574-591, 1959.
- [Hubel1962] D.H. Hubel, T.N. Wiesel, Receptive Fields, Binocular Interaction and Functional Architecture in the Cat's Visual Cortex, Journal of Physiology, 160, pp. 106-154, 1962.
- [Hubel1965] D.H. Hubel, T.N. Wiesel, Receptive Fields and Functional Architecture in Two Nonstriate Visual Area (18 and 19) of the Cat, Journal of Neurophysiology, Vol.28, No.2, pp.229-289, 1965.
- [Hubel1968] D.H. Hubel, T.N. Wiesel, Receptive Fields and Functional Architecture of Monkey Stride Cortex, Journal of Physiology, 195, pp.215-243, 1968.
- [LeCun1989a] Y. LeCun, et al, Backpropagation Applied to Handwritten Zip Code Recognition, Neural Computation, 1, pp. 541-551, 1989.
- [LeCun1989b] Y. LeCun, et al, Hand Written Digit Recognition with a

Backpropagation Network, Advances in Neural Information Processing Systems 2, pp.396-404, 1989.

- [LeCun1998] Y. LeCun, et al, Gradient-Based Learning Applied to Document Recognition, Proc, IEEE, 86, pp.2278-2324, 1998.
- [Scholarpedia] Models of visual cortex, http://www.scholarpedia.org/article/ Models_of_visual_cortex
- [福島2001] 福島邦彦、大串健吾、斎藤秀昭、視聴覚情報処理、森北出版、2001.
- [Le2012] Q.V. Le, M. Ranzato, R. Monga, M. Devin, K. Chen, G.S. Corrado, A.Y. Ng, Building High-level Features Using Large Scale Unsupervised Learning, Proceedings of the 29th International Conference on Machine Learning, pp. 507-514, 2012.
- [福島2016] 福島邦彦、Deep CNN ネオコグニトロンの学習、人工知能学会第30回全国大会論文集、1A3-OS-27a-1、pp. 1-4, 2016.
- [Hassabis2016] David Silver, Demis Hassabis, et.al, Mastering the Game of Go with Deep Natural Networks and Tree Search, Nature 529, pp. 484-489, 2016
- [Hinton2012] Krizhevsky, A., Sutskever, I. & Hinton, G. ImageNet classification with deep convolutional neural networks. In Proc. Advances in Neural Information Processing Systems 25 1090–1098 (2012).
- [Vinyals2014] O. Vinyals, A. Toshev, S. Bengio & D. Erhan, Show and Tell: A Neural Image Caption Generator. In Proc. International Conference on Machine Learning http:// arxiv.org/abs/1502.03044 (2014).
- [Hochreiter1997] S. Hochreiter; J. Schmidhuber, Long-Short Term Memory, Neural Computation. 9 (8): 1735–1780 (1997). Learning Precise Timing with LSTM Recurrent Networks
- [Gers2002] Felix A. Gers, Manno, Switzerland, Nicol N. Schraudolph, Journal of Machine Learning Research 3, 115-143 (2002)
- [Wu2016] Yonghui Wu, Mike Schuster, Zhifeng Chen, Quoc V. Le, Mohammad Norouzi, Google's Neural Machine Translation System: Bridging the Gap between Human and Machine Translation, arXiv:1609.08144v2 [cs.CL], 2016
- [中澤2017] 中澤 敏明 (JST、京大)、機械翻訳の新しいパラダイム：ニューラル機械翻訳の原理 https://www.jstage.jst.go.jp/article/johokanri/60/5/60_299/_html/-char/ja
- [Silver2016] David Silver, Demis Hassabis, et.al, Mastering the Game of Go with Deep Natural Networks and Tree Search, Nature 529, pp. 484-489, 2016
- [上野1985] 上野晴樹、知識工学入門、オーム社、1985.

■ 第3章の参考文献

- [美添・山下2012] コンピュータ囲碁－モンテカルロ法の理論と実践、美添一樹・山下宏著、共立出版、2012

- [大槻2017] アルファ碁解体新書、大槻知史著、翔泳社、2017

- [斎藤2016] アルファ碁はなぜ人間に勝てたのか、斉藤康己、ベスト新書、2016

- [洪2016] アルファ碁vs李セドル、洪ミンビョ・金ジノ著、洪敏和訳、2016

- [Hassabis2016] David Silver, Demis Hassabis, et.al, Mastering the Game of Go with Deep Natural Networks and Tree Search, Nature 529, pp. 484-489, 2016

- [Hassabis2017a] David Silver, Demis Hassabis, et. al., Mastering the game of Go without human knowledge, Nature, Vol.554, pp.354-371 , 2017

- [Hassabis2017b] David Silver, Demis Hassabis, et. al., Mastering Chess and Shogi by Self-Play with a General Reinforcement Learning Algorithm, arXiv:1712.01815v1, [cs.AI], 2017

- [ミンスキー2006] Marvin Minsky, The Emotion Machine (ミンスキー博士の脳の探検、竹林洋一訳、共立出版、2009)

- [Coulom2006] Remi Coulom, Efficient Selectivity and Back-up Operators in Monte-Carlo Tree Search, Proceedings of the 5th International Conference on Computers and Games, 2006.

- [上野2017] 上野晴樹、AlphaGo の AI 情報学的考察 ‐ 囲碁が サイエンスとなった意義、信学技報 KBSE2017-25, pp.25-30, 2017.

- [王2017] 王銘琬、AI囲碁新時代、マイナビ、2017

- [大橋2017] 大橋拓文、連載講座「IGO サイエンス」拡大版　新型囲碁AI「Master」特選譜、月刊碁ワールド、Vol.64, No.3-6, 2017

- [マスター2017] マスター七十二変、http://www.go-en.com/master72/

- [大槻2018] 大槻知史、アルファ碁解体新書・増補改訂版、翔泳社、2018.

- [He2016] He, K., Zhang, X., Ren, S. & Sun, J. Deep residual learning for image recognition. In IEEE Conference on Computer Vision and Pattern Recognition, 770–778 (2016).

- [上野2018] 上野晴樹、AlphaGoシリーズの情報学的考察 － ディープラーニングの特徴と限界、信学技報 KBSE2018-6、pp.25-30、2018

■ 第4章参考文献

- [上野1985] 知識工学入門、上野晴樹、オーム社、1985.

- [ミンスキー2006] Marvin Minsky, The Emotion Machine (ミンスキー博士の脳の探

検、竹林洋一訳、共立出版、2009)

- [ミンスキー1975] コンピュータビジョンの心理、白井良明、杉原厚保吉訳、産業図書、1979、M. Minsky, A Framework for Representing Knowledge, (Psychology of Computer Vision, ed. P.H. Winston, McGraw-Hill, 1975)

- [Gurovich2018] Y. Gurovich, Y. Hanani, O. Bar, N. Fleischer, D. Gelbman, L. Basel-Salmon, P. Krawitz, S. B Kamphausen, M. Zenker, L. M. Bird, K. W. Gripp, DeepGestalt - Identifying Rare Genetic Syndromes Using Deep Learning, arXiv:1801.07637v1 [cs.CV], 2018.

- [ラメルハート1986] PDPモデル：認知科学とニューロン回路網の探索、D.L.ラメルハート、J.L.マクレランド、PDPリサーチグループ、甘利俊一監訳、産業図書、1989

- [ミンスキー1985] 心の社会、マービン・ミンスキー著、安西祐一郎訳、産業図書、1990(原著はMarvin Minsky、The Society of Mind、1985)

- [IEEE2008] http://tht.leoromero.org/the-singularity-ieee-spectrum-special-report/

- [カーツワイル2005] レイ・カーツワイル著、NHK出版編、シンギュラリティは近い[エッセンス版]、NHK出版、2016、(原著は：Ray Kurzweil, The Singularity is Near: When Humans Transcend Biology, Loretta Barrett Books Inc., 2005)

- [溝口2005] オントロジー工学、溝口理一郎、オーム社、2005

- [上野1984] 知識ベースシステムにおける対象モデル、新しい情報システムに関する研究、情報システム研究会、245—252、1884.

- [Ito1985] H. Ito and H. Ueno: ZERO: Frame + Prolog, Lecture Notes in Computer Science, No. 221, Springer-Verlag, pp. 78-89, 1985.

- [Ueno1986] H. Ueno, Object Model for a Deep Knowledge System, Lecture Note in Economics and Mathematical Systems 286, pp. 11-19, 1986.

- [伊藤1988] 伊藤秀明、上野晴樹：フレーム型知識表現システムZEROにおける付加手続きとしてのProlog、人工知能学会誌, Vol.3, No.5, pp. 337-349, 1988.

- [Ueno1989] H. Ueno: INTELLITUTOR: A Knowledge-Based Intelligent Programming Environment for Novice Programmers, Proc. COMPCON89 Spring, 390-395, 1989.

- [大森1990] 大森康正、上野晴樹、対象モデルによるハイブリッド型故障診断システムーモデル表現と推論、人工知能学会誌、Vol.5, No.5, pp.604-616, 1990.

- [Ueno1990a] H. Ueno and M. Oomori: Expert Systems Based on Object Model (Invited), International AI Symposium 90 Nagoya (IAIS90), pp.25-32, 1990.

- [Ueno1990b] H. Ueno, ALPUS: A Program Understanding System by Means of Algorithm-Based Programming Knowledge, Proc. Pacific Rim International Conference on Artificial Intelligence '90(PRICAL90), 693-698, 1990.

- [Ueno1991a] H. Ueno, Y. Yamamoto, H. Fukuda, Knowledge Modeling and Model-Based Problem Solving - Towards a Multi-Use Engineering Knowledge Base -, Applications of Supercomputers in Engineering II, Elsvier Applied Science, 215-232, 1991.
- [Ueno1991b] H. Ueno, Y. Oomori, Expert Systems Based on Object Model - Systematic Knowledge Modeling and Model-Based Reasoning, Geoinformatics, Vol. 2, No. 2, 97-108, 1991.
- [Oomori1991] Y. Oomori, H. Ueno: Knowledge Modeling of Digital Circuit and Trouble Shooting Based on Object Model, Proc. ICCIM'91, 601-604, 1991.
- [大森1994] 大森康正、上野晴樹、機能と構造に着目した組み合わせ回路の階層的知識モデリング、人工知能学会誌、Vol.9、No.6、702-710、1994.
- [上野1995] 上野晴樹、小暮慎一、他：C++による汎用フレーム型知識工学環境ZEROの実現、レクチャーノート／ソフトウェア学15（日本ソフトウェア科学会編／近代科学社）、pp.101-110、1995.
- [Ueno1995] H. Ueno: Concepts and Methodologies for Knowledge-Based Program Understanding - The ALPUS's approach, IEICE Trans. on Information and Systems, Vol. E-78D, No. 9, 1108-1117, 1995.
- [Ueno1996a] H. Ueno and Y. Saito: Model-based Vision and Intelligent Task Scheduling for Autonomous Human-Type Robot Arm, Elsvier Science Journal, Special Issue of Robotics and Autonomous Systems (eds, K.Kawamura and M. Fujie), pp.195-206, 1996.
- [Ueno1996b] H. Ueno: Concepts and Methodologies for Knowledge-Based Program Understander ALPUS, Proc. Psychology of Programming Interest Group' 96(PPIG 8), pp.43-59, 1996.
- [Satou1996] N. Satou, I. Jimbo, Y. Sekiya and H. Ueno: PREPARE: Program Understanding System for Software Reverse Engineering, Proc. International Conference on Knowledge-Based Software Engineering '96 (JCKBSE'96), pp. 25-34, 1996.
- [Ueno1997] Haruki Ueno: Knowledge Modeling and Model-Based Reasoning for Trouble Shooting in Digital System, 3rd Workshop on Engineering Problems for Qualitative Reasoning, IJCAI-97, pp. 71-80, 1997.
- [Ueno1998a] Haruki Ueno, A Program Normalization to Improve Flexibility of Knowledge-Based Program Understander, IEICE Trans. on Information and Systems, Vol. E81-D, No. 12, pp. 1323-1329, 1998.
- [Ueno1998b] Haruki Ueno and Hiroshi Negoto: Scene Understanding by Means of Knowledge and Model-Based 3D Vision for Autonomous Service Robot, Proc. ISPRS'98, pp. 169-176, (Best paper), 1998.

- [Ueno1999] Haruki Ueno: Knowledge-Based Vision and Scheduling in Autonomous Human Type Service Robot, Frontiers in Artificial Intelligence and Applications, Vol. 51, pp. 327-342, IOS Press, 1999.
- [Ueno2000] Haruki Ueno: A Knowledge-Based Modeling for Autonomous Humanoid Service Robot Towards a Human-Robot Symbiosis -, Proceedings of International Conference on Control, Automation, Robotics and Vision (ICARCV'2000), CD-ROM, invited, 2000.
- [Ampornaramveth2001] Vuthichai Ampornaramveth and Haruki Ueno, Software Platform for Symbiotic Operations of Human and Networked Robots, NII Journal, Vol.3, pp.73-81, 2001.
- [Ueno2002] Haruki Ueno, A Knowledge-Based Information Modeling for Autonomous Humanoid Service Robot, IEICE Trans. on Information & Systems, Vol. E85-D No.4, pp. 657-665, 2002.
- [Bhuiyan2003] Md. Al-Amin Bhuiyan, Vuchihai Ampornaramveth, Shin-yo Muto, Haruki Ueno, Face Detection and Facial Feature Localization for Human-Machine Interface, NII Journal, No.5, pp. 25-39, 2003.
- [Bhuiyan2004] Md. Al-Amin Bhuiyan, Vuchihai Ampornaramveth, Shin-yo Muto, Haruki Ueno, On Tracking ob Eye for Human-Robot Interface, International Journal of Robotics and Automation, Vol.19, No.1, pp.42-54, 2004.
- [Ampornaramveth2004] Vuthichai Ampornaramveth, Pattara Kiatisevi, Haruki Ueno, SPAK: Software Platform for Agents and Knowledge Systems in Symbiotic Robots, Transactions on Information and Systems, Vol.E87-D, No.4, pp.886-895, 2004.
- [Hasanuzzaman2004] Md. Hasanuzzaman, Tao Zhang, V. Ampornaramveth, M.A.Bhuiyan, Yoshiaki Shirai, H. Ueno, Gesture Recognition for Human-Robot Interaction Through a Knowledge Based Software Platform, Image Analysis and Recognition: International Conference ICIAR 2004, LNCS 3211/2204 (Springer-Verlag Heidelberg), Vol. 1, pp. 530-537, Porto, Portugal, September 29 - October 1, 2004.
- [Zhang2004] Tao Zhang, Md. Hasanuzzaman, Vuthichai Ampornaramveth, Pattara Kiatisevi, Haruki Ueno, Human-Robot Interaction Control for Industrial Robot Arm Through Software Platform for Agents and Knowledge Management, 2004 IEEE International Conference on Systems, Man and Cybernetics, 2865-2870, 2004.
- [Zhang2005a] Tao Zhang, H. Ueno, A Frame-Based Knowledge Model for Heterogeneous Multi-Robot System, IEEJ Trans. EIS, Vol.125, No.6, pp.846-855, 2005.

- [Zhang2005b] Tao Zhang, Vuthichai Ampornaramveth, Haruki Ueno, Human-Robot Interaction Control for Industrial Robot Arm through Software Platform for Agents and Knowledge Management, Industrial Robotics: Theory, Modelling and Control, International Journal of Advanced Robotic Systems, 2005.

- [Hasanuzzaman2006] Md. Hasanuzzaman, T. Zhang, V. Ampornaramveth, H. Ueno, Gesture-Based Human-Robot Interaction Using a Knowledge-Based Software Platform, International Journal of Industrial Robot, Vol.33, No.1, pp.37-49, 2006.

- [Kiatisevi2006] Pattara Kiatisevi, Haruki Ueno, A Frame-Based Knowledge Software Tool for Developing Interactive Robots, Artificial Life and Robotics, Vol.10, No1, 18-28, 2006.

- [Feigembaum2003] Edward A. Feigembaum, Some Challenges and Grand Challenges for Computational Intelligence, Journal of the ACM, Vol. 50, No. 1, 32–40, 2003.

INDEX

アルファベット

AI 5, 115, 128, 147, 189, 238, 250, 287
    基礎.. 162
    歴史.................................. 157, 251, 289
AI囲碁 246
AIシステム 259, 288
AI白書2017 .... 250, 274, 288
AIブーム 51, 186, 250
AlexNet... 139
ARPAネット 38

DARPA.. 41, 58
DeepGestalt................................ 264, 265
DENDRAL........................... 40, 42, 271
    推論.. 43

IF-THENルール............................ 42, 44, 271
ImageNet............................... 137, 138, 233
ISA関係... 275

LeNet.. 82, 129
LISP... 38
LISPマシン... 279
LSTM 151

MYCIN... 44, 271

PDPグループ ... 54, 60, 71, 83, 99, 161, 244, 269
PDPモデル 20, 71, 77, 78, 79, 80, 81, 99, 126
Prolog.. 18

ReLU...................... 68, 69, 96, 97, 113, 127,
                 130, 133, 137, 139, 210
ResNet..... 142, 228, 233, 237, 240, 243, 246
RLポリシーネットワーク 204, 213

SLポリシーネットワーク 203, 213
SPAK.. 49, 278, 283

tanh関数.. 209

UCB.. 190
ZERO.. 278, 283

あ行

アタリ 172, 173
甘利俊一 29, 71, 79
アルファ碁 70, 115, 128, 164, 177,
             197, 198, 237, 260, 288
    棋力.. 215
    ニューラルネットワーク 214
アルファ碁システム................................ 212
アルファ碁ゼロ 197, 198, 227, 234
    ニューラルネットワーク 236
アルファ碁ファン 198
アルファ碁マスター........................... 198, 226
アルファ碁リー 198, 240
アルファゼロ 197, 198, 232, 244
アルファベータ探索............................... 32
暗号 182

イオンチャンネル 64
医学エキスパートシステム 44
医学診断.................................... 23, 264
閾値...................................... 64, 67
囲碁 169
    対局.................................... 171, 176
    探索空間 171
    ルール 172
    歴史.. 169
囲碁AI... 225
囲碁知識........... 195, 197, 205, 212, 238, 245
一様乱数.. 183
意味理解.................................... 156, 160
意味ネットワーク 34, 47, 256, 274, 276, 278
色認識.. 140
イロレーティング 216, 239, 246

ウィーゼル 66, 81, 100, 101, 102,
             121, 127, 132, 143

ウィンストン 46, 49

エキスパートシステム 16, 44, 58, 87, 245,
　　　　　　　　252, 260, 271, 274, 285, 287
エージェント 76, 253

オートエンコーダ 97
オペレーションズリサーチ 179
重み共有 119, 121, 126, 129, 133,
　　　　　　　　　　　135, 141, 150, 211
オントロジー 159, 277

か行

カーツワイル 268
カーネル 118, 120
階層仮説 82, 100, 101, 116, 127, 129, 132
顔認識 261
顔認証 49, 56, 261, 263
過学習 97, 141, 147, 204
学習 24, 135
学習モード 203
確率値 86, 208
確率的勾配降下法 92, 94, 95
確率分布 70, 133, 210, 262
隠れ層 12, 118, 148
隠れマルコフ過程 59, 126, 131, 146
画像認識 59, 104, 117, 130, 136,
　　　　　　　　　　142, 245, 246, 260
活性化関数 68, 78, 96, 113, 120, 127,
　　　　　　　　　　133, 139, 210, 211
神の一手 177, 200, 222

記憶 143, 145, 148
記憶機能 144
機械学習 13, 84, 99, 251, 254
機械翻訳 33, 130, 144, 153,
　　　　　　　　　　157, 159, 160, 182
疑似乱数 181, 183
強化学習 165, 166, 175, 177, 198,
　　　　　　　　　　203, 223, 227, 238
　　仕組み 234
競合解消 273
競合学習 100, 110, 111, 129
競合ルール 273
教師あり学習 55, 87, 100, 118, 127, 135,
　　　　　　　166, 177, 203, 205, 229, 235, 239

教師データ 13, 22, 23, 24, 55, 56, 87, 89,
　　　　　　　120, 129, 138, 142, 203, 205,
　　　　　　　217, 227, 229, 234, 237, 263
教師なし学習 110, 127, 129
キリアン 34
棋力 215
禁じ手 173
禁止手 174

グーグル翻訳 59, 73, 74, 144, 153

経験的な知識 121
形勢判断 170, 172
系列データ 59, 85, 143, 144, 145
ゲーム木 30, 189, 193

公開鍵暗号方式 183
高次知能 57
高次認知機能 74, 246, 258
合成型問題 19, 271
高速ポリシーネットワーク 201, 202, 207,
　　　　　　　　　　　　　　212, 224
勾配降下法 92, 93
勾配消失問題 69, 96, 121, 129, 150, 210
構文木 36
合法手 171, 173, 186
「心の社会」 76
心の働き 257, 259, 268
コネクショニスト 17, 79, 259, 283
コネクショニストネットワーク 256
コネクショニストモデル 250
コネクショニズム 17, 20, 21, 22, 26, 39,
　　　　　　　　60, 104, 128, 161, 264
コネクショニズム型AI 71, 84, 116, 246
コーパス 155
混合数字認識システム 123
コンピュータ囲碁 185, 187, 238, 243
コンピュータシミュレーション 180, 184, 186
コンピュータビジョン 101, 104, 105, 255, 260

さ行

再帰 149
細胞面 107
サブサンプリング 121, 125, 129
残差ブロック 233, 236

視覚 101
視覚細胞 102
視覚システム 74
自学習 238, 241, 243
視覚処理 80
視覚野 66, 102, 103
閾値 64, 67
シグモイド関数 68, 69, 78, 96, 120,
                          127, 129, 153, 262
時系列データ 86
思考路 256
自己組織化機能 110, 112
自己対局 177, 203, 213, 217, 228, 234
自然言語 35, 60
自然言語処理 59, 126, 130, 147, 254, 274
シチョウ 175
シチョウアタリ 175
自動運転車 261, 274
シナプス 63, 64, 110
主成分分析 99
出力層 12, 209
順伝搬型深層ニューラルネットワーク 143
常識 257, 259, 277
定石 178, 242
情報共有システム 277
勝率期待値 70, 201, 202, 205,
                          208, 214, 222, 236
ショートリフ 44, 271
自律システム 251, 254, 274
自律分散システム 247
シンギュラリティ 286
神経回路モデル 100, 105, 107, 113, 115
神経細胞 102
人工深層ニューラルネットワーク 55, 84
人工知能 5
人工ニューロンモデル 63, 67
深層ニューラルネットワーク 11, 68, 84, 92,
                          140, 226
シンボリスト 17, 79, 278
シンボリズム 17, 20, 21, 29, 40, 104
シンボリズム型AI 246, 247

推論 16, 43, 252, 254
推論機構 268
捨て石作戦 172, 199
スーパーコンピュータ 180
スマートスピーカー............................ 145, 274

生成文法 35, 36
制約 72, 73
説明機能.................................. 23, 251, 274
ゼン 167, 186, 216
線形分離可能 28
全結合型深層ニューラルネットワーク 84
選択型問題 271
専門知識 42

属性継承.. 275, 282
ソフトマックス関数 .. 70, 133, 139, 157, 208, 210

た行

第5世代コンピュータ 18, 257
対局モード 203
対象モデル 20, 48, 62, 269, 278
大脳皮質 66, 103
対訳コーパス 59, 155, 159
多腕バンディット問題 190
多義性 154, 155, 156
多層ニューラルネットワーク 11, 116, 118
多層パーセプトロン............................... 84
畳み込み 81, 120, 123, 125, 127, 137, 217
畳み込み計算 119, 132, 134
畳み込み深層ニューラルネットワーク 62, 81,
                          100, 116, 128, 166, 208
畳み込み層 115
畳み込みニューラルネットワーク 228, 233,
                          237, 240
畳み込み法 126
探索 253
探索空間... 31, 171
単純細胞 82, 100, 103
単純パーセプトロン.......................... 26, 28
単純マルコフ過程 146

知識 16, 37, 75, 104
知識獲得................................. 14, 16, 272, 254
知識表現 75, 252, 268, 279
知識表現モデル 278
知識ベース 11, 42, 247, 268
知識ベース型AI......... 11, 16, 33, 37, 40, 162,
                          205, 251, 252, 268, 274,
                          277, 278, 285, 286, 287
知識ベースシステム............ 40, 250, 268, 283

チャンネル	136
中間層	12, 118, 148, 209
チューリング	7, 25
チューリング賞	26
チューリングテスト	7, 285
チューリングマシン	25, 26
超複雑細胞	100, 103
チョムスキー	35

次の一手	170, 186, 187, 231

ディープゼン碁	167
ディープマインド社	164
ディープラーニング	11, 54, 71, 99, 105, 115, 117, 128, 138, 143
学習	88
処理の仕組み	87
ディープラーニング型AI	128, 166, 168, 243, 251, 252, 255, 268, 286, 287
ディープラーニングブーム	250, 255
手書き数字認識	87, 90
手書き文字認識	115, 125
手書き郵便番号認識システム	117
テストデータ	24, 142
デュアルユース	58, 254, 286

統計的機械翻訳	144
特徴	120, 133
特徴抽出	81, 123
特徴点	262
特徴マップ	120, 124, 129, 132, 140, 211, 225, 262
特徴面	120
ドメイン知識	42, 205, 287

な行

日英対訳コーパス	155
入力層	12, 209
入力チャンネル	206
ニューラル機械翻訳	144, 153, 154, 156
ニューラルネットワーク	63, 78, 157, 214, 234, 275, 236
ニューラルネットワーク表現	256
ニューラルネットワークモデル	247, 259
ニューロン	12, 63, 78, 80, 102
ニューロンモジュール	152

ニューロンモデル	63, 67
認識誤差	89, 125
認知科学	15, 46, 71, 188
認知科学者	83, 269
認知科学モデル	251, 289
認知機能	60, 73, 82, 137, 246, 258
認知心理学	71

ネイチャー	199, 204, 209, 227, 244
ネオコグニトロン	67, 81, 100, 105, 126

脳科学	21, 67, 106
「脳の探索」	76

は行

バイアス値	196
バイアス入力	211
ハイパボリックタンジェント	209
ハサビス	220, 244
パーセプトロン	20, 26, 27, 60, 79
パターン認識	60, 109
発火	64
バックプロパゲーション	55, 69, 87, 91, 115, 117, 122, 126, 140, 161, 203, 211, 237, 257, 263
バックプロパゲーションアルゴリズム	68, 118, 125, 129, 259, 264
バックプロパゲーションスルータイム	146, 150
バッチ学習法	94
パパート	28
パラメータチューニング	89, 92
バリューネットワーク	201, 204, 208, 211
汎用AI	16, 57, 62, 128, 250, 257, 260, 286

ビッグデータ	23, 244, 259, 263, 288
ヒューベル	66, 81, 100, 101, 102, 121, 127, 132, 143
評価関数	32, 187, 189, 196, 202, 245
汎化能力	110, 114
ヒントン	14, 60, 79, 83, 87, 115, 131, 136, 138, 161, 162, 244, 247, 269

ファイゲンバウム	41, 270, 271, 279
ファイゲンバウムテスト	285
フィルタ	120, 132, 140, 217
複雑細胞	82, 100, 103

福島邦彦 67, 79, 81, 100, 105, 161
ブラックボックス 161, 207
ブラックボックス型AI 251, 264
プーリング 121, 123, 133, 137
プーリング層 115
プレイアウト 186, 187, 189, 228
フレーム 75, 76
フレームモデル 278
フレーム理論 20, 46, 76, 259, 270, 274, 278
プロダクションシステム 271, 274
文章生成 147
文脈 131, 154
文脈処理 37
分野知識 154
分類 255, 262
分類型問題 19
分類誤差 125
分類マシン 27, 161

平方採中法 183
並列分散処理 20, 54, 60, 61, 71, 78

ポリシーネットワーク 201, 208, 210
ボードゲーム 29

ま行

マスター七十二変 220
マッカーシー 5, 250, 268
マックスプーリング 139
マルコフ過程 59
マルチエージェントシステム 76, 253

ミニバッチ学習法 94, 229
ミニマックス探索法 31
ミンスキー 15, 17, 20, 28, 46, 57, 60,
                    71, 76, 79, 83, 131, 250,
                    256, 268, 270, 277, 278

モンテカルロ囲碁 179, 185, 189

モンテカルロ木探索 189, 198, 201, 236
モンテカルロシミュレーション
                    .... 181, 183, 184, 205
モンテカルロ法 95, 164, 179, 228

や行

ユニット 77, 80, 120
ユニット間結合 77
ユニット面 120

ら行

ラベル 56, 86
ラメルハート 14, 20, 60, 87, 115, 244, 269
乱数 89, 180, 181, 182, 186, 205, 229
乱数発生アルゴリズム 183
ランダムな現象 180, 182, 183
ランプ関数 68, 69, 96, 113, 127, 130

リカレント信号 153
リカレント深層ニューラルネットワーク
                    .... 62, 86, 131
リカレントニューラルネットワーク 143, 148
両アタリ 175
リンドバーグ 45

ルカン 82, 100, 116, 117,
                    123, 125, 134, 137
ルールベース 45, 273, 279

ローゼンブラット 26, 60
ロールアウト 186, 205
論理型プログラミング 18

わ行

ワトソン 54
ワング 57

〈著者略歴〉

上 野 晴 樹 （うえの　はるき）

国立情報学研究所 名誉教授
総合研究大学院大学 名誉教授
工学博士　囲碁（アマ4段）

1964年 防衛大学校電気工学専攻卒業
1971年 東京電機大学大学院工学研究科博士課程修了
1971年 青山学院大学 理工学部経営工学科 講師
1979年 ミズーリ大学 医学情報学研究所 研究員
1981年 東京電機大学 理工学部経営工学科 教授
1998年 文部科学省 学術情報センター 教授
2000年 国立情報学研究所 知能システム研究系 教授
2001年 東京大学大学院 情報理工学研究科 教授
2002年 総合研究大学院大学 情報学専攻 教授

〈主な著書〉

G. Griesser, H. Ueno, et. al. Data Protection in Health Information Systems, North-Holland, 1980.
『知識工学入門』（オーム社 1985）日刊工業新聞社技術・科学図書文化賞優秀賞
『知識の表現と利用 (知識工学講座)』（共著、オーム社 1987）
『エキスパートシステム (知識工学講座)』（共著、オーム社 1988）
『知的プログラミング』（共著、オーム社 1993）
『ユビキタス社会のキーテクノロジー (丸善ライブラリー)』（共著、丸善 2005）

- 本書の内容に関する質問は、オーム社書籍編集局「（書名を明記）」係宛に、書状または FAX（03-3293-2824）、E-mail（shoseki@ohmsha.co.jp）にてお願いします。お受けできる質問は本書で紹介した内容に限らせていただきます。なお、電話での質問にはお答えできませんので、あらかじめご了承ください。
- 万一、落丁・乱丁の場合は、送料当社負担でお取替えいたします。当社販売課宛にお送りください。
- 本書の一部の複写複製を希望される場合は、本書扉裏を参照してください。

JCOPY ＜出版者著作権管理機構 委託出版物＞

詳説　人工知能
―アルファ碁を通して学ぶディープラーニングの本質と知識ベースシステム―

2019年 5 月 24 日　　第 1 版第 1 刷発行

著　　者　上 野 晴 樹
発 行 者　村 上 和 夫
発 行 所　株式会社 オーム社
　　　　　　郵便番号　101-8460
　　　　　　東京都千代田区神田錦町 3-1
　　　　　　電話　03(3233)0641(代表)
　　　　　　URL　https://www.ohmsha.co.jp/

© 上野晴樹 *2019*

組版　トップスタジオ　　印刷・製本　壮光舎印刷
ISBN978-4-274-22388-4　Printed in Japan

オーム社の機械学習／深層学習シリーズ

Chainer v2による実践深層学習

Chainer v2を使って、深層学習の実装方法を解説！

【このような方におすすめ】
・深層学習を勉強している理工系の大学生
・データ解析を業務としている技術者

● 新納 浩幸　著
● A5判・208頁
● 定価(本体2,500 円【税別】)

機械学習と深層学習
―C言語によるシミュレーション―

機械学習の諸分野をわかりやすく解説した一冊！

【このような方におすすめ】
・初級プログラマ
・ソフトウェアの初級開発者 (生命のシミュレーション等)
・経営システム工学科、情報工学科の学生
・深層学習の基礎理論に興味がある方

● 小高 知宏　著
● A5判・232頁
● 定価(本体2,600 円【税別】)

強化学習と深層学習
―C言語によるシミュレーション―

深層強化学習のしくみを具体的に説明！

【このような方におすすめ】
・初級プログラマ・ソフトウェアの初級開発者
　(ロボットシミュレーション、自動運転技術等)
・強化学習 / 深層学習の基礎理論に興味がある人
・経営システム工学科 / 情報工学科の学生

● 小高 知宏　著
● A5判・208頁
● 定価(本体2,600 円【税別】)

もっと詳しい情報をお届けできます。
◎書店に商品がない場合または直接ご注文の場合も右記宛にご連絡ください。

ホームページ　https://www.ohmsha.co.jp/
TEL/FAX　TEL.03-3233-0643　FAX.03-3233-3440

(定価は変更される場合があります)

F-1711-227